シリーズ〈データの科学〉**2**

調査の実際
不完全なデータから何を読みとるか──

林　文・山岡和枝 著

朝倉書店

刊行のことば

　データ解析というとデータハンドリングを思い浮かべる人が多い．つまり，それはデータを操って何かを取り出す単なる職人的な仕事という意味を含んでいる．データ科学もその一種だろうと思う人もいる．確かに，通常のデータ解析の本やデータマイニングの本をみると正にデータハンドリングにすぎないものが多い．

　しかし，ここでいう「データの科学」（または「データ科学」）はそうではない．データによって現象を理解することを狙うものである．データの科学はデータという道具を使って現象を解明する方法論・方法・理論を講究する学問である．単なる数式やモデルづくり，コンピュータソフトではない．データをどうとり，どう分析して，知見を得つつ現象を解明するかということに関与するすべてのものを含んでいるのである．科学とデータの関係が永遠であるように，データの科学は陳腐化することのない，常に発展し続ける学問である．

　データの科学はこのように絶えず発展しているので，これを本としてまとめ上げるのは難しい．どこか不満足は残るがやむをえない．本シリーズの執筆者はデータの科学を日々体験している研究者である．こうしたなかから，何が今日の読者に対して必要か，それぞれの業務や研究に示唆を与え得るかという観点からまとめ上げたものである．具体例が多いのは体験し自信のあるもののみを述べたものだからである．右から左へその方法を同じ現象にあてはめ得る実用書のようなものを期待されたら，そのことがすでにデータの科学に反しているのである．「いま自分はどう考えて仕事を進めたらよいか」という課題は，いわば闇の中でその出口を探そうとするようなもので，本シリーズの書は，そのときの手に持った照明燈のようなものであると思っていただきたい．体験し，実行し，出口を見いだし，成果を上げるのは読者自身なのである．

シリーズ監修者
林　知己夫

まえがき

　社会における人間行動や様々な現象の諸相を，調査によって捉え，意味を考え問題解決に資することは誰もが望むところであり，多くの調査研究が行われている．しかし，調査で得たデータの分析法における研究の進歩に比べて，データを得ることについての研究は進んでいないのではないだろうか．確かに，様々なありさまを観察して問題を絞り研究してきたのであるが，現在ではともすると分析法が先に立ち，それに必要なデータを獲得するための調査が安易に行われることがよくあるように見うけられる．データは調査によって得られるものであり，調査の質や性格を無視することはできない．調査の質を高めること，調査の質や性格を検討することが大切なのであり，それらの十分な把握の上に立ったデータの分析を通して，はじめて真の現象理解につながるのだと思う．仮説－検証を中心とした一見歯切れのよい研究方法は，データそのものの獲得は大変いいかげんであるにもかかわらず，検証されたことが評価されてしまう．それが本質を把握する研究になっているのか，疑問に思われる．

　林知己夫先生（統計数理研究所名誉教授）は，早くから「数量化」という考えを開発され，発展させてこられた．数量化理論は，数量化の分析手法としてのみ理解されることが多いが，その本質は「数量化の考え方」であって狭義の統計分析手法だけではない．手法としてではなく，いかにデータの本質を捉えるかという思想でもある．ここ数年来，林先生は，「データの科学」という言葉を用いて，本来の統計学の取り組むべき立場を提唱されている．

　「データの科学」については，このシリーズで林先生をはじめ，それぞれの著者がそれぞれの研究の立場で述べておられるが，本書で人間を対象とした調査の実際を主に取り上げるにあたって『日本人の国民性研究』（林知己夫，2001）に書かれている言葉を挙げておきたい．日本人の国民性研究は1953年から統計数理研究所で行ってきた大きな調査研究であるが，45年間5年ごとに継続調査されてきたことによって多くの知見が得られており，また，1970年頃からは国

際比較研究の方法論へと発展してきている．この研究について，林先生は「『データの科学』という道具を用いて，データに基づいて探索的に情報を取り出すという行き方が望ましい」とし，データの科学とは「統計学，データ解析，分類やそれに関連した諸方法を統一的に集約する総合概念であり，それら概念から得られる諸結果を包むものである．これは，どのようにデータをとる計画を立てるか，どのようにデータを集めるか，どのようにデータを分析するか，の３つの段階を含むものであり，これを『データによって現象を理解（解明）する』という目的に向けて一貫して考察するというところが重要なのである．」と述べておられる．

この考えに基づく研究において，一つ一つの段階ではただちには明快な結論が出ないことがある．しかし，次なる問題が明らかにされるであろう．これを解明すべく次の段階へ進み，さらにわからないところを見いだし，次に進むということを繰り返すことによって徐々に本質に迫ろうと努めることが大切なのである．狭義の仮説‐検証にとらわれた方法では，限られた条件のもとに想定された仮説が検証されるかされないかだけの結果しか出てこない．これも林先生の言葉であるが「当たらずといえども遠からず」という結論を積み重ね行きつ戻りつしながら，らせん状に上昇していこうというのである．

本書では，主に人間行動に関する調査研究を取り上げ，どのようにして本質的なものを見いだし重要な情報を引き出していくか，基礎的な方法論をたどりながら，実際に筆者らが直接的間接的にかかわってきた研究における問題点と対処の例を示した．

第Ⅰ部は，いかにしてデータを獲得するかについて，社会調査における問題を取り上げた．調査対象の抽出，質問票，調査法である．調査できるのは，調査対象，質問項目のいずれにおいても，ある意味で抽出されたものである．調査対象については理論的に正しいサンプリングによる研究が望ましいのは当然であるが，実際には偏りのない結果を得るのは難しい．質問票についても，抽出された質問項目によって，探求すべき人間行動のある部分を捉えるものにすぎず，最適な質問項目の選択が重要である．また調査法も得られるデータの質に関連する．これらの問題を示し，実際にどのような視点で対処していったかを示した．

第II部では，具体的なデータの分析について論じる．第I部で述べたような様々な質のデータに対して，そのような視点に立ったデータ解析法を考える必要がある．まず，オーソドックスな解析法も含めて，解析法の考え方，方法について解説し，問題点にふれた．それらを念頭に，実際の調査の例について，データの質や性格を考慮しながらそれらのデータ解析法を適用して，意味のある情報を得ていった過程を示した．また，解析法をそのまま用いるのに適さないようなデータや，不完全であったり不確実であったりするデータから情報を読み取っていった例として，人間を対象とした調査ではない例も交えて述べた．

　ここで示した分析の過程は，どれも一般化することは困難であり，またこれが「正解」というわけでもないが，そこから本質的に重要な考え方を見いだせるように努めたつもりである．データの性質や特徴に応じた方法を用い，データと分析の限界を常に意識しながら分析していく「研究者の心構え」といったものを肝に銘じて，誤った使い方やいきすぎた解釈を避け，真の現象理解を目指す姿勢を理解していただければ幸いである．

　林知己夫先生には常に叱咤激励していただき，ようやく本書をまとめるに至った．全文を精読して有益なご助言をいただき，遅筆な筆者らを最後まで厳しくも暖かく見守ってくださったことに心から感謝の意を表したい．また，筆者らが中心となった研究の例も多くの共同研究者の協力によってなされたものであり，それらのメンバーの方々全員に御礼申し上げなければならない．最後に，原稿の遅れに寛容に対処していただき，大変お世話になった朝倉書店編集部に心からの謝意を表したい．

　2002年4月

林　　　文
山 岡 和 枝

目　　次

[I　調査データをいかに収集するか]

1. どう調査するか ……………………………………………………… 1
   1.1 調査実施対象の抽出 …………………………………………… 2
       1.1.1 標本抽出の方法と標本誤差について ………………… 2
       1.1.2 非標本誤差 ………………………………………………… 7
       1.1.3 常に正しい標本調査は可能か ………………………… 9
   1.2 実情に応じた調査対象の選択と結果の意味 ……………… 10
       1.2.1 「ガンの告知についての意識」の学生調査 ………… 10
       1.2.2 中国上海調査の例 ……………………………………… 15
       1.2.3 アメリカ西海岸日系人調査の実際 …………………… 20
   1.3 調査を実施する方法 ………………………………………… 25

2. 質問票をどう作るか ……………………………………………… 36
   2.1 質問票のスキームと構成 …………………………………… 36
       2.1.1 質問票のスキームの作り方 …………………………… 36
       2.1.2 質問票の構成 …………………………………………… 43
   2.2 質問文の言葉に関する問題 ………………………………… 43
       2.2.1 質問文の前後を入れ替えたことによる変化 ………… 43
       2.2.2 「国際比較調査」にみる翻訳の問題 ………………… 45
   2.3 質問票の簡略化 ……………………………………………… 47
       2.3.1 一次元構造のデータからの抽出 ……………………… 48
       2.3.2 多次元構造からの抽出 ………………………………… 58
       2.3.3 簡略化と構造 …………………………………………… 65

3. データの精度の問題と実際例 …………………………………… 67
　3.1　調査不能について …………………………………………… 67
　3.2　調査員による誤差 …………………………………………… 76
　3.3　回答者による回答上の誤差 ………………………………… 78
　　3.3.1　回答のゆれ …………………………………………… 78
　　3.3.2　回答者の"うそ" ……………………………………… 80

［II　データから情報を読み取る］

4. 調査のデータの解析のあり方 …………………………………… 83
　4.1　データのまとめ方 …………………………………………… 83
　　4.1.1　調査で扱うデータの種類 …………………………… 84
　　4.1.2　回答のコーディング ………………………………… 84
　　4.1.3　単純集計と欠損データの扱い ……………………… 93
　　4.1.4　欠損のあるデータの解析段階での取り扱い ……… 95
　　4.1.5　クロス表と関連性の指標 …………………………… 97
　　4.1.6　仮説検定の意味 ……………………………………… 99
　4.2　多次元データのもつ意味と使い方 ………………………… 111
　　4.2.1　多次元データ解析と多変量解析 …………………… 111
　　4.2.2　主成分分析と因子分析はどこが違うか …………… 114
　4.3　データ構造の分析と集計 …………………………………… 116
　　4.3.1　データの大局を知ること …………………………… 116
　　4.3.2　数量化とは …………………………………………… 118
　　4.3.3　数量化III類の使い方 ………………………………… 119
　　4.3.4　数量化I類の使い方 ………………………………… 132
　　4.3.5　数量化II類の使い方 ………………………………… 134
　　4.3.6　数量化IV類とMDSの使い方 ……………………… 137
　　4.3.7　APMの方法と解析例 ……………………………… 139

5. データ構造から情報を把握する …………………………………… 142
5.1 単純集計の比較から何がいえるか …………………………… 142
- 5.1.1 単純集計の比較の重要性 ………………………………… 142
- 5.1.2 7ヵ国国際比較調査における例 ………………………… 143
- 5.1.3 HLA 抗原遺伝子の分布からの民族集団の位置づけ …… 145
- 5.1.4 中国上海調査における内部集団比較と国際比較 ……… 153

5.2 データ構造の把握 ………………………………………………… 159
- 5.2.1 データ構造の例 …………………………………………… 159
- 5.2.2 パターン分類の数量化による型分類の意味 …………… 166
- 5.2.3 7ヵ国国際比較調査における単純構造と構造間構造 … 173
- 5.2.4 日系人調査結果における回答構造とスケールの意味 … 178

6. データの特性に基づいた解析 ……………………………………… 184
6.1 調査データと調査法の特性をつかむ …………………………… 184
- 6.1.1 電話帳記載者の特徴 ……………………………………… 184
- 6.1.2 主観的な内容の調査票への性格特性の影響を読む …… 191

6.2 不完全・不確実な調査データから情報を読み取る …………… 199
- 6.2.1 不完全・不確実な調査データ …………………………… 199
- 6.2.2 カモシカ生息数推定における不確実なデータの例 …… 200

参考文献 ………………………………………………………………… 209
索　　引 ………………………………………………………………… 215

I 調査データをいかに収集するか

1 どう調査するか

　データに基づいて何かを語ろうとする以上，データ自体の質の問題は重要である．しかし，残念ながら，この点をいいかげんにしたままデータ解析だけが詳細に厳密になされる例を多くみる．データで論議すべき対象全体を母集団として，その偏りのないサンプルを調査すべきであることは，論理的にはわかっていても，現実的に不可能である場合もある．しかし，現実的に不可能なので何も考えないでよいとは言えない．基本的なところはしっかり把握した上で，どのように不可能であり，どのような状況を考慮して調査実施対象集団を選ぶか，あるいは，調査できた対象集団をどう評価すべきかを考察するべきであろう．

　研究の目的に必要な調査項目と調査対象集団があってはじめてデータを得ることができる．その調査対象集団の構成要素は，その要素となるかどうかが何らかの基準で確かに決まるものでなければならない．何についての調査結果なのかがあいまいでは意味がない．調査対象集団のすべての要素について調査することは困難なこともあり，無作為抽出（ランダムサンプリング，random sampling）によって，代表性のある標本（サンプル，sample）を扱うのが基本である．また，調査項目についても，問題とする内容についての項目のすべてを調査することが不可能な場合には項目のサンプリングも必要である．例えば，入学試験では対象については代表性を考える必要はなく，調べたいのは個々の調査対象（受験生）の学力である．その学力を知るための項目は無数の調査項目集団である．このなかからいくつかを選択して入学試験問題とし，その解答で受験生の学力を推定する．一般の調査項目についても同様のことが言えるであろう．しかし，調査項目集団が調査対象集団と異なるのは，個々の項目の重みが一定ではなく，またそれ自体も大変あいまいであるから，調査実施対象のサンプリングのように理論的に方法を定めることもできないというところであろう．まず，調査実施対象のサンプリングについて，ここでは研究の対象が個人

の集団である場合を例として考えていきたい．

1.1 調査実施対象の抽出

調査研究における第一の問題は，調査対象母集団の設定である．ある定義のもとで，集団の大きさや範囲が決定されてはじめて母集団ということができるが，その母集団についてランダムサンプリングし，実際の調査実施対象を抽出するのが，標本調査の考え方である．サンプリングの方法については，『標本調査法』（鈴木・高橋，1998），『社会調査ハンドブック』（林編，近刊）などを参照していただきたい．現実には基本どおりにいかない場合もあるが，実情に応じた最良の方法を考えた調査を計画するためにも，調査実施対象のサンプリングの定石として，標本抽出法の基本の考え方はしっかりと把握しておかねばならない．不偏推定（unbiased estimate）がその最も重要な点で，標本調査では標本誤差（sampling error）を数学的に見積もることができるのであるが，ここではそれを踏まえるべく簡単に述べ，現実的な面にふれておく．

1.1.1 標本抽出の方法と標本誤差について

母集団の大きさを N，標本の大きさを n とし，母集団の構成要素たる N 人の台帳が存在するとしておく．サンプリングの方法の詳細については上記の書に譲るが，簡単に述べておきたい．現在のところ，日本においては住民票や選挙人名簿など，母集団の各要素についての閲覧できる台帳が存在するので，個人抽出は台帳に基づいた方法が使えるが，これの可能な国は世界でほとんどない．台帳が使えない場合，また，母集団の大きさもわからない場合には別の方法が考えられている．

標本誤差は，集団の代表値としての平均値（あるいは比率）を調べることを念頭に考えることにする．

（ⅰ）　単純無作為抽出（単純ランダムサンプリング，simple random sampling）

サンプリング理論の基本は単純無作為抽出である．調査対象集団について，構成要素個々（各個人）の抽出される確率が同じであるという条件で，標本の各要素（人）を抽出する．くじ引きと同じであるが，各要素に番号をつけて並べられるならば，乱数を用いて抽出するのが現実的である．平均値についての標本誤差は，理論的に標本平均の分布から，ある確率と幅で推定することにな

る．標本平均の分布は，母集団の大きさ N が非常に大きく，標本の大きさ n も比較的大きいが母集団の大きさに比べるとかなり小さい，という場合には，母集団における分布がわからない場合でも，平均が母集団平均，分散が母集団分散を標本の大きさで割った値のガウス分布に，近づくことが知られている．標本平均の分布がわからない場合はチェビシェフの不等式によって誤差の大きさを見積もることになる．一般の社会調査では推定の信頼度を 95 ％ としているが，この確率は，わかりやすく言えば，20 回調査を行ったとすると 1 回は間違った結論となる程度ということであり，ごく常識的人間感覚に基づくものといえる．なぜ 95 ％ であって 96 ％ でないかなどといった，その範囲としての厳密な数値はあまり意味がない．しかも，次項でふれる非標本誤差も無視できないので，標本平均の分布による推定の厳密性は捉えた上で，それを柔軟に理解する必要があるだろう．

単純ランダムサンプリングでは，サンプルの 1 人 1 人をランダムに抽出していくので非効率的であり，現実の調査では単純ランダムサンプリングが行われることはほとんどなく，次の系統抽出がよく使われている．

（ⅱ） 系統抽出（systematic sampling）

何らかの意味で系統的に抽出する方法である．系統的という中には様々なものが考えられるが，その一つとして等間隔抽出（interval sampling）が挙げられる．

等間隔抽出はその名が示すとおり，等間隔に抽出していく方式である．母集団の各人に番号をつけて並べ，$N/n = K + e$（K は整数，e は余り）の n 個の群に区切り，最初の群からランダムにスタート番号 S を決め，以降，通し番号で $S+K$, $S+2K$, $\cdots$, $S+(n-1)K$ 番目を抽出する．大きさ K の n 個の各群からスタート番号と同番号の 1 要素ずつを抽出することになる．スタート番号によっては最後の余りの部分からも抽出し，$(n+1)$ 人とする．等間隔抽出は，言い換えれば，n 個の群の各群ごとで番号が同じ人を集めた K 個の組のうちから一つの組を抽出することであり，クラスターサンプリングの特殊な例と考えることもできる．

この標本誤差は，単純ランダムサンプリングの場合と比べて大きくなる場合も小さくなる場合もある．間隔 K ごとに調査項目に影響するような似た性質の人が並んでいる場合，つまり，K 個の組の間に大きな差がある場合には，単純

ランダムサンプリングよりも標本誤差が大きくなる．K 個の組がうまく等質に分けられる場合は，単純ランダムサンプリングよりも標本誤差が小さくなる．したがって，間隔 K には注意が必要である．通常，間隔がある程度大きければ，間隔 K ごとに似た性質が現れることはないため，等間隔抽出により標本誤差が単純ランダムサンプリングよりも大きくなることはなく，ほとんどの標本調査で等間隔抽出が使われる．ただし，後述の多段抽出における個人抽出では間隔を大変小さくすることがあり，その場合はとくに注意が必要である．選挙人名簿で世帯主と妻が交互に並んでいるような地域を抽出するときには，間隔が偶数では，男性だけが抽出されたり女性だけが抽出されたりすることがあるため，調査会社では，奇数の間隔（7人間隔など）を用いている．

系統抽出は等間隔ばかりでなく，ほかにも系統的な間隔は考えられる．例えば，スタート番号 S から，5人目，そこから100人目，そこから5人目，また100人目，……を抽出するのも系統抽出である．間隔が周期105で繰り返されている．このような場合は上のクラスターサンプリングの考えでは，周期の大きさ（この場合105）の個数に分けたクラスターから複数（この場合二つ）のクラスターを選ぶことになる．調査内容と周期が無関係ならば，各クラスターはそれぞれが母集団を代表する偏りのない標本となり，等間隔抽出の場合と同様に，単純ランダムサンプリングと比較して，標本誤差は大きくならない．調査実施上の工夫として考慮してよい方法である．

(iii) 層別抽出 （層別サンプリング，stratified sampling）

母集団をあらかじめ何らかの情報を用いていくつかの層（strata）に分け，層別に個人を抽出する方法である．調査の内容に関連する諸状況が似ているものを同じ層に集めて層内の分散を小さくすることにより，各層での標本誤差が小さくなり，全体の標本誤差は単純ランダムサンプリングよりも小さくなる．これをねらったものである．層別は，調査を行う前に得られるセンサスデータなどによる情報を用いて，層内でなるべく等質になるように，逆にいえば，層間で差があるように分けることになる．実際には調査したい項目は様々にあるので，それらの項目について共通に影響する情報を用いる．性別や年齢別は，抽出台帳からサンプリングする際に同時に得られる情報であり，しかも様々な調査項目に関連がある情報ではあるが，単純ランダムサンプリングや系統抽出などによって偏ることがほとんどないため，層別の基準に用いることはあまりな

い．地域別や人口規模別，産業規模別など，個人情報ではないものがよく用いられる．層別の効果は一般的にあまり大きくはないが，調査の目的に合った層別ができれば効果が期待できる．また，標本数が大きければ，層別をすることによって標本誤差が大きくなることは決してなく，通常の社会調査では，少なくとも地域別による層別が行われる．

標本の大きさは，各層の大きさに比例したサンプル数を割り当てるのが無理のない方法である．場合によっては層の大きさにかかわりなくサンプル数を揃えることもあるが，この場合は全体の集計をするときにはウェイトをかけなければならない．また，理論上は，層内の分散を考慮してサンプル数を割り当てる方法によれば層別の効果を大きくすることができるが，一般に層内の分散を知ることは困難で，しかも調査したい複数の項目について異なるため，実用的ではない．

ここで，母集団の台帳が使えないなど，母集団の大きさや層別の大きさがわからない場合についてふれておく．この場合，層別のサンプルの大きさを決めることができず，決めても結果を集める場合のウェイトがわからない．母集団の大きさに無頓着に層別サンプルの大きさを等しくすることもよく行われるが，その場合層間の比較はできるが，ここでいう層別抽出とは異なる性質のものであり，総合して全体を推定することはできない．

(iv) 二段抽出（二段サンプリング，two stage sampling）

集団を小集団単位に分けて，まず小集団を抽出（第1段抽出）し，抽出された小集団から個人を抽出（第2段抽出）する．とくに調査対象の母集団が国レベルの大きな集団の場合には，調査を実施する上で，不可欠の方法といえる．小集団の単位は，市町村や投票区，国勢調査の調査単位などが用いられる．二段抽出は面接調査の実施上だけでなく，個人抽出のために台帳を閲覧するにも便利で，調査の労力の軽減に役立つ．しかし，第1段抽出による標本誤差と，第2段抽出による標本誤差が加わり，全体として，単純ランダムサンプリングよりも，標本誤差が大きくなる．

第1段抽出単位の抽出法として，単位ごとの大きさ（構成人数）に従って確率比例抽出し，抽出された単位からは第2段抽出単位としての個人を同数ずつ抽出する方法と，第1段抽出単位を等確率で抽出し，各単位それぞれの大きさに比例した人数を抽出する比例割当による方法がある．前者のほうが実施上は

面倒が少ない．第1段抽出単位の大きさが大きく異なる場合，前者のほうが適切であろう．調査会社など常に調査を行う機関では，第1段抽出単位としてほぼ等しい大きさに設定した調査地点割を設けておくことも行われている．

小集団間の分散が大きいときは，全体の標本誤差をなるべく小さく収めるには，第1段抽出単位の抽出数を大きくする必要がある．一般に，第1段抽出単位内の第2段抽出単位の標本数は10〜20程度とすることが多い．

ここでも，母集団における第1段抽出単位（小集団）の大きさがわからない場合について考えておきたい．確率比例抽出は不可能なので，小集団を等確率で抽出するとする．そうすると，次に抽出する第2段抽出単位（個人）のサンプル数を比例割当としなければならないが，小集団の大きさの情報がなければ，比例割当ができない．仮に各小集団から等しい人数を抽出した場合，実際の小集団の大きさが異なるならば，調査結果による推定は偏ったものになる．

二段抽出の拡張として多段抽出（multi stage sampling）がある．標本誤差は，それぞれの段階での標本誤差が合計されるので，段が多くなるほど大きくなる．実施上の問題から，三段抽出が行われることが多い．

（ⅴ）**層別二段抽出**（stratified two stage sampling）

まず層別し，各層で二段抽出する方法である．便利のための二段抽出によって大きくなる標本誤差を，層別によりできるだけ大きくならないようにしようとするもので，全国調査の場合には層別二段抽出あるいは層別三段抽出もよく行われる．

標本誤差が実際にどうなるかは，分散が実際に調査される内容によって異なるので，調査された結果によってはじめて具体的に算出される．『標本調査法』（鈴木・高橋，1998）には，統計数理研究所で行った国際比較調査の日本調査を例にとって，層別二段抽出の標本誤差が算出されている．問題ごとにその値は異なるので，多くの質問について計算された結果，最大でも，単純ランダムサンプリングの1.7倍程度であることが示されている．

（ⅵ）**抽出台帳のない場合のサンプリング**

個人の抽出には，地点ごとにすべての家と構成人数をあらかじめ調査して個人をリスティングしておき，そこからサンプリング調査するという方法が考えられる．日本においては，地点として国勢調査の調査区が使える．ほぼ50戸単位となっており，各戸が地図に書かれているので，抽出された調査区について

詳細にリスティングを行えば，その時点での最も正確な名簿が作成できることになる．現実的には，国勢調査の調査員は地元のことをよく知っているのに対して，外部の調査員ではリスティングを完全に行うのは困難で，7割しかわからないというデータもある．しかし，日本でも台帳の閲覧制限が厳しくなることが懸念され，そういった状況に備えて考えておくとよい方法であろう．

個人の台帳がない場合でも，地域ごとの人数がわかる場合には層別や二段抽出法の第1段抽出は可能で，個人の抽出だけが問題となる．ランダムルートサンプリングはその一つの方法である．これは，まずセンサスデータによる地域情報をもとに，二段抽出法の第1段抽出単位として地点を抽出する．各地点の地図上でスタートポイントを決め，進む道の方向を定めて道に面した家を順に訪ねて行く．各家には複数の人が住んでいるので，その中の誰を対象とするか，何らかの方法でランダムに指定する，というものである．各国で，この方法に準じた方法が用いられている．調査対象者があらかじめ決まっていないため，回収率は考えていない．地点ごとに属性別人数を割り当てる割当法など，調査されやすい層に偏ることを避ける方法や，各家で個人を抽出する方法について，調査会社それぞれのノウハウとして様々な方法が工夫されている．しかし日本では道が入り組んでいる地域も多く，多くの家が対象からもれる可能性が大きい．個人の抽出には，誕生日が調査日に最も近い人を調査相手とする誕生日法や，性別年齢別の構成ごとのランダム抽出表を用いる方法などがある．この方法は電話調査で電話番号を抽出した場合の個人の抽出にも利用される．

台帳が使えず，地域別の人口もわからない場合には，直接に個人を抽出することはもちろん，前にもふれたように層別も二段抽出も難しい．選挙の出口調査もこれにあたり，対象者の歪みが問題となっている．発展途上国では人口把握さえも困難であり，人口地図からつくらなければ，全体の推定ができない．範囲を限定すれば，その中での地区別人口などの資料を得て調査を行うことはできることも多い．しかしそうしたとき，いいかげんな積み上げによって全体の推定を示すよりも，地域別の推定として述べることのほうが重要であろう．

1.1.2　非標本誤差 (non-sampling error)

調査には，標本抽出による誤差のほかに，非標本誤差がつきものである．調査における誤差の種類をまとめたのが図1.1である．標本誤差は調査する側にかかわるものであるが，非標本誤差は調査する側と調査される側の両方にかか

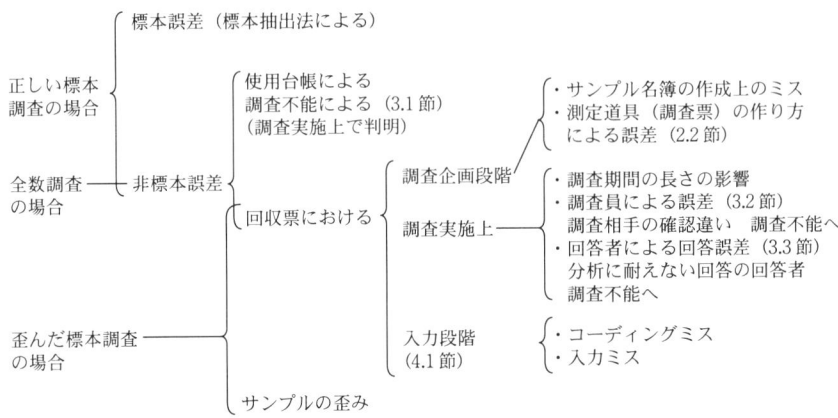

図 1.1　調査誤差はどこに生じるか
調査される側に関わる誤差は調査不能の部分と回答誤差の部分であり，その他は調査する側にかかわる誤差である．調査実施上の誤差は，用いる調査法により異なる．正しい標本調査とは，系統サンプリング，多段サンプリング，層別サンプリングなど，対象単位の名簿に基づくランダムサンプリング調査，歪んだ標本調査とは，クォータサンプリング，電話番号に基づく調査，インターネット調査などの対象単位の名簿によらない調査，および，でたらめな調査である．

わる．非標本誤差は，調査される側の問題としての回答誤差ばかりでなく，調査する側として正しいサンプリングを行った場合にも，標本誤差に加えて調査企画段階，調査実施段階，データ入力段階で生じるものであり，標本誤差のように数学的に求めることはできない．一般に，調査における誤差として標本誤差よりも大きな誤差が存在する．

　調査企画段階としては，台帳に基づく正しいサンプリングが行われた場合でも，その台帳に起因する誤差(名簿が古いなど)，調査票の構成，質問文の作り方による誤差がある．調査実施上では，1.3 節に述べる調査実施方法によって様々な誤差が存在する．回答者の回答誤差，調査員の必要な調査では調査員による誤差のほか，調査期間による誤差も生じる．実施上起きる誤差として最も大きなものは，調査不能となる対象の存在である．現在，個別面接聴取法(1.3 節参照)による社会調査の平均的な回収率は 70 ％ 台である．調査に協力する人としない人がランダムに分かれるとすれば，回収された対象者集団と調査不能となった対象集団は等質で，サンプル数の減少だけの問題である．しかし，両集団間に何らかの違いがあることは十分考えられる．例えば，ある政治問題についての意見を求める調査では，反対の人が調査に協力しない場合もあるかも

しれない．その差は，調査不能の部分は調査できないので，経験的にあるいは調査以外の諸情報から予想するしかない．

調査不能（回収率）の問題については3.1節で詳しく述べることとする．調査不能には，回収された回答票の中からも，極端に回答項目が少ない回答者など調査データとして有効でないものを含んで扱うことが多い．

このほか図1.1に示した様々な誤差について，測定道具のつくり方の問題については第2章に，回答誤差については3.3節に，調査員による誤差については3.2節に述べる．調査期間の長さは回収率に影響を与えるが，社会状況の変化による誤差も生じさせる．

非標本誤差は以上のような誤差であり，標本誤差を考えなくてよい全数調査をした場合にも生じるものである．

1.1.3 常に正しい標本調査は可能か

1.1.1項に示したような標本調査の方法は1.1.2項の非標本誤差はあるものの，ある程度の確実性をもって誤差が計算でき，母集団に対する推定ができる．回収率の問題も含め，できるだけ非標本誤差の少ないように努力することは言うまでもない．これは社会調査のように，結果から社会の状況を比率や分布で捉えようとするときにはとくに重要である．

しかし，調査の内容によっては，標本調査の基本であるランダムサンプリングが不可能なことがある．例えば，医学データでは患者として受診した人のデータしか得られない場合が多い．また，深い心理状況を調べる場合も特別な対象に詳細な聞き取りが行われるが，これらはケーススタディ（case study）あるいはデプスインタビュー（depth interview）といわれる調査である（1.3(viii)参照）．本来考えるべき母集団の中の，ある特別な偏った集団を調査していることになるかも知れない．また，1.1.1項の最後に述べたように，母集団の大きさや地域別人口が得られない場合も標本調査ができない．このような調査データをいかに考えればよいのだろうか．実際，研究の対象とするべき母集団からのランダムサンプリングではない対象を調査したデータは実に多いが，それらのデータでは母集団について述べることはできないのである．

しかし，調査実施対象そのものについての調査結果であることは間違いない．意味ある情報として読み取るには，データを得た集団について，集団の特徴をできるだけしっかり把握し，その特徴を背景として踏まえて分析結果をみるこ

とが大切である．そうした上で，その調査以外の情報も用いて推察・考察し，より確からしい情報として捉えることができる．初歩的な誤りではあるが，無計画にかき集めた調査研究では，そうした集団の特徴をつかむことができない．むしろ，何らかの限定した集団についての全数調査を行うほうが望ましいことがある．複数の限定した集団についての調査は，集団の特徴を考慮しながら比較することによって，有用な情報が得られるであろう．

この比較もその一例であるが，統計的推定や仮説検定についてふれておく．このように母集団からのランダムサンプルとはいえないサンプルに対して調査されたデータについても，推定や統計的仮説検定を用いて判断することがよくある．しかし，統計学的な推定や検定はランダムサンプリングによる誤差に基づくものであり，推定や検定の結果を鵜呑みにするのは明らかに間違いである．つまり，経験的にランダムサンプルと考えられるものであっても，サンプリング理論に基づかないサンプルがランダムサンプルとみなせるかどうかの判断は統計学的には不可能である．調査では避けることのできない非標本誤差についてもまったく考慮されておらず，社会調査においては統計的仮説検定の意味はあまりない．しかし，客観的判断の方法としてほかに代わるものはないので，何らかの判断基準が必要な場合（実験調査など）に，約束事としての役割をもっているといえるだろう．仮説検定の結果は厳密に捉えるのではなく，ランダムサンプルという仮定の上での結果も判断材料の一つとして考えたい．

1.2節に実際の例として，複数の小集団の全数調査例を示す．

1.2 実情に応じた調査対象の選択と結果の意味

1.2.1 「ガンの告知についての意識」の学生調査

最近では，ガンの告知についての調査の内容も少し深いものになってきたが，1980年代には，単に「告知はよいか・わるいか」だけの論議が多かった．ここに挙げる学生調査の例は，1994年に癌病態治療研究会の一つの研究班であるQOL研究会として，告知に対する複雑な意識を捉えるため行ったものである（QOL研究班, 1994）．その後，この調査の知見から，一部は一般人対象の調査も行われ，告知の是非論に対する一つの考え方を世に問うたのである（林, 1996）．その最初に行われた学生調査は確かにガンの告知の問題を身近に感じる年代としては適切ではないかもしれない．一般の人々の考えを知るために学生

表 1.1 「ガンの告知についての意識」調査研究のスキーム

A　あたなの近親者がガンになったとしたら，どうしてほしいか
　A1　医師が患者に対してどうするのがよいか（告知してほしいか）
　（ア）いかなる場合も告知する
　（イ）本人の精神的・医学的条件による
　　a．本人が告知を望んでいる場合
　　　　タテマエかホンネが医師にわかるだろうか
　　　　　（i）わかる　　（ii）わからない　→　どうすればよいか
　　b．本人の性格による
　　　　告知が本人にとってプラスになるかマイナスになるかが医師にわかるだろうか
　　　　　（i）わかる　　（ii）わからない　→　どうすればよいか
　　c．治癒の可能性の程度による
　　　　（i）　治癒率99%以上　　（ほとんど治る）
　　　　（ii）　治癒率90〜98%　　（まず治る）
　　　　（iii）治癒率70〜89%　　（大体治る）
　　　　（iv）治癒率30〜69%　　（半々）
　　　　（v）　治癒率10〜29%　　（なかなか難しい）
　　　　（vi）治癒率1〜9%　　　（非常に難しい）
　　　　（vii）治癒率1%未満　　（まず治る見込みがない）
　（ウ）本人以外の条件による　→　どのような場合が考えられるか
　（エ）いかなる場合も告知しない
　A2　告知の仕方（治癒率の程度により異なるか）

B　あなた自身がガンにかかったとしたら，どうしてほしいか
　　（近親者の場合と同様の内容）

調査でよいのかということは常に問題となる．ここでは，学生調査の意味をよく考えながら計画実行し，その調査から意味ある知見として得ていった過程を述べることとする．

調査研究のスキームは表1.1のとおりである．質問調査票は自記式を念頭に作成した．また，調査票全体の印象として，あまり深刻にならずに答えられるように考慮した．まず，A大学の学生55人に対して予備調査を行い，質問に無理のないことを確認した．

調査対象としては本格的な一般調査前のテスト調査であり，比較的大きな集団を扱うことができるというメリットを考え，学生を対象とすることとした．しかし，一つの大学の学生ではその大学の特徴が現れることが予想されるため，いくつかの異なった大学をクラス単位で取り上げた．Aは女子大学の人間科学科学生(55人)，Bは文科系の女子短期大学生（52人），Cは看護専門の短期大学生（121人），Dは男女共学の大学の理科系学生（男子138人，女子27人，不明10人，計175人），Eは商科の専門

学校生（男子92人，女子7人，不明2人，計101人），Fは共学の大学の情報科学系学生（男子95人，女子46人，不明3人，計144人）である．

　授業時間内で10分程度の時間をとって調査票を配布し，その場で学生各自に回答を記入させ回収した．そのため，配布した調査票のほぼ全数が回収されている．

　Aでは予備調査の1カ月後のパネル調査の役割ももたせたが，34人の回答の一致率は70％台のものが多く，質問によって60％程度のものもあり，85％が最高であった．しかし，マージナルを比較すると前後調査ではほとんど変化はなく，個人の変動方向が一定ではないことがわかった．個人レベルでの回答の揺れはあるものの，全体像は変わらないのである．

　上記の六つの集団で，上記のように集合調査が行われた．Aについてはパネルの1回目のデータを用いた．集計は大学別に行う必要がある．大学別の回答の比率を図に示してみると，各大学の学生の間で，回答の異なる様子がよくわかる．例として図1.2に示した．質問によっては，集団間であまり差のないものもあり，また，差の大きいものもある．比率の差を検定するよりもこのような図示によって，意見の違いがよく見てとれる．もう少し簡単な表現として最大と最小の比率を示すことでもだいたいの様子を示すことができる．

　これらすべての学生についての集計は，それぞれの集団の大きさの比率に何の意味も見いだせないため，仮に算出するにすぎないが，おおまかな中間的な値として扱うことにし，各質問への回答の様子をみることとする．10％程度の誤差は常にあるものと考えておきたい．

　この調査から次のようなことが見いだされる．

　まず，家族や近い親戚がガンにかかった場合を想定したところについてである．治癒の程度によって告知する方がよいかを問う質問では，治癒率の高いほうが告知希望が多く90％程度だが，ほとんど治る見込みがない場合には50％となる．この間で比率は徐々に低くなっていっていることから，対象者の多くが治癒率が高いほど，告知を希望していることが想像できる．集団別にみてもその傾向は同じである．

　本人の条件による場合，「本人が望んでいるどうかによる」は最小の集団で52％，最大の集団で65％とその差はあまり大きくなくどこでも半数以上はそのことを考えている．さらに，「本人が告知を望んでいるかどうかによる」という場合を想定した「それが医師にわかるかと思うか」の問いに「わかる」と答えたのは35％（最小22％～最大43％）である．ここでおもしろいのは，「本人が望んでいるかどうかによる」の回答とは無関係であり，本人の希望によると言いながら，それが医師にはわからないと思っていることである．さらに，「たとえ本人が望んでいると言っても，本心がどうかが医師にわかると思うか」に対しては「わかる」という回答は10％台（6～18％）に

Q1. あなたは、「ガンの告知」という問題に対してどう考えますか?
   あなたの家族や近い親戚がガンにかかった場合を想定して、医師が患者に対して、どうして欲しいか、つぎの中からいくつでも選んで下さい。

   1 どんな場合でも本当のことを告知する
   2 治癒の可能性の程度によって告知するかどうか決める
   3 本人の精神的条件によって告知するかどうか決める
   4 本人以外の条件によって告知するかどうか決める
   5 どんな場合も告知しない

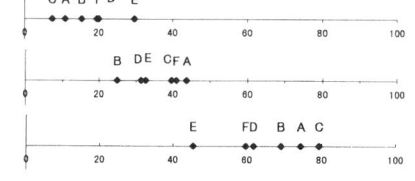

Q2 本人の条件によって告知するかどうか決めるとすると、どんな条件によると考えられますか? （Q1で他の回答をした方も、考えてみて下さい）
   1 いかなる条件にもよらない 
   2 本人が告知を望んでいるかどうかによる
   3 本人の性格による
   4 治癒の可能性の程度による
   5 本人の年齢による

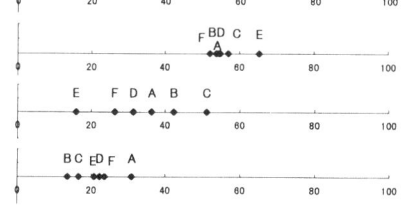

Q4 「本人が告知を望んでいるかどうかによる」という場合を考えてみて下さい。
   ア 本人が望んでいるかどうかは医師にわかると思いますか?
       1 わかる
       2 わからない

   イ 本人が望んでいると言っても、それが本心である場合と、そうでない場合があると思いますが、医師にそれがわかると思いますか?
       1 わかる
       2 わからない

   ウ 本心かそうでないかの区別は難しいと考えられますが、その区別は考えなくてもよいと思いますか?
       1 本人が望んでいると言っていれば、本心かそうでないかの区別を考えなくてよい
       2 本心かそうでないかの別を考えてほしい

図 1.2 集団別回答選択率の比較

すぎない．それでは，「本心かどうかの区別は考えなくてよいと思うか」，この問には「考えなくてよい」の答えと「考えてほしい」の答えがほぼ半々となる．「考えなくてよい」は男性に多く，「考えてほしい」という回答が女性の集団ＡとＣでとくに多いのが目立っている．ではどうしたらよいかを自由に回答してもらったものをまとめると，家族や友人など本人をよく知る人がわかる，性格で判断するなどであった．

「本人の性格による」を想定した質問でも，告知が本人にとってプラスになる性格か，マイナスになる性格か，それが医師にわかるかどうかを質問している．これについて「わかると思う」回答は約1割（2〜15％）にすぎない．「専門の精神科医師等がわかる」とするものも2割程度（14〜26％）である一方，家族やごく親しい人に相談すればわかるという回答が半数以上（49〜58％）あり，身近な者の判断だけが頼りだと考えているといえよう．「わからないと思う」の回答者にはどうしたらよいかを自由に回答を記入してもらっているが，無記入も多く，実はどうしてよいかわからないのであろう．

「本人以外の条件によって告知するかどうか決める」という場合については，すべて自由回答とした．家族状況や会社への影響，家族の希望を挙げるものが多く，「考えられない」あるいは無回答も多かった．このような問題については，社会的経験を積んだ一般の人々が対象であればもっといろいろなことが出てくるのではないだろうか．

これらをまとめてみると，精神的条件や性格を考えて告知するかどうか決めてほしいという人は，医師を信頼しているのではなく，医師にはよくわからないので，家族や近い人とよく相談してほしいということを意味していることが読み取れる．告知が医師の判断によってなされることには疑問をもっているといえる．「本心かどうかの区別は考えなくてよい」という意見は，「本人が告知を望んでいるかによる」を挙げた人のほうに多い傾向があり，これは男性に多い回答傾向として一致する．告知を望むと言ったからには，本音ではなく本当は告知を受け止める自信はなくても，知らせてほしいだろうという考え方で，精神的条件・性格を問題にするのとは対立する考え方である．

次に，「あなた自身がガンにかかったとしたら」についての回答を見ながら，家族の場合と比較してみた．

家族の場合よりも告知希望が増えるのは予想どおりで，程度によらず告知することを望むというものは，家族の場合は40％，自分の場合は52％である．治癒の程度によると仮定した質問で，治癒の可能性が高いほど知らせてほしいという回答が多いのは同じである．また，自分がガンの告知を受けるとしたら誰から話してもらいたいかの問いでは，8割近く（67〜84％）が「信頼できる主治医」と答え，「甘えられる家族」は2割程度にすぎない（12〜29％）．家族がガンにかかった場合を想定した質問では，

医師には患者の精神的な面がわからないと答えたが，それのわかる信頼できる医師に出会うことを望んでいることを示している．

このように，いくつかの集団の違いにも注目しながら，内部での関連を見ていくことにより，考え方の様子が把握できる．

ちなみに，この調査のあと，医師に対する調査も行われた．これも標本調査ではなく，ある学会に所属する医学関係大学の研究室などに配布され，それぞれ数人の医師の回答が集められたが，900以上集まってはいるものの，偏りの大きさは想像もつかない．しかし，治癒の可能性の程度に対する考え方，医師本人がガンにかかった場合などの考え方は，全体でみると学生調査とあまり違わないという結果が得られたことは興味深い．医師の調査では，どのようなことを考えて告知するか，どのように告知するかについての自由回答が大きな意味をもっている．

さらに，関東地域と関西地域で一般調査が行われ，治癒の程度についての大筋での考え方は学生調査とほとんど違わないこともわかった．

学生調査は，本来学生だけを対象とするべきでないものが多く行われている．その結果の解釈は単に広げるのではなく，実験的調査と十分に認識して内容を理解し，次の段階につなげるべきものである．そのために，複数の集団についての調査は有意義であろう．

1.2.2　中国上海調査の例

日本以外の国では，住民の台帳がない，あるいは台帳はあっても閲覧できない国が多い．住民を対象とした調査のサンプリングは，閲覧できなくても地域別の人口統計があれば可能である．しかし人口統計もはっきりしない場合は，通常のサンプリングは不可能である．中国でも1990年代から社会調査が行われるようになったが，少なくとも初期にはサンプリングがきちんと行われることは不可能と言われていた．現在は政府が関与する調査は，細かい地区単位の人口統計が使用できサンプリングが可能であるが，一般の大学教員の行う調査では，ほとんど不可能のようである．1996年に行われた上海浦東地区の住民調査は標本調査とはほど遠いものであったが，このような調査は，標本調査をよく理解しない研究者がしばしば行っている方法でもあり，また，発展途上国など人口統計のはっきりしない地域の調査で行われる方法でもある．そこで，この上海調査を例にとって，そうして集められたデータの質をどのように考えたか

を示す．

（ⅰ）調査実施の概要

浦東（プードン）住民調査は，上海浦東新区の八つの地域を取り上げて，各地域の住民約125人ずつ計1000人を対象とした調査である（飽戸ら，1998）．調査実施は1995年3月から4月にかけて，調査票に基づく訪問面接聴取法でなされた．八つの地域の選択，それぞれの地域でのサンプル抽出，調査実施は，上海チームがあたった．日本チームは，統計的標本抽出法に基づく調査を期待し，ランダム抽出の方法を中国チームに依頼した．地域ごとの住民名簿もサンプリングの台帳として用いることができるということであり，個人単位で等間隔に抽出するようサンプリング方法について了解を得ていた．しかし，実際にはサンプリング方法についての報告がまったく得られず，以下に述べる検討から，標本調査の基本とは異なる方法で対象者が選ばれたことはほぼ間違いないと判断している．ほかに本格的な標本調査も行われているのでこれが中国一般の調査というわけではないが，一般的に標本調査は難しいと考えられ，回収されたサンプルについての検討が必要になる．

この調査で回収された1000サンプルは，対象者の不在や拒否などによる調査不能がまったくなく，回収率が100％という報告であり，日本におけるランダムサンプル調査ではありえない率である．上海チームによると，無記名調査であったため拒否がなかったという説明であったが，実際のサンプリング手順について日本チームに納得のいく説明報告がなされないのは，中国の諸事情によって，計画したランダム抽出ができなかったためと考えざるをえない．

さて，回収調査票の検討であるが，年齢分布をみると40歳代が多いことなど，住民全体の年齢分布からは偏っていると考えられる．名簿を使って等間隔に対象者を選んだにしても，個人単位ではなく世帯単位であり，世帯主世代が多くなったようである．ただし，男女は偏らないように注意して割り当ててあり，各地域125人程度に達するまで回答者を集めた，ということではないだろうか（まったく恣意的に回答者を選んだものでもないようである）．

この8地域は，中国チームが社会学的な観察からつかんでいた特性によって，選択されている．調査実施対象に選ばれたのは次のA～Hの8地域であり，上海共同研究者によって次のように，住居や住民についての特徴が挙げられている．数字はサンプル数で，合計1000人である．

A地域：100人，労山東路．高層建築群，住民の家庭の経済的条件と文化水準は比較的良く高い．

B地域：149人，東昌路．旧式の町，平屋．浦東の黄浦江一帯の地域にある．住民は

ほとんどごく普通の庶民．職業は様々で，経済条件は中程度．

C地域：125人，瀘東新村．市営団地で多層建築，住民の大部分が普通労働者で，生活水準は普通．文化水準も高くない．

D地域：124人，金楊路．住民は皆，以前は金橋郷の農民である．農地は買収されたが，住居はまだ移ってない．浦東の市民の身分になっているが，生活方式はまだ農民的．

E地域：126人，周家渡．ほとんどが簡単な平屋．住民の多くが貧困である．職業も社会的に知られていない仕事ばかりである．生活条件は悪く，文化水準も低い．

F地域：124人，洋経．以前は農村の一つの鎮であり，都市と農村の結合部．一方では，浦東改革開放以後，多くの浦西住民が入っており，海運学院の一部教職員もここに住んでいる．

G地域：125人，浦東大道高廟地域．住民は元来は農民．沿江に住んでいるので，農民も工場労働者もいる家庭になった．自分たちでつくった平屋は後に政府が資金を出して建て直され，多層建築になった．この住民は互いによく知っており，住居の構造が変わっても人間関係の変化はほとんどなし．

H地域：127人，維坊．新しい団地，ほとんどが多層建築．

（注：高層建築とは7階建以上，多層建築とは6階建までをいう.）

しかし，それぞれの地域の母集団であるべき範囲も人口も明らかにされていないので，各地域の抽出率がわからず，8地域のサンプルすべてを足した1000サンプルでの集計では8地域全体の住民の回答を予測できない．まして浦東住民全体の回答を示すものでもない．それでも，各地域での特徴を比較することはでき，合計はその各地域の大きさが同じと考えたときの平均値として見ることはできる．各地域の違いがそう大きくなければ，浦東住民全体とそう違った比率ではない，という程度のものと考えるべきである．

中国の研究者によって地域の特徴とされた点と調査結果から得られた特徴を比較し，この調査の質を，ある程度判断しなければならない．

（ii） 調査結果から得た特徴の検討

（1） 地域別の調査実施対象サンプルの基本属性

八つの地域の特徴は調査質問項目の地域に関する回答から知ることができるが，その回答者がどのような個人特性をもっているかをみておかねばならない．

まず，全体1000サンプルの年齢分布をみると，20歳未満3％，20歳代12％，30歳代22％，40歳代31％，50歳代14％，60歳以上18％であり，世帯主世代が多く調査されている．これは八つの地域どこでも同じ傾向で，30歳代が30％程度から40％

程度と，その世代に集中している．G地域のサンプルは年齢の高いほうに偏り，F地域のサンプルは若いほうに偏っている．性別は全体1000サンプルでは男女半々だが，F地域では男性が6割強，D地域とE地域では女性が6割弱というのが目立った差である．さらに性別×年齢分布をみると，50歳以上での男女の割合の差が大きく，E地域とG地域の50歳以上は2/3以上が女性，A地域とF地域では2/3が男性である．しかし，それぞれの年齢層における男女比のこの程度の偏りは，ランダムサンプルだとして起こり得る誤差をわずかに外れる程度である．

このような性別年齢別分布の特徴をもったサンプルであることを認識して，その回答から地域別サンプルのその他の特徴を読みとることとする．

まず，職業であるが，全体1000サンプルで最も多いのが工員34％であり，次に多いのが退職者あるいは休職者で19％，以下，管理職12％，商業者7％，教師4％，学生4％，公務員4％，技術者3％，企業家2％，医療者2％，司法関係1％，その他8％である．地域別の特徴をまとめると次のようになる．A地域は他の地域よりも工員が少なく公務員や教師や管理職が多い．C地域とE地域は工員が他地域より多い．D地域は「その他」が非常に多く3割もある．F地域は工員は少なめで，商業者が他地域より多い．教師や学生も他地域と比べて多いほうであり，少ない司法関係者は1人を除いてこの地域に属する．G地域は退職者休職者が多く3割を占めるが，この地域のサンプルは年齢が高いほう，しかも女性に偏っており，それと関連した特徴といえる．B地域，H地域は平均的である．

学歴はどうか．A地域は大学卒以上が43％，高等中学校卒が44％，初等中学校卒までが13％で，目立って学歴が高い．サンプルの学歴の高い順に地域を並べると，F，H，G，B，C，E，Dである．D地域は小学校卒までが28％，初等中学校卒が52％，高等中学校卒が14％，大学卒以上が5％である．A地域とD地域のサンプルの学歴分布の差は非常に大きい．

（2）調査結果からみる8地域の特徴

調査実施対象に選ばれたA～Hの8地点の特徴は，上海共同研究者によってあらかじめつかんであったのであるが，調査結果としてサンプルの回答から，それぞれの地域の特徴を確認する必要がある．

まず，住宅の形態，転入以前の身分，転入の時期については表1.2のとおりである．住宅形態は，旧式の平屋の密集地域や，新しく建設された中高層住宅地域など，大きな差があり，地域特性として重要である．

D地域は，改革開放で浦東が農村から都市となり，もとは地元の農民であった住民が市民となり，新しく建設された多層住宅に転入したということである．B地域，E地域，F地域は，改革開放政策の計画以前からの転入者が密集した平屋に住んでいると

表 1.2 地域別居住状況（転入以前の身分，転入時期）

		A	B	C	D	E	F	G	H
調査対象人数（人）		100	149	125	124	126	124	125	127
住宅の形態（%）	長屋	0	3	0	2	0	3	0	1
	平屋	1	79	0	0	98	90	0	1
	多層住宅	0	1	100	97	1	4	100	95
	高層住宅	99	17	0	0	0	0	0	2
	仮設住宅	0	1	0	0	0	2	0	0
	その他・不明	0	0	0	2	1	2	0	2
転入前の身分（%）	地元農民	1	0	2	87	1	0	0	2
	浦西住民	69	27	25	2	15	7	47	55
	浦東市民	22	62	67	9	64	86	50	37
	他省住民	7	9	3	0	8	5	0	1
	他・不明	1	1	2	2	12	2	2	4
転入時期（%）	1981 年以前	0	64	32	0	82	69	0	2
	1982〜1991 年	4	12	24	7	14	19	86	91
	1992 年以降	96	21	44	93	5	9	14	6
	不明	0	3	0	0	0	3	0	0

ころである．F 地域は，中国研究者による特徴として，住民の一部は浦西からの居住者とあったが，実際にはあまり多くない．G 地域，H 地域の住民は，1980 年代の浦西や浦東からの転入者だが，G 地域は立ち退き地域となり，近隣関係をほぼそのままに新しい多層住宅に入ったところである．H 地域は多層住宅だが，新しい建築とそうでない建築のところを含む．

住まいの広さを地域別の平均値でみると（表 1.3），D 地域，F 地域はほかに比べて広い．E 地域，F 地域は平屋である．D 地域は新しい多層住宅である．高層住宅の A

表 1.3 地域別住宅の広さ

		A	B	C	D	E	F	G	H
調査対象人数（人）		100	149	125	124	126	124	125	127
部屋数	平均（室）	2.03	2.13	1.70	2.60	2.39	2.47	1.99	1.91
	最小	1	1	1	1	1	1	1	1
	最大	4	8	4	8	6	9	3	4
延べ面積	平均（m^2）	28.3	28.6	23.1	37.0	42.3	36.3	27.4	24.9
	最小	14	10	13	12	9	6	14	12
	最大	68	100	69	240	150	170	52	50
面積/人	平均（m^2）	9.22	7.54	7.46	11.07	10.21	9.84	7.71	6.70
	最小	5	2	3	4	3	2	4	3
	最大	27	30	20	50	50	34	17	15

地域も1人当たりの面積は広いほうである．

　もう少し地域別の状況を見てみた．家の設備について，5年前と現在の地域別の普及状況を尋ねた質問による．水道，ガス/LP，トイレ，浴室，冷蔵庫，洗濯機，テレビ，ラジカセ，電話などの普及率は，地域の特徴をよく表している．また，5年間の家庭における変化を尋ねた質問，友人隣人とつきあう回数の変化，冠婚葬祭のやり方の変化など，それぞれに地域差が明らかに見られる．さらに社会的な変化を，現在を5年前と比較して「改善した」という住民による評価でみても，地域差が見られる．

（ⅲ）調査の評価と分析の考え方

　これらを総合して，各地域の特徴をまとめると，上海共同研究者のつかんでいた特徴をほぼ表している．調査計画における対象地域範囲の設定があいまいであり，調査対象サンプル抽出もランダムとは言い難いことは前に述べたが，地域別のこうした背景を考慮して，回答を総合的に解釈することはでき，あまり細部の分析に至らない限り，この調査は調査時点の浦東住民の状況を把握しうるものと考えたのである．

　調査内容は1.2.1項で示した調査集団間の差異の検討とまったく同じく，各質問回答肢ごとに，各地域別の回答比率を直線上に並べて比較して，概観することができる．これを詳細にみていくことは，このようなデータの質の上からはまったく無理である．その中からも見いだされることが出てくるが，大局的な見方として捉えるべきであろう．この内容については5.1.4項で述べる．

1.2.3　アメリカ西海岸日系人調査の実際

　研究の対象とすべき調査対象集団によっては，それらに限定した名簿がなく，住民基本台帳や選挙人名簿は存在しても現実的な問題として，そこから直接にサンプルを抽出することが困難な場合がある．つまり，サンプリングのための適切な名簿がない，もしくは何らかの名簿はあっても研究に必要な条件に限定した対象集団の割合がきわめて小さく，全体からのランダムサンプリング調査では無駄が多すぎるなどの問題が生じることがある．ここでは，そのような問題を含んだ調査の例として，アメリカ西海岸における日系人調査を取り上げ，どう対処していったかを示す．

　アメリカ在住の日系人は，ハワイとは異なり，アメリカ本土に広く分布しており，その割合は少ない．ハワイでは日系人は白人とともに多民族のなかでのマジョリティであるが，アメリカ本土では，比較的日系人の多い西海岸ですら

表 1.4 アメリカ西海岸日系人調査結果の概要 ( ) 内は%

	サンタクラーラ群	キング群	合計
調査実施数	171 (35)	173 (41)	344 (38)
調査票不備	4 (1)	0 (0)	4 (0)
調査中止*	29 (6)	0 (0)	29 (3)
調査拒否	61 (12)	60 (14)	121 (13)
病　気	6 (1)	17 (4)	23 (3)
連絡不能**	164 (33)	65 (15)	229 (25)
日系人以外	27 (5)	85 (20)	112 (12)
1　世	12 (2)	11 (3)	23 (3)
転　出	15 (3)	12 (3)	27 (3)
英語通じず	2 (0)	1 (0)	3 (0)
死　亡	1 (0)	1 (0)	2 (0)
サンプル 計	492 (100)	425 (100)	917 (100)

*　インタビューの途中打ち切りなど．
**　住所や電話番号などの誤り．

その移住人口に占める割合は数%でしかない(ちなみに，1990年のU.S.センサスによると日系人は847562人であり，最も日系人の多いカリフォルニア，ハワイ，ニューヨーク，ワシントンの4州でそれぞれ，312989人，247481人，35281人，4366人)．そのため，地域の住民全体の名簿からサンプリングを行ったのでは1人の日系人を得るために30〜50人も調査せねばならず，莫大な費用と時間を要する．ここで紹介するのは，このような理由から特別なサンプルの抽出方法をとった例である．厳密な意味でのランダムサンプルではないが，このような場合，調査結果が妥当であるかどうかは，過去，あるいはほかの調査結果があればこれらと比較して，実際に得られたデータが妥当なものであるか，間接的に検討することにより，ある程度見当をつけられる．比較するほかの調査結果がない場合には，バイアスがかかっている可能性のあるデータであることを常に念頭におき，できる限り比較のための次の調査を行うよう努力することが大切である．この比較には「連鎖的比較調査分析法 (cultural link analysis：CLA)」(Hayashi, C., 1996；林・鈴木，1997)の考え方が有効である．このような考え方のもとで行われたアメリカ西海岸日系人調査の結果，表1.4に示すような回収率であったが，少なくともほかの調査結果との比較からみると，調査内容の分析において比較的バイアスが少ないと判断できるものであった(吉野ら，2001)．

（ⅰ） 連鎖的比較調査分析法と日系人調査

　各々の国には，長い歴史の中で発展してきたそれぞれに独特な生活習慣，倫理，宗教，人間関係等，各国固有の文化があり，政治や経済の基盤となっている．それ故に，各国の文化やその背景にある国民性を世界の各国が相互に深く理解することが，世界の政治や経済の平和的発展の鍵となっている．

　国民性の比較研究は，統計数理研究所で林知己夫と共同研究者らにより 1953 年以来行われている日本人の国民性に関する意識調査に端を発し，国民性をより深い観点から考察する必要性から国際的な国民性比較調査へと拡張されてきた．今日では，この国民性の国際比較研究は，先に述べたように CLA（連鎖的比較調査分析法）として発展している．このような計量的方法による意識の国際比較では，文化人類学が研究者の深く鋭い洞察によりその文化のもつ特徴を分析していくのに対し，より客観的に調査データに基づき意識の集団特性を分析していくというデータの科学の立場をとる．

　この連鎖の一つは日本人とアメリカ人をつなぐ日系アメリカ人である．ハワイの日系人については，1971 年に第 1 回調査が行われてから 1999 年まで 5 回の調査が行われている．アメリカ西海岸日系人の意識調査は，日本―ハワイの日系人―アメリカ本土の日系人―アメリカ人の連鎖的比較研究の一環として行われたものである．日系人調査はこのような比較の連鎖に重要な役割をもつ．なお，1991 年にはブラジル日系人調査も行われている．いずれもサンプリングには多大な努力がなされている．

（ⅱ） アメリカ西海岸日系人調査

　この調査は，アメリカ西海岸日系人の意識といったものを，日本人やハワイの日系人，アメリカ人，その他の国民のそれと比較し，今日の日系人社会における日本的考え方の変化を検討することを目的とし，アメリカ西海岸在住の日系人研究者 3 名（Frank S. Miyamoto, Stephan S. Fugita, Tetsuden Kashima）の協力のもとに，1998 年に行われた．調査対象は，比較的日系人の割合の多いワシントン州キング郡およびカリフォルニア州サンタクララ郡の日系人住民とした．調査は面接聞き取り法（自記式回答の項目を含む）で行われたが，用いた調査票は全 90 問のかなりボリュームのあるものである．

（1）　サンプリング台帳の作成

　現地日系人の各種団体名簿は存在するが，この登録者は組織活動に熱心な人々に偏っている可能性がありバイアスが明らかであるため，これを使用することは避けねばならない．しかし，日系人のみのサンプリングリストを既存の資料からただちに作成することは難しく，独自に以下のような手続きをとって日系人のみの台帳を作成する

ことから始め，そこから調査実施対象を抽出することとなった．

（a）　サンプリングのもととなる台帳の作成

1990年国勢調査による各郡の住民数は次の通りである．

ワシントン州キング郡の住民数：　1507319人（うち，外国生まれは9.3％，日系人は21167人）．

カリフォルニア州サンタクララ郡の住民数：　1599604人（うち，日系人は26516人）．

サンプリングでは，各々の選挙管理事務所で最新の選挙人（18歳以上の男女）登録名簿に基づいて，現地の名簿作成の民間会社が販売している，登録者の名前，住所，電話番号の情報を集積した台帳を利用した．選挙人名簿の登録者の総数は，キング郡約95万人，サンタクララ郡約73万人である．推定登録率は，キング郡はアメリカの平均と比べてかなり高く90％程度であり，とくに日系人は高く96％程度と推定された．他方サンタクララ郡は近隣にシリコン・バレーなどの最先端情報産業が中心で多国籍企業の多い地域などもあり，住民の移動率が高く，また「住民」としては登録されない居住者も多く，政治意識は必ずしも高くないのか，80％あるいはそれ以下と考えられた．

（b）　日系人名の抽出

各郡の選挙人登録名簿から名前が日系人と思われるサンプルを抽出するために，先に述べた現地日系人研究協力者により，日系人団体や第二次世界大戦時の日系人収容キャンプなどの名簿から情報を抜き出して名前のリストを作成し，これを次のように利用した．

研究協力者は，名簿作成会社に委託して，選挙人登録名簿から上記の日本名リストの該当者を抽出した名簿を作成させた．これを1人ずつ丁寧に検討し確認している．現地の研究協力者が，日本名とまぎらわしい非日系人の名前や，また本来は日本名だが移民の1世がスペルの間違いをして子孫に受け継がれている例（例えば"FUJITA"を"FUGITA"）などを熟知していたので，このような検討が可能となったのである．ちなみに2世までは日系人同士の結婚がほとんどであったが，1970年代以降，3世以降の世代では異民族間の結婚が進み，今日では日系人の約50％が，他の人種と結婚しているといわれている．

名前で日系人を抽出した方法は，1971年第1回のハワイ日系人調査も同様で，選挙人名簿から直接に日本名を抜き出している．しかし，ハワイでは日系人がマジョリティ（約30％）であり，選挙人登録名簿からランダムサンプルをとれば3分の1が日系人ということになるため，第2回調査からは，人種にかかわりなく調査して日系人か否かを質問で尋ね，日系人と答えた回答者，つまり本人が日系人と意識しているとい

う自己申告に基づいて日系人を定義している(林編，1978；林・鈴木，1997)．アメリカ西海岸の場合には日系人が全体の数%しかおらず，前述のように全住民からのランダムサンプルで調査して数百人の日系人サンプルを得るには全体で数十倍のサンプルを調査しなければならず，実際的ではない．そこで，名前を利用した日系人だけのサンプリング台帳の作成がどうしても必要であったのである．

(c) 日系人のサンプリング台帳

こうして作成された日系人サンプリング台帳は，もともとが選挙人登録者に限定されていることに加え非日系人と結婚して姓が変わった日系人は除かれるため，日系人すべてをカバーするものではないが，現時点で実現可能な調査対象として容認されるものと考えられる（キング郡：約10689人，サンタクラーラ郡：約10652人）．

(2) サンプリング

上記の日系人サンプリング台帳より，各郡で200人ずつの計400人のランダムサンプルを抽出し，第1次日系人サンプルリストとした．回答拒否や回答者の移動などが判明していく中で，上記の台帳から再び200～300人のランダムサンプルを追加し，キング郡とサンタクラーラ郡を合わせて約350人分の調査票が回収されるまで，調査は続けられた．

(3) 調査手続きの概要

実際の調査手続きは以下のような手順で行われた．

① サンプリング

② 地元の日系紙（Hokubei Mainichi紙とNikkei West紙）へ調査の広告

③ 回答者への案内状（協力の依頼）の郵送

④ 調査員の指導

⑤ 調査日の設定： 電話番号が判明している回答者へは電話で，そうでない場合は直接訪問し，調査の目的や概要を説明し，回答協力を依頼する．協力が承諾された場合，面接の日時と場所を定める．

訪問時に不在の場合は，協力要請の手紙と調査員への連絡先（電話番号）を残し，回答者からの連絡を待った．不在の場合の訪問は相手の連絡があるまで，最高3回まで繰り返した．アポイントメントをとる前に日系人でないことが判明した場合は，サンプルから除外した．

⑥ 不在の場合の処置： 面接指定日時に回答者の自宅を訪問し不在の場合，または面接場所に現れなかった場合は，次回のアポイントメントを決めるための連絡依頼状や伝言メッセージを残した．

⑦ 面接調査実施期間： 面接調査実施期間1998年10月～1999年3月で，回答者1人あたり40分～1時間半程度，面接者1人あたり1日でせいぜい3人分の面接を遂行

⑧ データ入力(1999年6〜8月)： 回答データはコード化され，SPSS型ファイルとして磁気媒体にコンピュータ入力された．この際，項目ごとに回答データの確認がなされ，改めてコード表が修正されていった．例えば，「所属団体」のカテゴリー，「宗教」のカテゴリー，「日系何世」のカテゴリーなどは，現実にはかなり複雑であり，回答データ全体を見て，適切にカテゴリーの定義を確認した．これはデータ回収および一時的入力の後，現地協力者との会合(1999年8月)で決定し，自由回答データについては，別途，磁気媒体にテキスト形式で入力した．

（4） 回収率

データの入力の際に，面接した回答者の中に日本からこの数年間にやってきた「日本人」が含まれていたことが判明し，これをデータから除外した．このような手順を経て行われた調査の有効回答の回収率は，表1.4に示したような結果であった．連絡不能が全体で25％ほどあり，とくにそれはサンタクララ郡で多かった．しかし，両者の回答率では地域特性が影響するような項目以外では，差は認められなかった．

1.3 調査を実施する方法

標本抽出法に基づいて抽出された標本からどのような方法でデータを得るか．人を対象とした考え方や行動を問う社会調査については，いくつかの方法がよく知られており，実施されている．いずれも非標本誤差が問題になる．方法ごとの回収率の一般的な傾向とともに，回答を得る方法の違いによって差があることなどを考えて，調査の目的に応じて，どのような調査法を用いるかを検討することになる．真剣に調査に取り組みデータを得るには，既存の方法だけでなく，それらの組み合わせや新たな方法を考えていく必要もあるだろう．当然，方法の異なる調査結果は安易に比較できない．

人々の行動を扱う研究調査に使われる調査方法を表1.5に整理してみた．個別面接聴取法，留め置き法，郵送調査法では，母集団に対する計画標本の代表性の問題はないが，電話調査法，インターネット調査では母集団の設定からしてあいまいである．表中の回収率の項で「？」のついたところは，標本の定義にも問題があり，上の三つの方法と同等に回収率を論じることができず，回収率自体を考えることができないものである．それらは，何らかのアクセスをしたものの中での回答者の率といったあいまいなものを示すにとどめた．二つの記号を並記したものはその調査法の中でもやり方により異なる場合があること

表 1.5 人々の行動を扱う研究調査に使われる調査方法の特徴

	標本の代表性	回収率	調査員	質問の提示	対象の確認
個別面接聴取法	◎	○	要	聴覚・視覚	○
留め置き法	◎	○	要	視覚	△
郵送調査法	◎	△	不要	視覚	△
電話調査法	△	?△	要	聴覚	×△
インターネット調査	×	?×	不要	聴覚・視覚	×
集合調査	×～○	?～◎	不要	聴覚・視覚	○
街頭調査	×	?×	要	聴覚・視覚	—
ケーススタディ	×		要	聴覚・視覚	○

を示す．ケーススタディはここに並べて比較できるものではないが，一つの重要な調査法として連ねておく．

（i） 個別面接聴取法

　調査方法の一番基本となるものは面接調査である．最近の調査環境の変化によって困難になってきたところもあるが，基本的には，最も確実で信頼できる調査方法ということができる．調査実施対象が抽出されている通常の標本調査において，間違った相手に調査をしてしまうことを極力避けることができるというのもその一つである．住所が似ていて同姓同名であるなどのために調査実施対象を間違えることもごくまれに起こるが，別人が本人の代わりに回答することは避けられる．

　回答のとり方については，調査票を調査実施対象に見せずに調査員が質問文を読みあげ，相手から聞き取った回答を調査員が調査票に記入するため，よく訓練した調査員が調査すれば，質問順序も読みあげる質問文も，調査研究者の計画通りに，すべての調査実施対象に同じように提示することができる．質問の流れが複雑な場合も間違いなく行うことができ，回答の記入法も間違いがない．つまり，すべての調査実施対象にできるだけ同じ条件で質問し回答を得るという統計的社会調査の基本原則に適う．また，回答リストを提示して選択する方法や，適時に図や写真・絵などを使う方法，あるいは，道具を使った回答など，様々な方法を行うことができる．さらに，部分的に自記式を取り入れることも可能である．面接調査の中で，口に出して質問したり回答したりしにくいことが予想される内容の質問では，こうした面前記入法によることも必要であろう．また，CAPI (computer assisted personal interview) は，コンピュータを使った個別面接である．調査員がノートパソコンを持って訪問すること

により，(vii)で述べるインターネット調査と同様のグラフィカルな問題提示方法と回答方法を確実な調査実施対象に対して使うことができ，新しい方法として注目される．

回収率は非標本誤差の大きな部分を占めるが，個別面接聴取法の回収率は近年低下してきており，それが大きな問題となっている．調査不能の理由を見ると，とくに「拒否」が増加している．調査に名を借りた悪質な勧誘があるなど人々が調査に警戒感をもつようになったこと，オートロックのマンションが増えインターホンで断りやすい，あるいは，自分だけでなく住民全体の迷惑を心配してロックを開けられないことなど，現在の諸状況が拒否を増やしているようである．長期不在などによる調査不能と違って「拒否」は調査実施対象の意思であるため，回収標本と調査不能標本の間で，調査内容の回答傾向も異なる可能性を考えねばならない．個別面接聴取法では，これらの拒否を極力減らすように，事前に調査実施対象にお願いを郵送することがよく行われる．調査員の熱意や説得も影響を与える．

逆に多少問題となる事項として，まず，調査員の質の問題があろう．上に挙げた長所は，すべて調査員が悪ければ長所となりにくい．大きな調査ではたくさんの調査員が調査にあたることになるが，調査員に対して調査実施の詳細な方法や調査の意義などについても徹底していないと，調査員の個人差がそのまま調査の質に影響する．調査会社ではこうした調査全般に共通の調査技術を訓練した調査員を抱えている．それらの熟練した調査員に頼る場合でも，実際の研究調査にあたっては，その研究独自の調査の意義や調査上の重要な点を調査員によく理解してもらう必要がある．調査員が熟練していなければ，質問文の読みあげ方から訓練することもある．

面接場所は，調査実施対象の自宅の戸口で行うことが多い．対象者が高齢の場合は居間などに招き入れられることもある．また，近所の公園や喫茶店など別の場所に移って行うこともある．どこで行うかは対象者の希望と調査員の判断によって決めることになる．個人を対象とする調査は，個人の考えを聞くため，近くに口出ししたり干渉したりする人のいない場所を選ぶ必要があることもあろう．これについての的確な判断も，調査員の質が問われるところである．

面接調査は最も確実な方法とされているが，「正しい」のかといえば，そう言いきることはできない．つまり，何が正しいのかは標本調査法の考え方の仮定

としてはあるが，実際にはわからないのである．調査の結果と現実社会での様々な見方からする現象との関連なども含めて，最もよく研究され性質がわかっている方法ということである．

（ⅱ）　留め置き法

　調査員が調査実施対象を訪問するまでは面接調査と同様であり，本人に調査票を渡し，数時間後あるいは1日～数日後に回収する．調査実施対象の確認までは確実に行うことができるはずである．面接聴取法と大きく異なるのは，調査票を調査実施対象本人が読んで自分で回答を記入する自記式であることである．このため，時間をかけて考えて回答する必要のある内容や，口にだしては言いにくい内容，生活実態を記録する内容などの調査には最適である．また，本人の都合のよいときに回答でき，面接時間の制限もない．調査員にとっても面接時間の拘束がないため，約束どおりに回答してもらえなかった場合でも，何度も回収のために訪問することが可能になる．このとき，調査実施対象本人が自分で記入したことを確認することが大切である．また，原則的には本人に会って手渡すべき調査票であるが，毎日帰りが遅い相手には家族を通してお願いすることも実際には行われ，回収率は面接聴取法よりも高い傾向がある．これらのことから，最近では比較的よく利用される方法である．

　この方法の問題点の一つは，回答が調査実施対象者によったものかどうかが確実でないことである．例えば家族の一員が書いてしまう場合や，本人が回答したとしても，周りの人と相談して回答する場合などがある．また，調査票は回答者がわかりやすいように作成するが，それでも誤解があったり，間違った方法で回答されることがある．また，答えにくい質問は回答が抜けてしまうこともある．回答の仕方によって次に進むべき質問が異なるような構造の質問票や，順序を追って回答してもらう内容の調査には向かないだろう．

　このような特徴を十分に知って，欠点をできるだけ避けるための工夫をしておけば，現在の社会状況では，比較的高い回収率を得る方法として面接調査に次いで信頼できるものである．

（ⅲ）　郵送調査法

　調査実施対象に調査票を郵送し，回答を記入した調査票を返送してもらう方法である．世論調査年鑑によれば，最近では最も多い方法である．調査票を対象者が自分で読み回答を記入する自記式であることは，留め置き法と同じで，

自記式に伴う特徴も同様である．もう一つの大きな長所として，調査員が必要なく郵送代ですむので費用があまりかからないことがある．問題点は回収率である．郵送で届いた調査依頼と調査票に回答を記入し返送するのは対象者個人の意志に任されるので，調査の内容によっては，高い回収率は期待できない．通常の研究調査では，30〜40％である．一方，自治体の政策に関することなど社会生活上の必要や有用性が感じられる調査では，回収率が高くなる．費用が少なくてすむことから，研究調査でも回収率の問題を承知で郵送調査が使われることがよくあるが，極力回収率を上げる努力が必要である．対象者が調査に協力するかどうかはほとんど完全に調査実施対象の意志によるので，回答者群と回答を得られなかった標本群の間で，かなりの意識の差があることも予想される．例えば，あるテーマについて関心のある回答者のみの回答に偏ることは否めないだろう．

(iv) 電話調査法

新聞社の行う世論調査のほとんどが電話調査となり，国政選挙の予測調査も電話調査で行われているが，問題点のあることを忘れてはならない．サンプルの代表性の問題であり，どのようにサンプリングを工夫しても電話を持っている対象に限定されるのである．電話調査のサンプリングには三つの方法がある．一つは，これまでの(i), (ii), (iii)の方法と同様に選挙人名簿など住民の台帳から抽出し，その後，電話番号を調べて電話番号判明者のみを実際の調査対象標本とし調査する方法．もう一つは，電話帳などの登録簿から電話番号を抽出し，実際の調査段階で電話に出た人に，その電話番号に代表される家族の家族構成を尋ね，無作為に抽出した一人を調査対象者とする（その時に不在であれば，再度電話する）方法．そして，電話番号の抽出に電話帳を用いず，ランダムに数字を並べて電話番号を作成するRDD（random digit dialing）法である．いずれも，一般の住民を母集団とした標本としては偏りが生じ，代表性は疑わしい．

面接調査と電話調査の差異について実験調査がいくつか行われている．面接調査と電話調査の結果の差異には，大きく分けて二つの要素がある．一つは標本の歪みであり，もう一つは電話という媒体を通した質問提示および回答の取り方の面接調査との違いである．これを分離しようとした実験調査もあり，支持政党の回答については特徴がみられている（佐藤，2001）．標本の歪みによる

差異は，選挙人名簿からサンプリングし，電話帳に記載している人々と，電話帳に非記載という人々に対する面接調査を行えば比較できる．これついては，6.1.1項に詳しい．また，面接調査と電話調査の媒体の違いによる差異は，電話帳記載者に対する面接調査と電話調査によって比較可能である．さらに，同じ電話調査でも，名簿から個人を抽出して個人指定で電話をする方法と電話番号だけから電話するRDDでは対象者の受け止め方が異なることが考えられる．これは，選挙人名簿からの抽出で電話帳記載者に対する電話調査とRDDとの比較が必要である．電話帳記載者と電話帳非記載者の比較は，RDDにおいても行える．しかし，例えば政党支持率についての差異が見いだされても，質問によって差異の様子が異なり，一般的な違いを予測することはできない．

　電話という媒体による影響は様々であるが，視覚的な情報を与えることができないことに関しては，とくに日本では視覚刺激の方が確かとする傾向があり，アメリカで電話調査が主流となっている状況とは異なると言われている．したがって，調査時間も長くはできない（10〜15分）ことが指摘されている．また，質問の内容が複雑なもの，回答肢が多い質問には不向きであり，回答選択肢の提示順序が回答に影響を与えるという実験調査の結果もでている．

　(i)の個別面接聴取法の最後に述べたように，面接調査が正しくて電話調査が正しくないというわけではない．正しいかどうかがわからないのである．これまでの積み重ねにより様々な特徴や限界などがわかっているという点で，面接調査が電話調査に勝っているのである．また，調査による予測には目的変数が存在しそれを当てることが目的の場合と，目的変数として何も存在しない場合がある．前者の場合はたとえ標本の代表性が疑わしいものであっても，予測（推定）方法を工夫することにより当てることができればそれでよいのだが，後者の場合には，調査方法の確実さが頼りであり，それによって調査結果からの予測の信頼を得ることになる．この意味でも電話調査は個別面接聴取法に及ばないのである．

　電話調査は，現在行われているいくつかの方法も，急速な電話機能の多様化や携帯電話の普及によって，更に難しくなってきている．

（ⅴ）集合調査

　回答者に集合してもらい，一斉に調査票を配布して，その場で記入してもらい回収する方法である．大学の授業で学生を対象にテストと同じように回答さ

せたり，企業で社員を集めて行ったり，講習会や講演会など人が集まったときに行われることがよくある．この方法も安直に利用されれば好ましい方法とは言えないが，その集団については全数調査である点，一度に多くの回答が得られる点などメリットもある．集合調査は，同じ環境のもとで回答を得ることができるので，集合調査でしか実施できない方法，例えば，映像や音や体験などを与えて回答を集めるといった実験的調査には有効である．

調査実施対象の点では，安易に行われる調査の対象集団は限定された特定の集団であり，その結果を一般化することはできない．母集団に対する標本という考えが成り立たないから，回答選択比率について統計的にその誤差を論じることができないのは当然である．あくまでもその集団そのものの性質，サンプリング誤差のない記述と考えるべきである．つまり，集合調査は基本的にはその集団についての全数調査であるので，集団の特性を明らかにすることによって結果の解釈をしていくことになる．また，似た特性の集団について同様の結論が言えるのではないかというあいまいな予測として受け取り，次のステップに進むための基礎資料となる．さらに，同様の環境下でのいくつかの集団間の比較は，集団そのものの全数調査なので意味があり，例えば大学生に対する授業時間内の集合調査により，様々な科目履修生の間の比較は意味あるものとなる．

また，対象とする集団が，母集団を構成する集団からランダムに選ばれた集団であれば，二段抽出の第1段抽出単位であり，いくつもの抽出集団に対する調査から母集団への推定が，統計的に意味をもつ．したがって，当然，母集団間の比較もそれぞれにいくつかの集団がランダムに選ばれているならば信頼できるものとなる．

以上は単純な調査方法を用いた場合の比較を単純に集団という面でのみ考えた場合である．集合調査には集合調査でしか行えない方法を用いた調査ができるということに注目したい．もちろんその場合もその結果の一般化については，上記の母集団と実際に調査される集団との関係についての注意がそのまま残る．通常，質問文に対する回答を得る場合，回答方式は自記式となるが，自記の方法として，質問票を用いて回答者が質問を読んで回答を記入する方法，口頭で読みあげられた質問に対して回答を回答票に記入する方法，回答入力の端末から入力する方法がある．端末入力方式では即座に全体の回答の様子が集計

されるので，テレビ番組の中でも用いられている．

　集合調査の最大の特徴は回答者が同じ時間空間を共有した中で行われるということである．空間的に同じ状況下に調査実施対象者がおかれていることを利用して，映像を見せたり，道具を使うなどの体験をしてもらう調査，また，時間的制約を利用して，全員に同じ時間的ペースで質問を進める必要のある問題や，時間をおいて再び調査する問題などには適切な方法である．全員の回答の様子を集めてその場で示し，その結果を知ることによる影響を考慮した問題も集合調査で行うことができる．例えば，最初に臓器移植に関する意識を問う質問に回答してもらい，その後映画を見てもらう，あるいは物語をきいてもらう，その後でまた質問に回答してもらう，という調査も，同じ状況の場所で行うことができる集合調査の方が行いやすく，その映画や物語による効果がはっきりする．さらに，集まった人たちの間での討論を行って，それによりどのような意識が形成されたかを調査することもできる．

　このように，同じ空間を共有するという特徴を生かした調査もできる一方，集団であることによって個人の回答がゆがむこともある．例えば，大学の授業の中で行われる調査は，その話題によって，授業科目の影響を受けることがある．自然環境に関連する授業科目の中では，自然環境に対する考えは通常の一般調査の場合と異なり，教授の影響を受ける傾向がある(林，1999)．このようなことも考え合わせて調査結果を読む必要がある．

　中国の上海で1980年代に生活上の様々な意識を集合調査で調査したものがあるが，共産党の政策に影響された回答が現れている傾向がみられた．これは，監督下の集合調査によって，個人の回答に何らかのゆがみを生じさせたのではないかとも考えられるが，逆に，個人面接であれば，回答が個人的に明らかになるので，集合調査の方が自由な回答が得られるとも考えられるだろう．その時代の政治的影響によるゆがんだ回答を集合調査によって避けようとしたのかも知れない．ある情報によれば，現在も，政府の関与する調査はこれと同じ方式によるとのことである．この上海調査の場合は調査のために集められた集団であり，集合調査の一つの形であるが，日本においては，調査のために集合してもらえる対象者は多くはないので，特殊な場合を除いてこのような形の集合調査は現実的ではないだろう．1948（昭和23）年の読み書き能力調査は，国を挙げての関心を高め国民の約8割が集合調査に参加したが，これは歴史に残る

ものである(読み書き能力調査委員会，1950)．現代の社会状況では，集合調査は，回答分布を知ることを目的としない実験的な調査に向いているといえる．

(vi) 街頭調査

街頭で行き交う人々の中から適当に選んだ人に質問していく方法である．母集団がはっきりしないため，いいかげんな調査の代表とされ，実際，まったくでたらめな調査となることが多い．しかし，特定の街を歩く人に限定した対象の調査が必要なときには，むしろ適切なこともあるかもしれない．どのように計画すれば，でたらめとはいえない程度の情報を提供するものとなるのだろうか．街頭調査がでたらめとならないための方法と限界を示しておく．ただし，こうした街頭調査の結果を，あたかもすべての住民の標本であるように考えてしまったりすることはできない．

街頭調査は，次のような方法によれば，意味ある調査となり得る．母集団を，ある範囲の地域で，ある一定の時間内に道を歩く人すべてとする．このとき，その地域の中で，いくつかの地点をランダムに選び回答者を適切な方法で抽出することである．ある地域内で人々が満遍なく動くとは限らないので，調査地点を数箇所ランダムに設定する必要があり，また，調査時間帯もランダムに選ぶ必要がある．こうしてランダムに選ばれた地点で，通る人を一定の間隔で調査していけば，対象地域の道をある時間帯に歩く人を母集団とした調査が意味をなす．商店街の利用状況や利用環境評価の調査などはこのようにすれば意味をもつだろう．

また，通行人の数を把握する事前調査を行えば，必要な大きさの標本をとるにあたっての抽出間隔を予測することができ，この予測値に基づいて回答者の抽出を適切に行うことが可能となる．この場合，予測された通行人を母集団とする標本調査といえるものとなる．

しかし，街頭調査の実施上の問題として，人それぞれの目的で歩いている通行人が，突然呼び止められて調査に応じるとは限らないということがある．面接調査でも拒否が問題となるが，それ以上に，これに応じる人とそうでない人との違いはかなり大きいと考えられる．回答者集団はこのような偏りをもったものとなる．こうした限界をよく承知して結果を解釈しなければならないが，目的によっては，役に立つ情報を得ることはできるだろう．

議員選挙の報道のために報道各社が行っている出口調査は一種の街頭調査で

ある．投票者数が最後まではっきりしないため，サンプリングが正確にはできない．数時間後には実際の開票結果が得られるので，調査結果が正しかったか，格好の調査法の検証ができる．しかし外れることも多い．その原因は，サンプリングが正確にできないことに加え，投票所ごとの結果を積み上げる際のウェイトも定まらないこと，投票時間よりも調査時間が早く打ち切られること，一定の間隔で調査実施対象を抽出しても実際にその人から回答を得るのは難しいこと，報道各社の思想傾向を反映した傾向もみられること，などが挙げられている．

意識調査ではなく，通行人についての観察調査も街頭調査の一種と考えれば，地点と時間帯の抽出のみで個人については全数調査も可能であるし，サンプリングも十分に可能である．これはこうした方法でしか得られないものである．服装の色彩などは定点観察され，時系列調査は意義ある情報をもたらしている．

(vii) インターネット調査

インターネットを利用して質問票を示し回答を集める方法である．質問票の形態など，画面上で様々な工夫ができ，集計も簡単にできるので，便利な方法として注目されている．当然ながら，調査対象者はインターネット利用者に限定され，世論調査には使えない．しかし，調査内容がこのような手段に反応してくるインターネット利用者を対象とすべきときには，意味のある調査となり得る．

最も大きな問題点は対象集団をインターネット利用者に限定しても，母集団がはっきりせず，何を代表しているのか不明であることである．また，回答が1人ずつのものかどうか，1人が複数人分の回答をしていないか，という問題もある．これらのことを考え，いくつかの実験調査が行われている．回答者の年齢層やいくつかの属性の偏りはインターネット調査を扱う会社によっても異なるが，懸賞つきで回答を集める方法によれば，会社によるゆがみはなくなること，しかし，同一人物がいくつものアドレスからアクセスする可能性は否定できない，などのことが指摘されている（吉村，2001）．

電話調査の項でも述べたように，何か目的変数についての予測を目的とするならば，使いようによっては十分機能する．また，インターネット調査でしか得られないような内容や回答のとりかたの工夫もできる点では，実験的な調査法としての意義があると考えられる．

（viii）　ケーススタディ

　標本調査という面からはまったく取り上げられない調査であるが，行動研究としては一つの大変重要な方法である．複雑な心の動きを深く追求する場合や病気に関連する事項などである．個別面接聴取であるが，質問票をすべての対象者に同じ条件で与えて回答を得るのではなく，質問項目の骨子はあるものの，それぞれの対象者の状況に応じて，質問の言葉を変えて回答を促したりする．このようにして集めたデータは個別に検討されるとともに，集約して記述することがある．事項の関連性はそうした集約によって明らかにされ，重要な発見となる．医学に関連する場合はケースごとの治療とともに，ケースの集約によって得られた知見が，治療法の発展につながる．調査されたケースの代表性を問うのとはまったく異なるが，問題発見のための調査として，大切なものである．

2 質問票をどう作るか

　質問票(調査票)を作成するにあたって，ひとまず調査目的を明らかにし，それをどのような質問票によって実現させようとするのか．その操作的なスキーム(柱)を明らかにし，それに応じた構成を考えて一つ一つの質問を考えていく必要がある．これは問題とする事象(質問領域)ごとに異なり，一般化することは難しいが，ここでは具体例を通して質問票の作り方のエッセンスを表記することを試みる．実際の調査における質問票構成の過程，質問文の言葉遣いや内容，翻訳などに関連する問題，さらに質問票の簡略化の具体例について述べる．質問票の簡略化として取り上げるのは，作成する段階で机上の討議だけでは項目の選択が行えない場合，プリテストなどの調査結果に基づいて，いかに簡略化していくかという例である．なお，本書では，質問票構成の項目選択の問題のみを取り上げ，回答の形式や選択肢作成上の問題については，他書に譲る(『社会調査ハンドブック』参照).

2.1 質問票のスキームと構成

2.1.1 質問票のスキームの作り方

　質問票のスキームを作るときには，まず，取り上げたい問題の概念を具体的に表記し，その具体的内容を個別に挙げ，その構成を組み立てることが導入となる．そして個別の構成概念に適当な質問文を選んでいく．ここでは林知己夫らの行った原子力問題の質問票の例(林・宇川，1994)を取り上げて，その作成の過程とまとめ方について述べる．

(i) 原子力問題関連調査にみる質問票の作成

　これは原子力発電に対する態度を取り巻く様々な態度(例えば原子力イメージ，原子力認識・知識，エネルギー問題・環境問題に対する態度，不安感，リスク感覚，さらに，影響を与える科学文明観など)に，これらに深くかかわる社会的，政治的態度，

2.1 質問票のスキームと構成

より根源的に見た日本人の国民性（その特色である中間的回答をする好み，信頼感，リーダーシップ，超自然現象・お化けに対する態度，いわゆる迷信との心のかかわり合い）を加え，1993年1〜2月に実施された調査である．京阪神地区の18〜79歳男女1500人（層別二段系統抽出）を対象とし，留め置き法で行われた．その結果について包括的に構造分析を施し，原子力発電に対する態度のうちに潜むものを明らかにし，これと発電側の対応のあり方を総合的に分析したものである．

まず，先の目的に添った考え方の道筋とそれに基づいたスキームの構成を明らかにすることが基本である．林らは図2.1のようにスキーム相互の関連性を考えている．基本として属性，国民性があり，その上に社会意識・政治的態度，科学文明観，エネルギー問題，環境問題，不安，リスク感覚といった態度が相互干渉し，さらにこれらに原子力認識が加わり，これらがマスコミに対する信頼感と接触度合いによって原子力に対するイメージが出来あがり，原子力への態度が構成され，これに発電側の対応が相互に影響し合っているという構造を想定している．

こうしてスキームを明らかにし，次はそれぞれのスキームに対応した質問項目を作成することになる．これには新たに質問文を作成したり，既存の質問文を用いたりす

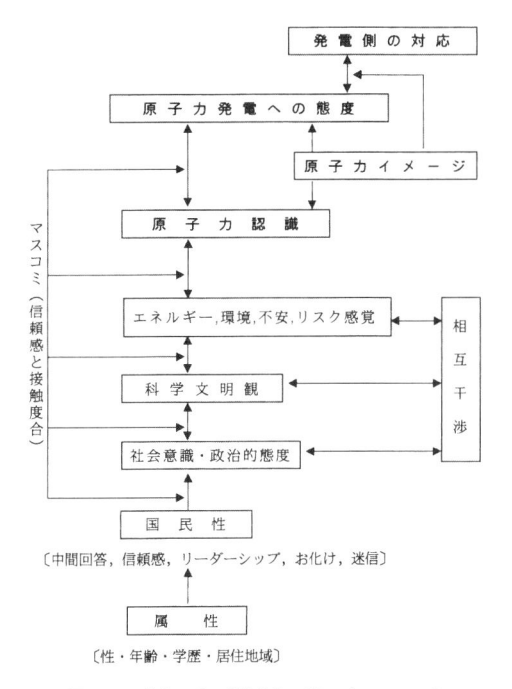

図 2.1 事象の相互関連性（林・宇川，1994）

る．このとき，それぞれをどのようにまとめて解析していくかについて，あらかじめ想定した上で作成していくことが大切である．林らは，図に示したそれぞれのスキームに対応して情報を集約した新たな項目をたてている．各スキームには数問から10問程度の質問項目が対応している．それぞれのスキームごとに調査結果を数量化III類（4.3節参照）によりパターン分類を行い，その分析結果を利用して情報の要約を行ったり，いくつかの関連する項目の反応個数から新しい指標を作成するなど，再カテゴリー化しながらまとめあげ，解析を行っている．このような情報の要約，データの再表現を繰り返しながら，事象の単純化，明確化を行うことがデータの科学では重要な意味をもつ．こうした解析まで想定した上で，質問項目を設定することが大切なのである．頭の中に常に図2.1のような構造，考え方といったものを思い浮かべながら作成していくのである．

（ii） 解析方法

解析は，後で述べるようにスキームを構成する質問文の特徴により異なっている．単純に反応個数を数えあげているものもあれば，数量化III類によりいくつかの項目の情報を要約し，その結果得られた個人に付与されたスコア（個人得点）を区分して再カテゴリー化したりと，問題から得られる情報が最大限に活用される．調査票のスキームに基づき，次のような解析が行われている．参考のため，その具体的な結果をいくつか示しておく．

〈原子力発電への態度〉　質問は，原子力発電重要度，有用度，事故不安，最も望ましい発電方法などに関する計9項目について，2〜4段階の回答カテゴリーを設けている．スケール化は数量化III類の分析の結果，カテゴリーに付与される数量（アイテムカテゴリー値）の2次元表示でU字型の形を得た（一次元構造またはガットマンスケールをなすという．2.3.1(iii)(2), 5.2.1項参照）ことに基づいてなされる．すなわち，好意的-非好意的の1次元の軸上に位置づけられることを意味していることがわかったことから，人の分類として各サンプルのスコアをX軸のスコアから数量化III類の考えに従って計算し，その分布をとったのである．この分布の分割の仕方は分布の形による．すなわち質の差が予想されるところ，つまり分布の段落のあるところがある場合はその点で，分布の形にそれがない場合はそれぞれの分割された内部での分散がなるべく小さくなるように分けるのが望ましい．このような考え方により，分布は5分類が望ましいと考え，分点を用いてサンプルを分類し，表2.1に示すようにとても非好意的（13％）からとても好意的（13％）というように個人の分類を行っている．

〈原子力イメージ〉　原子力イメージは自由回答で回答されたものである．自由回答のまとめ方の一つの方法として，類似した内容の項目をその意味からグループ化す

2.1 質問票のスキームと構成

表 2.1 原子力発電に対する態度（林・宇川，1994）

	構成比（%）	I 軸のサンプルスコア
1 とても非好意的	13.0	≦ −0.7
2 やや非好意的	25.5	−0.7 < ≦ −0.2
3 中　　間	24.4	−0.2 < ≦ 0.1
4 やや好意的	24.0	0.1 < ≦ 0.8
5 とても好意的	13.1	> 0.8

表 2.2 原子力イメージ（林・宇川，1994）

グループ化した項目	割合（%）
1 エネルギー，燃料，資源	7.1
2 電気，電力，発電（所）	38.5
3 戦争，原爆，核兵器	28.6
4 事故，爆発	17.2
5 放射能，故障，環境汚染	18.3
6 危険，不安	5.7
7 その他	13.9

るという考え方に基づいて，その結果を林らは表2.2のようにまとめた．

〈原子力認識〉　原子力認識に関しては，関連する質問6項目について，回答カテゴリーをその反応比率によりそのまま，あるいは若干のカテゴリーの統合，除去を行っている．

〈エネルギー問題，環境関心，不安感，科学文明観，マスコミ接触，リスク感覚〉　エネルギー問題に関しては，原子力認識と同様に2項目について，回答結果をもとにカテゴリーの併合をしたり，そのまま用いたりしている．また，環境関心に関しては，環境問題関心，環境問題を考えていることの個数などの8項目について数量化III類を行っている．そして人の分類は，環境問題関心については，第1軸（X軸）に環境問題に対する関心の大小の分かれ（+方向が関心小，−方向が関心大），第2軸には中間的態度とその他が分かれており，先と同様に1次元構造として捉えられることがわかったため，X軸のサンプルスコアの分布の特色により，原子力発電への態度の場合と同様の考え方でカテゴリー（関心大，やや大，やや小，関心小）に分けている．このほか，不安感，科学文明観（5項目），マスコミ接触に関しては，同様に数量化III類のサンプルスコアにより分類し，リスク感覚（事故関心スケール，一番危険を感じること）に関しては，反応個数により分類している．

〈社会意識・政治的態度〉　社会意識（航空機等の重要性，航空機等の有用性），政治的態度（政治関心，主義評価・支持政党）に関しては，原子力イメージと同様にカテゴリーへの反応個数分布あるいは数量化III類の個人得点から分類している．

〈国民性〉　国民性（中間的回答の好み，信頼感，日本的リーダー，超自然・お化けに対する関心，迷信に関する分類）に関しては，その性質がよくわかった質問であり，あらかじめ定められた方法（林，2001）に従って，スケール値を算出している．

〈属性〉　性別は調査票通り男女の2カテゴリーのまま，年齢は4段階に，学歴は3段階にカテゴリーのくくり直しをして用いている．このほか，マスコミ接触と信頼の交互作用項として，マスコミ接触と信頼の結果を組み合わせて9カテゴリーの変数を新たに作成している．

以上のような手続きにより，原子力発電に対する態度とこれに関連する諸事項の集約し，これを一般の人々の態度構造の要素として捉えたのである．さらに，これと関連づけられるべき発電側の対応に関連するものを次のように集約している．

〈発電側の対応〉　まず発電側の対応のカテゴリー化として，航空機会社の姿勢についての質問の回答を用いている．これは国際比較調査（アメリカ西海岸日系人調査など）などでも取り上げられるようになってきた質問で，次のようなものである．A社，B社への得点をある程度まとめ，まとめた得点のAB間の組み合わせで分類している（林・宇川，1994）．

問24　次に挙げるのは航空会社2社の旅客機の安全性についてのコメントです．A社，B社それぞれのコメントについて「まったく共感できない」は0点，「完全に共感できる」を10点として，0点から10点の間で点数をつけてください．

　　A社：わが社の飛行機はこれまで，墜落等の大きな事故を起こしたことがありません．この実績が物語るように，わが社の飛行機は絶対に安全です．

　　B社：飛行機事故がひとたび起きれば，大変なことは重々承知しています．わが社では，絶対事故が起きないよう細心の注意を払い，万全の努力をしています．

以上のように再編成された項目群に対して，数量化III類を用いて分析した結果，原子力に対する態度として，第1軸では「無関心」が分離され，第2軸で「強いポジティブ」，第3軸で「強いネガティブ」が分離される形となることが読み取れた．第2軸と第3軸で，模型的な構造として描いたのが図2.2である．原子力に対する態度としてややポジティブ，中間，ややネガティブがほぼ直線的に並んでおり，それとはややはずれて，強いポジティブ（好意的），強いネガティブ（非好意的）が位置するという構造になっていることが読み取れた．この強いポジティブと強いネガティブの意見に共通する意見群の特色は，表2.3に示されたとおりである．原子力発電の長所・短所を知っている，お化けへの関心が少ない，迷信が気にならないといった合理的傾向の

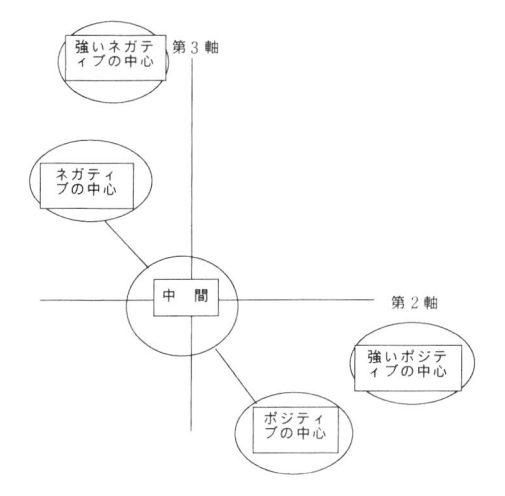

図 2.2 模型的図示（林・宇川, 1994）

思考，一番危険を感じていることは犯罪，いじめ，人間関係といったものである．この点は共通であるが，強いポジティブの意見には，科学文明観がポジティブで中間回答が少ない（はっきりものを言う），事故関心は少ないという意見，強いネガティブの意見では，航空機などの有用性を少ないと考える，日本的リーダーシップを好まない，科学文明観に否定的，日本の発電力を不十分と考える，環境関心大，一番危険を感じるのは病気，薬害，医療ミス，原子力，原発，放射能汚染，戦争，環境汚染，自然破壊という意見が近いのである．

　この原子力に対する態度に対応した人の類型化は，上記の数量化III類の分析で各次元で人に与えられた得点（個人得点）を組み合わせて行うことができる．林らは，無関心層と強いポジティブから強いネガティブまでの段階で6つの層に分けているが，それぞれの層の性格が表2.3に示されたように複雑であることから，対応の仕方は単純でなく，それぞれ異なるものがあると考えるのが至当であるとまとめている．

　原子力発電のような問題においては，少なくとも日本では，それのみに対する態度を論理的（ロジカルと言ったほうがよい）に追求し直接的に対応を考えても，解決を得ることは難しい．原子力発電に対する態度には，一見それと無関係なものが結びついたダイナミックな態度構造を形成していることが見事に示されている．すなわち原子力発電に対する好意的（ポジティブ）・非好意的（ネガティブ）態度のほかに無関心層や中間層があることがわかり，それぞれの層には，その性格を示す様々な心理的特色のあることが解明された．このようなデータの科学の考え方にのっとった解析に

表 2.3 原子力発電に対する好意的・非好意的(ポジティブ・ネガティブ)意見群の特色 (林・宇川, 1994)

	特色	共通特色
強い好意的 (ポジティブ)	・科学的文明:ポジティブ ・中間回答少ない(はっきりものをいう) ・事故関心:少ない	・原子力発電の長所・短所 　知っているほう ・お化け関心:少ない ・迷信気にならない ・一番危険を感じていることは 　犯罪,いじめ,人間関係
強い非好意的 (ネガティブ)	・航空機等の有用性:少ない ・日本的リーダーシップ:好まない ・一番危険を感じていること 　病気,薬害,医療ミス等,原子力,原発,放射能汚染,戦争,環境汚染,自然破壊 ・科学文明観否定的 ・日本の発電能力十分 ・環境関心:大	
非好意的 (ネガティブ)	・航空機等の有用性:中間 ・航空機等の重要性:中間 ・原子力からの連想 　放射能・故障・環境汚染,事故・爆発 ・原子力発電で知りたいこと 　過去の故障等,廃棄物の処理,地域振興,放射能の影響,原発の必要性,原爆との違い ・社会主義よい ・原子力事故の影響:子孫に及ぶ ・中間的回答多い ・原発事故の主な原因 　マニュアル等の不備,機器システムの故障 ・不安感:中間および大 ・事故関心:中位と大 ・科学文明観やや否定的 ・日本的リーダーシップ観:中間 ・主義:時と場合による ・原子力からの連想:危険	・人間関係の不信感:強い ・原発の事故:運転ミス ・チェルノブイリ事故 　よく覚えている ・原子力発電の長所・短所の知識 　どちらとも言えぬ
好意的 (ポジティブ)	・民主・資本主義よい ・不安なし ・人間の信頼感大 ・日本の電力・ちょうどよい ・科学文明観やや肯定的,中間 ・迷信:気にかかる大 ・お化け:関心大 ・チェルノブイリ発電事故 　やや覚えてる,覚えていない ・日本の電力手段:原発 ・一番危険を感じていること 　自然災害 ・日本的リーダーシップ:好む ・原子力からの連想 　電気,電力,発電エネルギー,燃料,資源 ・環境関心:やや小 ・航空機等の有用性:大 ・航空機等の重要性:大 ・原発事故の影響 　安全基準を超える放射線量	・政治関心:大 ・男 ・日本の電力不足 ・エネルギー問題重要 ・大卒 ・60歳以上 注:原発事故の影響,周辺の人々の死傷は強いポジティブと共通

より，発電側の対応のあり方について，人の特徴による多様性の一端が示されたのである．

先を見通して計画を立てるのはなかなか困難であるが，欲をいえばここまで見通して質問票を作成することが望ましい．なお，林らは情報の集約・再編成のために数量化III類を利用しているが，このほか用いる項目の性格によっては，主成分分析や因子分析あるいは共分散構造分析なども利用できよう．

2.1.2 質問票の構成

質問への回答はその質問票のほかの質問に影響されることが多く，質問の順序についての研究も調査方法の研究の大きな部分を占めている．通常，比較的簡単な質問から始め，次に最も中心として尋ねたい内容の質問を入れ，最後に答えにくい質問を入れることが多い．とくに個人のプライバシーにふれることは嫌われる傾向にあり，最近では属性に関するもの（フェイスシート）を質問票の終わりにもってくることが多い．また，社会一般に関する意見を求める内容について尋ねる質問への回答は質問の順序により異なることが多く，他方，個人の態度に関する内容についての質問はあまり順序の影響を受けないことが知られている．内容によって筋道に従って質問票を構成することは，好ましいように思えるが，調査者の考えの筋道に回答者を誘導することにもなる．また，逆に，質問をランダムに並べたのでは，回答者は支離滅裂の調査と感じるであろう．このように，質問順序による影響は内容や状況によって異なるので，過去の同様な調査やプリテストを通しての個別の検討が大切である．

オムニバス調査は，多くの質問内容を必要としない調査の場合に，調査会社でまったく別の同様に質問数の少ない調査と抱き合わせて一つの調査として実施するもので，予算の少ない研究者にとっては便利な方式であるが，この意味で，抱き合わせる調査の内容にも注意しなければならず，ほかの質問の影響を受けやすい内容の調査には向かない．

質問の順序についての具体的な方法については『社会調査ハンドブック』（林編，近刊）などを参照されたい．

2.2 質問文の言葉に関する問題

質問票における質問文の言葉遣い・内容・翻訳のちょっとした違いによっては，結果に影響を与えることがある．本項では順序の入れ替えと翻訳の問題に関して，実際に行われた調査においてわかっている問題を紹介する．

2.2.1 質問文の前後を入れ替えたことによる変化

統計数理研究所で1953年から継続調査されてきた「日本人の国民性調査」（統

計数理研究所国民性調査委員会，1999）から，日本人の特徴の一つとして「人情課長」好みが明らかにされてきた．そこでは〔形式1〕の形で質問されており，この乙が「人情課長」である．1953年調査から1998年調査まで10回の調査で，いずれもほぼ8割以上の人々がこの「人情課長」に使われるほうがよいと回答しており，圧倒的多数意見として人情課長好みということができる．ところが甲，乙それぞれに質問文の前後を入れ替え〔形式2〕で尋ねた実験調査（統計数理研究所国民性調査委員会，1970）の結果では，甲が48％，乙が47％とほぼ同程度になってしまうのである．これは日本語の場合，「甲だが乙」の形の文章では，後の方が強い意味をもつためであると考えられる．よく注意すればわかることではあるが，質問文作成の際にはこのような文章の組み立て方にも気を遣う必要がある．

〔形式1〕

問　ある会社につぎのような2人の課長がいます．もしあなたが使われるとしたらどちらの課長に使われる方がよいと思いますか．どちらか一つあげて下さい．
　　甲：規則をまげてまで，無理な仕事をさせることはありませんが，仕事以外のことでは人のめんどうを見ません．　　　　　　　　　　（12％）
　　乙：時には規則をまげて無理な仕事をさせることもありますが，仕事のこと以外のことでも人のめんどうをよく見ます．　　　　　　（81％）

〔形式2〕

問　ある会社につぎのような2人の課長がいます．もしあなたが使われるとしたらどちらの課長に使われる方がよいと思いますか．どちらか一つあげて下さい．
　　甲：仕事以外のことでは，人のめんどうを見ませんが，規則をまげてまで，無理な仕事をさせることはありません．　　　　　　　　（48％）
　　乙：仕事以外のことでも，人のめんどうをよく見ますが，時には規則をまげてまで無理な仕事をさせることもあります．　　　　　　（47％）

ただし，〔形式2〕の数値は1967年に東京都23区有権者を対象としてランダムサンプリングによって行われたもの（$n=440$）である．〔形式1〕の数値は，〔形式2〕と同等となるように，1966年全国調査の東京の分（$n=180$）を引き出した結果である．いずれも文献（統計数理研究所国民性調査委員会，1970）による．

2.2.2 「国際比較調査」にみる翻訳の問題

質問文の翻訳の検討に際しては，翻訳した質問文がその言語圏での実際の調査で違和感なく調査できること，さらに翻訳された質問文をもう一度日本語に翻訳したときに（これを back translation，再翻訳という），もとの日本語の質問文と同等であることが，最低限，必要な条件である．通常，再翻訳はもとの質問文を知らない翻訳者に依頼する．また，同等というのは，質問の意味や意図，言語やニュアンスなどのくい違いがないことを意味する．このような翻訳の過程では，その言語圏での調査経験の豊かな研究者の協力が必要である．再翻訳した質問に問題があるときには再々翻訳を行い，以上の過程を繰り返していくことになる．翻訳の確認の際には自由回答による確かめ，再翻訳質問文による調査などにより，回答傾向の相異や，回答のゆれ（ゆらぎ）などについて検討することが肝要である．実際に検討する上では，きめ細かく，様々な角度から検討する必要がある．翻訳の問題は限られた中ではすべてを述べることはできないので，ここでは，同じ内容の質問（逐語的に同じ）を用いても，言語が異なるとその回答傾向が変わってしまうことがあるという例を，その分布と構造という観点から述べる．翻訳の詳細な検討は林・鈴木(1997)，吉野(2001)を参照されたい．

まず，回答傾向の分布から述べる．例として，学生調査であるが日本語，英語の翻訳の同質性が得られている二つの調査票を日英両語が理解できる日本人学生を対象に，折半法で2群に分け日本語調査票回答群（117人）と英語調査票回答群（110人）に自記式で調査をした結果がある．その一部を図2.3に示す（林・鈴木, 1997）．図では項目への回答が一致していれば45度線上に布置する．図中の曲線は，ランダム変動の95%信頼区間を示し，この外側にあるものは確率的に一致していないことを示している．ここではとくに中間回答である「いちがいにいえない」（英語では undecided, cannot say, depend upon circumstances）が入ったものが大きく異なることが示されている．同一人物でも，日本語の場合には中間回答を示していても英語で質問されると割り切って回答するのである．そのほか用語による相違もみられている．言葉上の翻訳としては同一であってもこのような回答のゆれが生じる可能性があり，質問文の翻訳においてはこの点にも留意する必要がある．

次は構造から捉えた相異の例である．「近代―伝統」に関連する質問7問を含

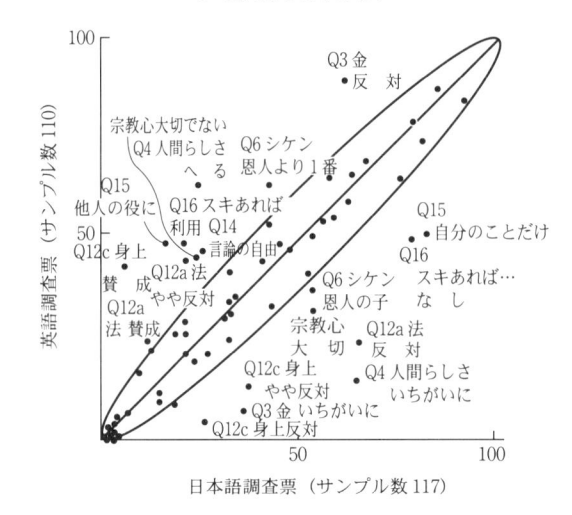

図中ラベル(散布図):
縦軸: 英語調査票 (サンプル数110)
横軸: 日本語調査票 (サンプル数117)

左側楕円内ラベル:
- 宗教心大切でない
- Q4 人間らしさ
- Q6 シケンへる 恩人より1番
- Q15 他人の役に
- Q16 スキあれば利用
- Q14 言論の自由
- Q12c 身上賛成
- Q12a 法賛成
- Q12a 法やや反対
- Q12c 身上反対

右側楕円内ラベル:
- Q3 金 反対
- Q15 自分のことだけ
- Q16 スキあれば…なし
- Q6 シケン 恩人の子
- 宗教心大切
- Q12a 法反対
- Q4 人間らしさ いちがいに
- Q12c 身上やや反対
- Q3 金 いちがいに

図 2.3 日本語,英語の翻訳の同質性(林・鈴木,1997)

む計20問について,筑波大学の学生(T),ハワイの日本人学生(H),ハワイの非日系アメリカ人学生(A)に対して日本語調査票群(J),英語調査票群(E)に分けて行った調査結果の例である(林・鈴木,1997).この英語調査票への翻訳は再翻訳もきちんとなされ,言語的には同等と見なされた日・英両語の質問票を用いた調査である.対象集団とそれぞれの対象者数は,筑波大学の学生(TJ:117,TE:110),ハワイの日本人学生(HJ:136,HE:133),ハワイの非日系アメリカ人学生(AE:284)である.林は,対象集団 i, j 間の食い違いの測度として,

$$d_{ij}^2 = \frac{1}{M} \sum_{k=1}^{K} \sum_{l_k=1}^{L_k} (P_i(k, l_k) - P_j(k, l_k))^2$$

という指標を用いている.

ただし,M はアイテムカテゴリー総数,$P_i(k, l_k)$ は i 群での k アイテム l_k カテゴリーの回答比率である.この指標に基づいて対象集団間の距離を算出し,距離をカテゴリー分けし,MDA-OR を用いて分析した結果が図2.4である.横軸で日本語調査票 vs. 英語調査票が,縦軸でハワイ vs. 日本というような対比が示されている.同じ日本人でも日本語の調査票と英語の調査票では回答傾向が異なること,さらに日本人学生でもハワイにいるとアメリカ人よりの回答傾向になっているという姿が表されているといえよう.

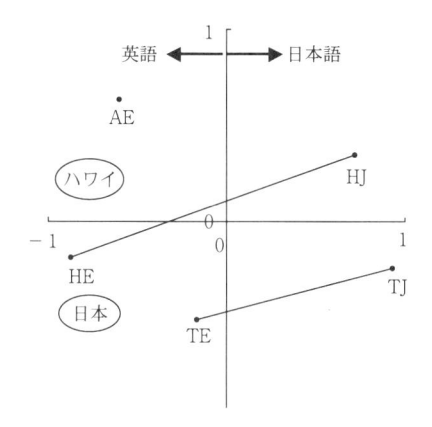

図 2.4 言語による回答傾向の相違

　以上，逐語的には同等であっても，回答傾向が異なってしまう例を示した．実際の場面では，逐語的に同等であっても，日本語としてはなじまないような翻訳版を用いることは，必ずしも日本語として適切に理解されず，「同等」の質問文とはならない場合がある．このようなとき，構造分析の結果を利用しながら，少なくとも質問文の回答構造が同等と見なせるような質問文の選択を行うことも意味があろう．2.3.2項に示す例は，長文の質問文の翻訳で，逐語的に忠実に翻訳した調査結果と比較しながら，意訳して日本語として実際の調査に利用できる質問文を選択する検討例である．

　翻訳版調査票作成の検討では，質問の意図を絶えず考えながら，探索的に行っていくことが大切である．

2.3 質問票の簡略化

　質問票を作成するとき，多くの項目から，調べたい内容をよく反映する項目をしぼりきれないことがある．そのために，情報をよりよく反映するような項目を取り上げ簡略化する必要が生じる．本項では，そのような場合の一つの方法として，多次元データ解析を利用しながら作成していく方法について述べる．まず，2.3.1項で健康関連クオリティ・オブ・ライフ（HRQOL）の検討結果（Yamaoka et al., 1998 a, b）を例にとり，調査票の構造を相互に比較しながら調査票を作成する過程を紹介し，さらにその信頼性・妥当性の検討を含めた一連の質問票の作成とスケール化について述べる．また翻訳の問題とも関連する

が，2.3.2 項では質問票の構造が多次元であるときの簡略化について述べる．

2.3.1　一次元構造のデータからの抽出（HRQOL 調査票の簡略化）

（ⅰ）　医学における HRQOL の意義

近年，医療や福祉を考える上で，クオリティ・オブ・ライフ（生活の質，quality of life：QOL）が重要視されるようになってきた．英語圏で使われ始めた QOL という言葉は心理的，社会的な様々な要素を含んだ，かなり広範で包括的な概念でもある．したがって，健康関連の QOL のほか，社会的階級，収入，住居など多くの次元を含む．ここではとくに健康関連の QOL という意味に限定するため，以下，HRQOL（health related QOL）と表現する．

WHO の健康の定義にもみられるように，健康とは単に病気でないことを指すのではなく，心身ともによりよい状態であることを指すようになってきている．HRQOL が重要視されるのは，このような健康問題の取り扱い方が変化していることにも関連する．そして現在では，患者に対する医療や看護の援助をいかになすべきかという問題を考える上で，患者の HRQOL の向上を図ることは欠かすことのできない課題となっているといっても過言ではなかろう．HRQOL の利点と問題点については次のようなことが言われている．アウトカム指標としての HRQOL の利点として，①医療を受ける側の視点で捉えた健康度が評価できる，②医者を介さずに評価できる，③数量化が可能であり科学的取り扱いができる，④より広範な地域レベルでの取り扱いが可能である，⑤疾患の重症度中心の捉え方とは異なった次元での分類が行える，などが挙げられる．他方，問題点として，定義のあいまいさと広義性，操作的指標（gold standard）の欠如，HRQOL に及ぼす要因の多様性，標準的な測定手段の欠如などが指摘されている．

（ⅱ）　HRQOL の定義と測定法

まず，初めに HRQOL の定義を明確にしておくことが，このような抽象的問題を扱うのには必要不可欠である．HRQOL の定義や評価方法については多数論議されている（Calman, 1987 など）が，その定義が研究者により様々であることが問題を複雑にしている．中には定義を明確に記述していないものも見受けられる．この定義に関する問題は後でも述べるように妥当性の検討を行う上でも重要な意味をもち，コックスらもこの点の不十分さを指摘している（Cox *et al.*, 1992）．

次に，HRQOL の測定法についてである．HRQOL 測定は，①臨床検査値などの客観的データに基づく評価，②医師，パラメディカルスタッフ，家族など第三者による評価，③患者自身による評価，に大別される．HRQOL は主観的なものであり，第三者が本人の心の状態まで把握するのは困難でもあり，HRQOL を「患者の主観的

QOL」とする場合には，患者自身の判断に基づく評価が重要であろう．

患者の主観的 HRQOL に関する既存の調査票の分類では，いくつかの捉え方が考えられる．まず，その内容から大別すると，包括的で一般的な気分や状態を尋ねるもの（generic），病気特有の自覚症状などを尋ねるもの（disease specific），両者の混合，とに分けられる．他方，尺度構成の観点から分類すると，多次元的機能測定を行うプロファイル型と，効用測定（価値づけ）を行う効用型に分類される．プロファイル型のものは心理学的尺度法に則った尺度の信頼性や構成概念妥当性などが検討可能である．

HRQOL に関する研究は，現在ではかなり広範な分野で行われている．しかし，広く利用される反面，評価尺度としての問題もさらに解決していかねばならない．例えば，患者に認知機能障害（cognitive dysfunction）などがあるときの問題についてなどである．また，スケールの作成方法，信頼性（reliability），妥当性（validity）と関連して，HRQOL の次元や構成概念妥当性（construct validity）と定義との関連，結果の解釈と限界，スコアの解釈の可能性（interpretability），負荷（burden）の少なさ，言葉遣い（wording）などの適切さ，質問の倫理性，実用性，必要な側面をカバーしているか（多面性）などの点についても注意深く考慮する必要があろう．

また，海外で作成された既存の調査票を用いる場合，HRQOL には個別的要因のほか，その国の医療や文化の違いなどが影響を及ぼすことも考慮する必要がある．したがって，外国の質問票を翻訳して用いる際には，2.2.2 項に述べたように，たとえ翻訳の上から言語学的に同じ内容の質問でも，言語が異なるとその回答傾向が変わってきてしまう可能性もあり，単に再翻訳による言語の整合性を求めるだけでなく，実際の調査結果を詳細に分析して，日本人にあった語彙，言葉遣いになるように検討する必要がある．

(iii) HRQOL 20 の構築

ここでは著者らが開発してきた HRQOL 20 の作成過程を例にとり，その作成方法について述べる．先に述べたように，一般に HRQOL 調査票の作成過程では，測定の目的の概念的仮説，一般的（generic）か病気特有（disease specific）か，主観的（subjective）か客観的（objective）か，その定義は何か，などを明確にすることが大切である．また，測定の目的の操作的仮説，質問票を構成する要因，観点は何か，例えば心理的なもの，身体的なもの，環境に関するものなどを明らかにしておく必要がある．さらに，これに基づいて，関連する質問項目を枠組みに応じて既存の項目や新たに作成した質問を考えて，抽出する．そして質問票の項目の選択を行う．この際，例えば領域（domain）の形成にはそれぞれのデータの性格に応じて数量化III類，多次

元尺度法，因子分析，共分散構造分析，項目反応理論（item-response theory：IRT）などが利用できよう．

（1） 患者のHRQOL測定に対する考え方

HRQOL 20は，一般的な主観的HRQOLを測定する調査票であり，心理的要因，身体的要因，環境などに関する質問文で構成されている．QOL研究会（代表 林知己夫）において1985年より検討を進め，この調査票での質問項目は，既存の質問票や日本人の国民性などを考慮にいれて検討されてきたものである．この過程の詳細に関しては山岡・小林（1994）やYamaoka et al.（1994）を参照されたい．図2.5にHRQOL 20の質問文と得点計算法を示した．以下にこの作成過程について述べる．

HRQOL 20では，その定義を「いきがい」とし，食欲・睡眠・疼痛・苦痛などの身体的機能，医療環境，人間性に関する環境，精神的・心理的状態，および，自己の病気に対する認識という5つの観点（スキーム，柱）から捉えている．この調査票での質問項目は既存のHRQOLに関する調査票や日本人の国民性などを考慮にいれて検討したものである．患者のHRQOLは健常人と同じような構造をもち，全体の構造としてHRQOLは「病気の状態；D」と「病気に対する態度；F」という2つの主要な因子で構成されており，これらの因子が相互に関連してHRQOLを変化させる，という視点に立ち，質問票を作成している．これらのスキームに基づいて300余りの質問項目を選定し，数量化Ⅲ類による構造分析の手法を利用して，最終的には20項目からなる調査票であるHRQOL 20として作成した．14項目が「病気の状態」に関する項目，6項目が「病気に対する態度」に関する項目で構成されており，それぞれに心理的項目および身体的項目とが含まれている．

（2） 項目の選択

項目の選択は，数量化Ⅲ類による構造分析の結果でカテゴリー値がU字型構造（ガットマンの1次元スケール，4.3.3項，5.2.1項参照）を示し，HRQOLが1次元で表現できると見なされたことに基づいている．すなわち，数量化Ⅲ類のカテゴリースコアの2次元平面図におけるU字型構造は，ガットマンのスケイログラム分析（scalogram analysis: SA; Guttman, 1941, 1944, 1950）のように，例えばU字のプラス側で，プラス側の反応の多い人のみが反応するような項目が原点から離れ，マイナス側への反応の多い人が反応するような項目は原点付近に布置することを示す（図2.6）．ガットマンのスケイログラム分析は，回答が図2.6に示したようにパターン化するよう質問票を構成する（ガットマンスケール）必要があるが，数量化Ⅲ類の場合では，オーダーがある質問であればとくにカテゴリー数や形式を限定せずに，分析した結果としてU字型を呈しているかをみる．ある程度あいまいさを含むが，データ構造そのものを捉えようという観点から見るのである．そして，カテゴリーの布置がこのよう

```
                                          おなまえ
                                      記入日: 平成  年  月  日
        それぞれの文章をよく読んで、最近のご自分のことについて答えてください。並
      んでいる回答肢の中から、あなたの気持ちや状態に一番近いものを選んで、番号を
      ○で囲んで下さい。
  (1) 身体の調子はいかがですか
         1. とてもよい         2. まあまあ          3. |よくない|
  (2) 疲れやすいと感じることがありますか
         1. |よくある|         2. たまにある        3. ほとんどない
  (3) 気分はいかがですか
         1. よい              2. ふつう            3. |わるい|
  (4) 自分がしたいと思っていることができますか
         1. よくできる         2. まあまあ、できる    3. |できない|
  (5) 日常的なことで、いつも気にかかっていること、心配の絶えないことがありますか
         1. |ある|            2. 少しある          3. まったくない
  (6) 日々のストレス（いらいら）の解消はうまくいっていますか
         1. うまくいっている、またはストレスはない
         2. まあまあ、うまくいっている
         3. |うまくいっていない|
  (7) 身体のどこかがむくむことがありますか
         1. |よくある|         2. 時々ある          3. ない
  (8) 身体のどこかが痛むことがありますか
         1. |常に痛みがある|    2. 時々ある          3. ない
  (9) 病気がなおらないのではないかと考えることがありますか
         1. |よくある|         2. たまにある        3. ない
  (10) いらいらすることがありますか
         1. |よくある|         2. あまりない        3. まったくない
  (11) 病気であることを忘れることがありますか
         1. よく忘れる         2. たまに忘れる      3. |忘れない|
  (12) 何か喉（のど）や胸につかえているような感じはありますか
         1. |よくある|         2. たまにある        3. まったくない
  (13) 孤独感を感じることがありますか
         1. |よくある|         2. たまにある        3. ない
  (14) 食欲がありますか
         1. ある              2. まあまあ、ある     3. |ない|
  (15) 睡眠は十分とれていますか
         1. よく眠れる
         2. ときどき眠れないことがある
         3. |眠れないことが多い|
  (16) 家族や職場などであなたのまわりの人は、あなたを必要としていると思いますか
         1. 必要としていると思う
         2. 少しは必要としていると思う
         3. |必要としていないと思う|
  (17) 経済的な面で生活に不安を感じることがありますか
         1. |よくある|         2. たまにある        3. ない
  (18) 家族、隣人、友人とのつきあいは、うまくいっていますか
         1. うまくいっている
         2. まあまあ、うまくいっている
         3. |うまくいっていない|
  (19) ペットや植物など、大事にしているものがありますか
         1. ある              2. |特にない|
  (20) 現在の生活に満足感がありますか
         1. ある              2. まあまあ          3. |ない|
```

図 2.5 HRQOL 20 の質問文と得点計算法

得点計算法：＿＿のカテゴリーを 1 点として総計をプラス側得点とし，□のカテゴリーに反応があったら−1 点として総計をマイナス側得点として求める．

項目	カテゴリー		個人	反応パターン はい				いいえ			
				Q1	Q2	Q3	Q4	Q1	Q2	Q3	Q4
Q1	はい	いいえ	1	○	○	○	○				
Q2	はい	いいえ	2		○	○	○	×			
Q3	はい	いいえ	3			○	○	×	×		
Q4	はい	いいえ	4				○	×	×	×	
			5					×	×	×	×

数量化Ⅲ類による分析結果での1次元構造（U字型）
第1軸（横）と第2軸（縦）のカテゴリー値による
U字型プロット（○、×）と第1軸上の値（●）との関係

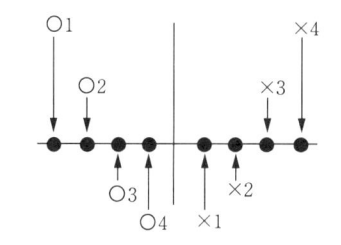

図 2.6　数量化Ⅲ類での一次元構造の例

なU字型構造をなす場合は，これら項目群の内容が1次元で表現でき，U字上から等間隔に項目を選択すれば少なくとも順序関係は保たれ，U字型構造に布置された全体の情報を，項目を減らしても比較的少ない情報の損失で再現することができる．このような性質を利用して項目の削減を行ったものである．もちろん，最初からこのような一次元構造を想定していたわけではない．当初は先に述べたスキームがそれぞれ独立した次元（場合によっては領域ともいう）が得られると考えていたのであるが，実際に調査結果を分析してみて初めて一次元構造であることがわかったのである．

　この過程では，とくに「患者のHRQOLの構造そのものは基本的には一般人と同じ構造をもつ」という点に着目し，患者と一般人の調査票のもつ構造を捉えるために，一般人も調査対象に加えて分析した．また，調査にあたっては，対象が患者ということもあり，長時間かかる調査票を用いることができないという制約から，入院患者用，外来患者用それぞれについて，全質問項目を，一部のキークェスチョン（key question）を共通とした2種類（以後これらをA, B調査票と記す）の調査票に分配して用いるという方式をとった．図2.7にその一例を示した．図では「病気に関連した状況」に関する質問の，患者群での調査票の構造を把握するために行った数量化Ⅲ類による分析の結果得られた，第1軸と第2軸とのカテゴリースコアの構造をそれぞれ示してある．固有値は第1軸0.33，第2軸0.20，第3軸0.09と第3軸以降はきわめて小さく

2.3 質問票の簡略化

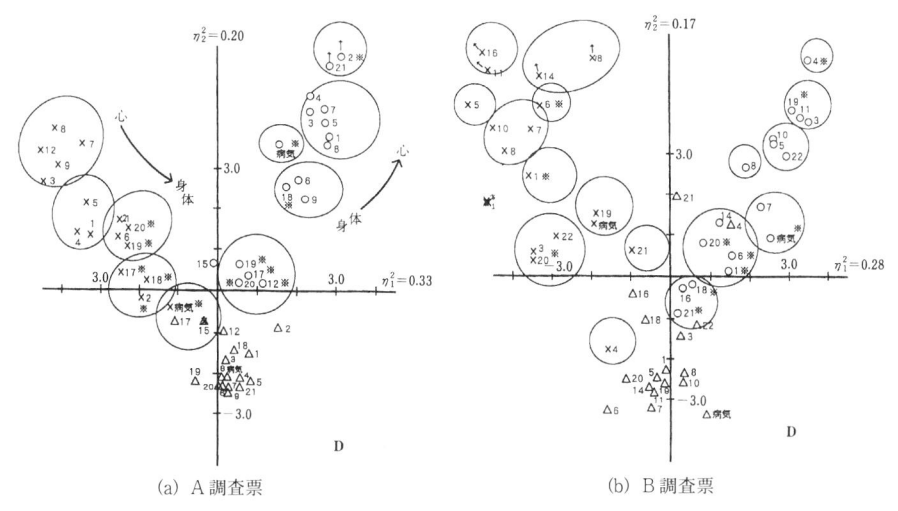

図 2.7 患者の病気に関連した状況の調査票の構造(山岡・小林, 1994)
数量化III類の第1軸および第2軸の構造図.図中の番号は表の項目番号に対応している.※印は身体的状態に関連する項目であることを示す.○は良好,△は普通,×は悪い,というカテゴリーを示す.

なっていた.このような場合には大きい軸の情報で全体を要約すればよい.そこで,第1軸および第2軸でその構造(一次元構造)を捉えることにして,第1軸と第2軸とのカテゴリースコアの構造図(布置図)をみてU字形構造(一次元構造)を示していることがわかったのである.質問項目のうち第1軸マイナス方向では原点付近に「身体的状態の悪さ」に関する項目が,原点から離れるにつれ「心の状態の悪さ」に関する項目が現れていた.

そこで,調査票の簡略化は,より少ない質問項目によりもとの調査票のもつ構造を表現するために,患者群の構造を基にして代表的な質問項目を選択するという考え方に則って解析を進めた.その選択基準は構造図(2次元平面図)よりできるだけ等間隔に質問項目を選ぶというものである.ここではまずA調査票の代表的な質問を状態の悪い向き(マイナス方向;×印)からほぼ等間隔に選択し,同じ位置にあっても良好な向き(プラス方向;○印)で異なった位置関係にあるものは取り入れるという目安で選択を行っている.質問数がほぼ2/3以下になるように選択するという観点からU字型に対して等間隔に選択したのである.B調査票に関しても同様に選択を行っている.最終的にはA,B調査票による分析結果を合わせて総合的な分析をした.以上の詳細は山岡・小林(1994)を参照されたい.調査票の作成段階では患者を2群に分け

共通質問を含む二つの調査票への回答を基に分析したが，共通質問を含ませたことにより，両群での質問票の基本的構造はほぼ同様な U 字型を呈していたものと考えられる．このような性質を利用して項目の削減を行ったものである．

以上のように，多次元空間での項目間の関連性を考慮しながら選択することにより，全体の構造を保持することが可能となり，比較的情報の損失の少ない項目数の削減が行える．このほか，HRQOL 20 調査票のように 2 次元ではなく，3 次元，4 次元と多次元的な情報をもつような場合も，それぞれ第 3 次元目，第 4 次元目の情報を利用して項目の削減を行うという手もある（2.3.2 項参照）．一般に調査票の構造や因子を検討する場合には，因子分析などにより因子を抽出したり確認したりすることが多い．しかし，こうして求めた因子に関しては因子間の加法性についての保証はなく，さらにリッカートスケールなどを仮定していても，それが順序をなすという保証もなく，得点を算出する際にはその妥当性に問題を残す場合がある．その点，ここで示した HRQOL 20 は一次元的構造をもつこと，HRQOL 得点は HRQOL そのもののもつ加法的性格を明らかにしつつ求められたものであることから，得点の算出方法の妥性も同時に得られたと考えられよう．

（3） HRQOL 20 における評価尺度構成

こうしてできた質問票が図 2.5 の HRQOL 20 である．調査票が決まったら，次はこれを用いた評価尺度を構成する，つまり，スケールを作成することになる．評価尺度は単純和を用いたり何らかの重みづけをしたりする場合があるが，数理モデルによる方法では，対象により，ほかの調査結果ではモデルに基づいてつけた重みが異なってくる可能性あるので注意を要する．HRQOL 20 では前者の単純和という方式によった．HRQOL 20 での項目のカテゴリー数は 1 項目（問 19）を除いて 3 カテゴリーである．これは日本人の国民性として中間回答をする者が多いことから，2 段階にした場合に中間的回答のばらつきが大きく不安定になりやすい（林・鈴木，1997）ことを考慮して 3 段階にしたものである．得点化する際には，① 必ずしもカテゴリー間の距離が等しくない，② ポジティブな回答傾向（プラス側）とネガティブな回答傾向（マイナス側）では反応が異なる可能性があることを考慮し，得点はプラス側得点とマイナス側得点の 2 つの面から捉えることにした．さらに簡単にするため，プラス側のカテゴリーに反応した個数，マイナス側のカテゴリーに反応した個数を数え，プラス側はそのまま，マイナス側は−（マイナス）の符合をつけていずれも高いほうがよく，低いほうが悪いことを示すように得点をつけ，それぞれを得点としたのである（以後，プラス側得点，マイナス側得点と記す）．したがって真ん中のカテゴリーへの反応は 0 点という取り扱いになる．HRQOL の評価としては基本的にはこの二つの得点を用いる．プラス側得点は高いほど HRQOL が良く，マイナス側得点は低いほど（その絶対

値が大きいほど）HRQOL が悪いことを示す．なお，得点法としては先に述べたように，重みづけをすることも考えられる．すなわち，一次元構造であれば数量化Ⅲ類の結果得られた第 1 軸のカテゴリー値を用いて，各カテゴリーに重みをつけることも考えられる．しかし，調査票の構造は対象とする疾患により多少とも異なることが想定され，重みは意味をなさなくなる．そこで感度は多少悪くはなるが，大きくはずれないと思われたカテゴリーへの反応個数による得点化方式を採択したのである．ちなみに，カテゴリーに付与された数値を得点とした場合と，反応個数を得点とした場合の相関係数は 0.8 前後であったことから，反応個数を得点とすることに問題はないと考えられる．

（4） この種の問題で信頼性と妥当性をどう考えるか

スケーリングの方法が定まったら，次はこうして求めた調査の信頼性と妥当性を検討することになる．

一般に信頼性はバラツキの程度の検討であり，基本的には時期や対象が異なっても同じ状態であれば同じ結果が得られることを示すものである．これにはテスト間の相関・再テスト法による一致性 (test-retest reliability) として，同じ対象に異なった時点で測定しても同様な結果が得られるかという一致性を検討する方法がある．このほか評価者間一致性（inter-rater reliability）として異なった測定者（調査者）間で同様な結果が得られるかというような一致性を検討するものや，全体の項目を 2 群に分けその間の相関を検討する折半法（split-halves method）がある．このとき相関を表す指標を信頼性係数とよび，方法に応じて様々な信頼性係数が提案されている（水野・野嶋，1983）．さらに，内的一貫性（internal consistency reliability）として，異なったグループ間で同様な結果が得られるかという一致性を検討することもある．

一方，一致性の検討には係数カッパ（kappa, κ）や重みつきカッパ係数（weighted kappa ; Fleiss $et\ al.$, 1973），相関（ピアソン（Pearson, K.），スピアマン（Spearman, C. E.），ケンドール（Kendall, M. G.）など）を利用したり，あるいは一致性検定などを行ったり内的整合性やガットマンスケールを利用するという手段もある．内的整合性は内的一貫性と呼ぶこともあるが，この信頼性係数としてクロンバックの α（アルファ）係数（Cronbach, 1951）がよく知られている．これは項目数 N，項目 X_i の分散 $\sigma_{X_i}^2$，合計得点 Y の分散 σ_Y^2，項目間相関係数の平均 $\bar{\rho}$ により次式で定義される．

$$\alpha = \frac{N}{N-1}\left(1 - \sum_{i=1}^{N} \frac{\sigma_{X_i}^2}{\sigma_Y^2}\right) = \frac{N\bar{\rho}}{1 + \bar{\rho}(N-1)}$$

クロンバックの α 係数の性質として，項目間相関係数の平均の低下を伴わないような項目の数が増えるほど α の値は大きくなることがある．経験的には 0.8 を目安とすることが多い．また，$2N$ 項目のテストのクロンバックの α 係数は，折半法で N 項目と

したすべての組み合わせの α 係数の平均値に等しいことが知られている（池田, 1994）．これはまた「はい，いいえ」などの2分法的項目で構成されるテストの信頼性係数の推定としてのクッダ―リカルドソンの公式20（KR 20；Kuder and Richardson, 1937）の一般化としても捉えられる．

HRQOL 20 に関しては，信頼性の検討としては，健常人（女性）に対して再テスト法（1週間間隔）により再現性を検討したところ，ピアソンの相関係数はプラス側得点で 0.64，マイナス側得点で 0.75 であった．なお，一般に HRQOL は時間がたてば異なる可能性があり，あくまで状態は変わらないと仮定したもとでほかの心理テストのように再テスト法による評価により一致性を検討することは難しい．相関係数もきわめてよく一致していれば，時間が短縮されるとか，ほかの理由がないと，わざわざ新たにその質問を作成する必要性は低くなるかもしれない．一致性をみる場合の相関係数としては高からず低からずということを意識する場合が多いようである．なお内的一貫性を別の対象群でクロンバックの α 係数により検討したところ，ガン患者では $0.72 \sim 0.82$，非ガン患者（鍼灸治療）では $0.67 \sim 0.79$，健常者では $0.68 \sim 0.79$ であった．また，各グループ，男女とも数量化III類による第1軸および第2軸のカテゴリー値の布置図により U 字型構造が再現された（図 2.8 に胃ガン患者の例を示した）．

一方，妥当性の検討では，内容的妥当性，構成概念妥当性，基準関連妥当性などについて検討することが一般的である．内容的妥当性（content validity）は，測定する目的の内容領域全体について適切に経験的測定により網羅できる（記述できる）ことをいう．主観的ではあるが，目的とする概念を構成する次元，下位次元，質問項目の内容との関連を明確にする．経験的な測定結果からは評価できない．構成概念妥当性

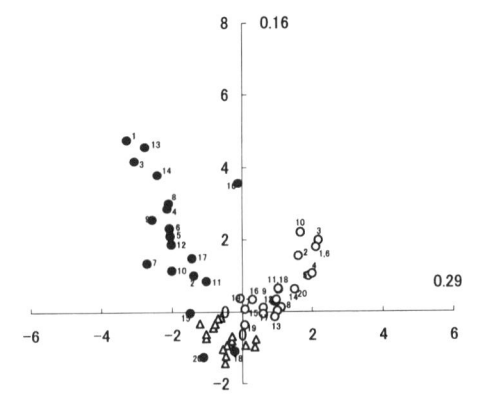

図 2.8 男性胃ガン患者での HRQOL 20 の構造（数量化III類）
質問項目ごとのカテゴリーの分布．

(construct validity)は，測ろうとしたものをきちんと測っているかを評価するものであり，測定される構成概念と実際の測定で得られた次元との関連についての仮定を理論的に導けるときに評価できる．因子分析などを利用して構成概念妥当性を評価することが多いが，このときに単なる誤差で見かけ上の理論的次元を解釈してしまう恐れもあるので，注意を要する．また，特殊な場合であるが，2値データに階層的な関係がある場合の分析法としてガットマンのスケイログラム分析も利用できる．収束的妥当性（convergent validity）や判別的妥当性（discriminate validity）などを含める場合がある．基準関連妥当性（criterion-related validity）は，目的とする外的な行動様式の操作的指標がある場合に検討できる．特定の測定に対する基準の数だけ係数が存在する．社会科学の分野では抽象的な概念を測定しようとする場合も少なくなく，適切な基準を得ることが困難なことが多い．これには同時的（併存的）妥当性（concurrent validity）として基準を同時点で測定し相関を評価するものや，予測的妥当性（predictive validity）などがある．このほか，敏感度や特異度（sensitivity and specificity）をみたり，反応性（responsiveness）として変化を検出するために十分に敏感性をもっているか，あるいは経時的な変化は妥当であるか，を検討したりすることも，妥当性検討として位置づけられよう．

最近のHRQOL研究は，個々の患者のHRQOLを評価して患者の治療へ，あるいは保健政策などにフィードバックさせることをその目的の一つとしている．このような中で診断指標としてのHRQOL調査票の有効性についてさらに詳細な検討を行っていく必要があり，この際にはHRQOLの目的と定義に即して，治療/政策などを行ったときに，どのようなメリットが得られたかという結果までを含めて評価する必要があろう．最近では経時的な変化を見る上で，反応性の検討がなされるようになってきている．これは基準関連妥当性の一つとして位置づけられるが，変化を検出するために十分に敏感性をもっているか，経時的な変化は妥当であるかをみるものであり，反応性を測る統計量として，臨床的に意味のある効果（effect size），t-test comparisons, the standardized response mean, the responsiveness statisticsなどが提唱されている．さらに，レスポンスシフト（response shift）として，個人のもつ基準，価値観，概念化の変化の結果として引き起されるHRQOLの自己評価の意味づけの変化，例えば大きな健康問題に直面して内的な判断基準を変えて対処することがある，などの影響の検討もなされはじめ（Allison *et al*., 1997; Schwartz *et al*., 1999），レスポンスシフトを評価するための方法としてThen-test (Howard *et al*., 1979) も提唱されている．評価を行う場合には，実際に治療あるいは政策などを変更した結果，HRQOLが上昇するかという介入研究を通して，評価の妥当性の検討を行うことが望まれよう．

HRQOL 20 では，妥当性の検討は，基準関連妥当性について検討した．3グループにおいてE特性，P特性，N特性との関連がほぼ同様であったことから，併存的妥当性（concurrent validity）が示唆されたとしたのである．また，各グループごとのプラス側得点とマイナス側得点を求め，クラスカル-ウォリステスト（Kruscal-Wallis test）によってグループ間の相違として検討したところ，男女とも鍼灸治療群でプラス側得点，マイナス側得点とも低く，健常者群で高い傾向を示していた（それぞれ $p<0.001$，ただし，男性のプラス側得点を除く）．なお，胃ガン患者に関しては，術後日数（1～2カ月，3カ月以上）で区分して相違を検討すると，男性のマイナス側得点を除き，術後日数が長いほうで得点が高いという傾向が認められた（いずれも $p<0.05$）(Yamaoka et al., 1998 a, b)．このこともまた，基準関連妥当性と見なせるであろう．

構造の分析に関しては一般的には因子分析が利用されることが多いが，先に述べたように，得点の考え方や線形性（linearity）などの点について問題が残る．このため多次元尺度解析（多次元尺度構成法，MDS）や数量化III類，あるいはコレスポンデンスアナリシス（対応分析）などを用いて調査票の構造を把握することが有用な方法と考える（4.3.6項参照）．以上の分析で1次元性が確かめられた場合，ガットマンのスケイログラム分析のような1次元スケール法（one-dimensional scaling methods）はスケールを作成する上でも有益な情報をもたらす．なおガットマンのスケイログラム分析は典型的な構造を仮定したものであるので，ここでは HRQOL 20 の検討では数量化III類を用いた構造分析を利用して構造化を図った．近年では，一定のパスあるいは潜在構造を仮定したパス解析あるいは潜在構造分析（latent structure model），structural equation modeling（SEM），共分散構造分析などとも呼ばれる相関構造を基にした確認的因子分析（confirmatory factor analysis）も HRQOL の分析において取り上げられるようになっている（Staquet et al., 1998）．また，本項では質問票の簡略化を行うための数量化III類を利用した方法について述べたが，近年では，主に教育心理学の分野で注目されている，適応型テスト（compute ringed adaptive testily：CAT）形式のものを HRQOL などにも利用する試みがされ始めている．これは項目反応理論を利用したものである．例えば項目ごとに識別力，困難度が同者の項目を被検者にあわせて選択していくというものである（芝，1991）．用いるデータの性格により適切ではない場合もあるので，用いるときにはそのモデルの仮定や，条件に注意を払う必要がある．

2.3.2 多次元構造からの抽出

次に多次元構造からの抽出の例として，アイゼンクのパーソナリティテスト

2.3 質問票の簡略化

の簡略化の例を示そう．

（ⅰ） 問題の背景

調査ではすでに完成された調査票の日本語版を作成し，それを用いるということも少なくない．一般に調査票の質問文は簡潔で，その意味を解しやすいものが望ましい．しかしながら，中にはその質問の意図から，長文で難しい言葉遣いのものもある．そうした場合にも調査票の日本語版を作成し，通常行われる再翻訳による質問文の一致性や原版と翻訳版での調査を行い一致性を検討したり，質問の簡略化を行い，妥当性や信頼性の検討を行うことがあるが，十分な満足の得られないことが多い．

このような場合，構造分析を利用しながら合理的に翻訳版を作成するのも一つの方法である．多次元尺度解析を，調査票の系統的な作成，分析に利用しようとしたものに先で述べたガットマン（Guttman, 1941）らの提示したファセット理論（Facet theory）がある．ガットマンは，最小次元解析（smallest space analysis : SSA）などの手法を用いて調査票の項目の選択を合理的に行い，作成することを目指している．ここでは数量化Ⅲ類による構造分析を利用して，難解な文章からなる調査票のもつ構造を保持した簡易調査票の日本語版作成について，アイゼンクのパーソナリティテスト（Eysenk, 1993）の例を取り上げる．この詳細は山岡・小林（1994）を参照されたい．

（ⅱ） アイゼンクのパーソナリティ質問票

現代社会においては，心理社会的ストレスが種々の病気と関連をもつものではないかと考えられている．このストレスとは何か，ひと口でいえば「現実に適応するために生じる心の葛藤」ということもできよう．何がストレッサーとして関与しどのようにストレスに対処するかというストレスに対する態度（coping）も，個人によって異なる．アイゼンクらは，社会生活における行動様式のあり方がストレスを招き，ある種の性格をもつ人々に特有の態度が健康・病気に関連すると考え，それを長期にわたる追跡調査で検討した．旧ユーゴスラビアとドイツでのコホート研究結果から，「特定のパーソナリティ」をもった人々に，ガンや冠動脈性疾患など疾病になりやすい傾向があると報告したのである．この「特定のパーソナリティ」を測るための質問票は，ストレスに直面したときの反応や行動を，大きく四つのパーソナリティタイプとして分類するように作成されたものである．ここで取り上げたアイゼンクのパーソナリティ質問票（第9バージョン）では，51の質問があらかじめ4群に分類されており，それぞれ，あるパーソナリティタイプを特徴づける性質を記述した項目で構成されている．各項目に示された性質が自分に当てはまるかどうかをチェックするようになっており，それを群別に数えあげ，最も高得点の群がその人のパーソナリティタイプであ

るとするようになっている．4群はそれぞれ，タイプ4（健常群）とタイプ1～3（タイプ1：ガンにかかりやすいタイプ，タイプ2：心臓病にかかりやすいタイプ，タイプ3：タイプ1とタイプ2の両価性であるが健康に近いタイプ）というものである．

　このパーソナリティ質問票は，一つの質問の文章が長くかつ難解な51問からなる質問文で構成されている．質問文から二つを例に挙げてみよう．アイゼンクの質問の本意をくみとり，日本人になじんだ文章にするには，十分な検討を必要とする．この日本語版は水沼・清水（以下M版と略記する）や上里らによりすでに出されているが，翻訳に対する詳細な検討がなされておらず，質問数も多すぎるため，実際にフィールドで用いるには回答に時間がかかりすぎるという問題があった．このような問題に対してどのように対処したらよいであろうか．筆者らは次のように考えてみた．まず，質問票の翻訳の仕方により反応が異なる可能性があるので，原文をより忠実に翻訳した翻訳版を新たにつくり（以下N版と略記する），それと平易な日本語であるM版との間で回答傾向の比較を行ってみる．もしも両翻訳版の意味が回答者によって異なって捉えられたとしたら，二つの質問票の構造は異質なものになるはずである．そこで回答パターンから質問票のもつ構造を捉え，その構造を保持したまま項目数を削減していくという方法を通して，二つの翻訳版に共通な構造，つまりオリジナルの質問票にも翻訳版にも共通な構造を保ったものを捉えることとした．質問票の妥当性としては，アイゼンクの原版で定義された四つのパーソナリティが表現されるかという点に着目し，構成概念妥当性として捉えた．なおアイゼンクらはこの後，質問文の構造をより単純化したものを新しいバージョンとして発表している．

(iii) 簡易化の考え方

（1）質問文の翻訳の問題

　英語による原文では心理的ストレスの起こる状況を述べているため，かなりくどい言い方がみられる．そこで，原文にできるだけ忠実に翻訳するよう，翻訳を専門とする会社に依頼することから始めた．このときに質問の目的などを翻訳者に理解してもらうことから始め，まわりくどい言い方も意訳をせずに，多少ぎこちなくてもかまわないということで試験的に翻訳してもらった．さらに，これを土台にして英語の意味が損なわれないように当事者が検討し，最終的にはできるだけ日本語らしくなるように修正を加え，英語の意味を損なわず，日本語としてもさほどおかしくはない，と見なされたものをN版とした（表2.4に一例を示した）．このようにして作成した翻訳について，実際に日本語として意味がくみとられるかをまず最初に検討する必要がある．もちろん対象者数は少数でかまわない．プリテストのためのプリテストのようなものである．実際に患者31人を対象とした調査をしてみると，質問文の意味がくみと

表 2.4 アイゼンクの原文と翻訳例（山岡・小林，1994）

［例1］タイプ2—問8
原文：In relation to emotionally important persons and conditions, do you usually voice largely negative feelings and thoughts, i.e. of criticism, dissatisfaction, dislike etc., leaving the positive feelings and thoughts, e.g. of love, affection, satisfaction and recognition unspoken?
N版：あなたは，普段，気持ちの上でとても大切な人や状態に関して，肯定的な感情や考え，たとえば，愛情，好意，満足感，感謝などは口に出さないでおいて，否定的な感情や考え，つまり，批判，不満，嫌悪などを声を大にして言いますか？
M版：情緒的に重要な人物・状態に関して肯定的な感情（たとえば愛情・愛着・満足）については口に出さないが，否定的な感情（たとえば批判・不満・嫌悪）などは常にしゃべる．

［例2］タイプ4—問7
原文：Do you change your behaviour to consequences of previous behaviour, i.e. do you repeat ways of acting which have in the past led to positive results, such as contentment, well-being, self-reliance etc., and to stop acting in ways which lead to negative consequences, i.e. to feelings of anxiety, hopelessness, depression, excitement, annoyance etc.? In other words have you learned to give up ways of acting which have negative consequences and to rely more and more on ways of acting which have positive consequences?
N版：あなたは，以前の行動や態度の引き起こした行動の結果に応じて，自分のその後の行動や態度を変えますか？　たとえば，過去の満足感や幸福感や自信など，好ましい結果をもたらした方法は繰り返し，不安，絶望感，落込み，興奮，いら立ちなどの好ましくない結果をもたらしたやり方は捨てるというようにして．言いかえると，良くない結果をもたらすやり方はあきらめ，好ましい結果をもたらすやり方はどんどんとり入れるということを学んできましたか？
M版：あなたは，以前に行動した結果のいかんにより，その後の行動パターンを変える．すなわち良い結果をもたらした行動は繰り返し，悪い結果を生んだ行動を次からは繰り返さない．

りにくく回答できないとしたものが2人ほどみられたが，のちに確認したところ，むしろ自分に該当するかどうかが判断できずに回答できなかったものであった．このことから，訳文については，「とくに日本語としてわからずに回答できない」ということはないものと考えられた．

（2）2つの翻訳版の同質性

このようにして質問文が一応日本語として受け入れられることがわかったならば，次に二つの質問票の間の構造の比較に入る．同一の集団に二つの質問票による調査を施行することが考えられる．しかし，この手の質問票は印象に残ることが多く，一方に回答したことが他方の回答に影響を与えることが予想され，2回の回答は独立でない可能性が大きいと考えられる．そこで二つの質問票をそれぞれ別の集団で1回調査することにした．分析にあたって，もしも調査対象が同質でないとしたならば，構造の一致性をみても意味がない．そこで構造分析の前に，M版・N版での同質性を，ア

表 2.5 アイゼンクのパーソナリティ質問票の M 版・N 版調査対象でのタイプ分類（山岡・小林，1994）

	N 版		M 版	
タイプ 1～3	84	27.8	55	31.1
タイプ 4	218	72.2	122	68.9
	302		177	

カイ 2 乗独立性検定　　χ^2 値 $=0.56$，$p=0.448$．

　アイゼンクのタイプ分類を用いて，とくに違いの大きいタイプ 4 とタイプ 1～タイプ 3 の 2 群の分布状況が M 版と N 版で同等と見なせるかという点から検討してみることにする．これにはカイ 2 乗独立性検定（4.1.6(vi)項参照）が利用できよう．翻訳の相違によって少なくとも健常か否かについてまで異なるようでは，ここで問題とする翻訳の検討以前の問題があると考えたからである．

　実際に調査を行った結果をみてみよう．タイプ 4 の割合は M 版で 68.9％，N 版で 72.2％（表 2.5）といずれも 7 割近くを占めており，両者で違いはなさそうである．M 版と N 版は異なる対象になされており，翻訳による差と集団の差が混在しているが，少なくとも大きな誤訳はないものと見なせば，M 版・N 版はニュアンスの差を含めた上での同質性が認められたものと判断できよう．

（3）　質問票の構造分析と簡易質問票の作成

　いよいよ構造分析に入る．まず，M 版・N 版それぞれについてその構造を把握することが手始めである．ここでは数量化III類での各軸のカテゴリー値を観察したときに，ある軸について，あるアイゼンクのパーソナリティタイプの項目群に対する値のみが大きく，ほかの項目群の値と分離される傾向をもつ軸の存在が認められた．すなわち，この結果では M 版・N 版いずれでも第 1 軸でタイプ 4 の特徴を示す項目分がその他（タイプ 1，2，3）から分離，同様に若干，項目の違いがあるにせよ，第 3 軸でタイプ 1，2 とタイプ 3 が，第 4 軸（M 版）あるいは第 5 軸（N 版）でタイプ 1 とタイプ 2 が分離されることがわかった．つまり，あまり明確ではないがアイゼンクの意図した四つのタイプがおぼろげながら構造として表現されているわけである．実際の出力結果をみてみよう．図 2.9 は，数量化III類の第 1 軸カテゴリー値のコンピュータ出力結果である．左の No. の下の数字が質問番号であり，1～11 がタイプ 1 に，12～22 タイプ 2 に，23～33 がタイプ 3 に，34～51 がタイプ 4 に属している．若干の凹凸はあるが，第 1 軸でタイプ 1～3 とタイプ 4 が明確に分類されているのがわかる．第 1 軸はタイプ 4 に対応する軸である．残りのタイプ 1～タイプ 3 については第 3 軸でタイプ 3 とタイプ 1～2 が分離されることもわかった．これはとくに N 版ではっきりしてい

2.3 質問票の簡略化

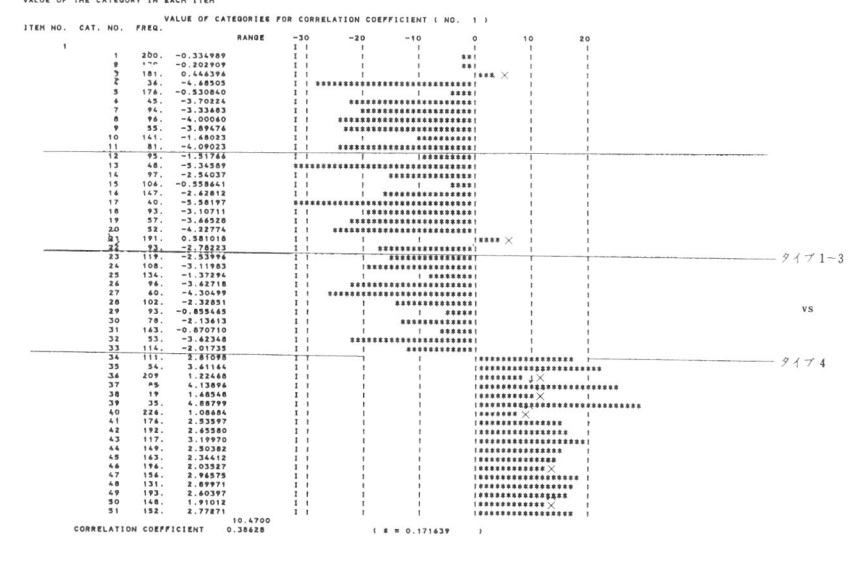

図 2.9 数量化III類でのカテゴリー値の出力結果（第1軸）(山岡・小林, 1994)
図中の×印は取り除くカテゴリーを示している．

る．さらに残りについては，N版の第5軸とM版の第4軸でタイプ1とタイプ2が分離された．このように軸の順序は必ずしも一定ではないが，一応タイプが独立に表現できることがわかった．

　タイプが一応区分できることがわかれば，さらに詳細な検討に入れる．一般に調査票などの翻訳を行う場合，とくに複雑な心理を扱うときには，1問1問を正確に翻訳することは非常に困難であり，その大意を把握し表現しうるものを作成することが重要である．そのために翻訳の影響の少ない項目を選択して全体を構成し，もとの質問票の構成が保たれているようにすることが大切である．そこで翻訳の相違によらない主要な構造を抽出して，その構造を構成している共通な項目を選択することを図る．これにはM版・N版の両質問票での構造分析の結果得られた第1軸カテゴリー値を項目ごとに比較し，カテゴリー値の小さい項目を削除すればよい．それぞれの出力結果で一部の項目に×をつけてあるが，これらの項目はそれぞれの版で同じタイプなのに符号が逆になっていたり，あるいはきわめて小さなカテゴリー値を示していたものである．これらの項目を除けば，より軸の意味づけが明確になってくるはずである．翻訳の違いもある可能性があるので，翻訳版であるN版も含めてM版との両方の情報を用いて，タイプの意味づけに寄与しうる項目を選択することを考える．そのために，その軸の中で最も多いアイゼンクのパーソナリティタイプ以外のタイプに属する項目を取り除くという操作を行ったのである．こうすることにより，より単純化した形で軸とタイプを対応させることが可能となる．ここでは，両者のいずれかで小さい値があれば基本的に取り除くという方針で行い，その結果として51項目中29項目がタイプ分類に有効な項目として残った．

　さらに項目の削減を図る．第1軸の段階で，少なくとも健常（タイプ4）と例外（タイプ1〜3）が区分されるという範囲では，翻訳の大きな違いにより大要に相違をもたらすことがないことが示されていた．こうなれば，第2回目以降の構造分析は質問文が平易なM版についてのみ行えばよい．そのやり方をまとめると次のようになる．

（a）　残りの項目について第2軸についても同様にカテゴリー値の小さい項目を取り除く．さらに残りの項目について第3軸でも同様にカテゴリー値の小さい項目を取り除く．

（b）　第3軸まで終わった段階で再度数量化III類を行い，同様な方法でカテゴリー値の小さな項目を除去するという変数減少法の考え方に基づいて項目の削減を行い，最終的に四つの群が区分可能で，かつすべての項目のカテゴリー値が大きくなるまで繰り返す．

　なお，ここで四つの群が区分可能ということは，第3までで各タイプを判別するための質問項目が混在しない形でカテゴリー値により分類されることを意味する．この

表 2.6 最終的に選択した 17 項目の数量化III類による
分析結果（山岡・小林，1994）

タイプ	反応数	第1軸	第2軸	第3軸
1： 8	46	−2.25	5.48	−0.78
9	49	−1.00	1.20	−1.24
10	44	−1.62	0.50	−1.70
2：17	66	−2.00	−1.55	1.22
18	45	−2.37	−2.09	2.20
22	45	−2.20	−0.92	4.04
3：24	47	−1.44	−2.55	−4.53
25	12	−1.13	−0.25	−5.94
29	10	−2.06	−1.17	−5.97
4：34	98	1.00	0.13	0.36
35	36	1.94	−0.48	−2.85
37	58	1.40	−0.22	−1.79
39	59	1.49	−0.25	0.45
42	107	0.76	−0.11	−0.10
44	97	0.74	−0.05	1.63
45	69	1.70	−0.59	0.31
47	45	1.80	0.99	1.48

ようにして，M版について残された29項目から出発して，数量化III類で各軸ごとにカテゴリー値の小さい項目を除去する作業を繰り返し，最終的に17項目を選択したのである．

これら17項目の数量化III類の結果得られたカテゴリー値を表2.6に示す．第1軸ではタイプ1～3とタイプ4の間でカテゴリー値の符号が逆になっており，第2軸ではタイプ1とタイプ2～3との間の符号が逆になっており，さらに第3軸ではタイプ2とタイプ3の符号が逆になっている．第1軸はタイプ4の性質を示す8項目，第2軸ではタイプ1の3項目，第3軸ではタイプ3の3項目が区分されるような17項目からなる簡易質問票が完成したことになる．

2.3.3 簡略化と構造

2.3.1項では一次元構造をもった調査票の簡略化へのアプローチについて述べた．2.3.2項では，複雑な質問文から調査票の日本語版作成の際に，二つの異なった訳文からなる調査票を用いて両者の構造を比較しながら，その構造を維持した，より少数の質問項目からなる調査票を作成するというデータ解析の一つのアプローチを示した．それは数量化III類での代表的ないくつかの軸のもつ

カテゴリー値の情報により特性を表す項目を選択し，ほかの雑音を取り除き，よりシンプルな形にもっていくというストラテジーである．

　通常，翻訳の信頼性，妥当性を検討するにあたっては，原文と翻訳版を両言語が理解できる者を対象に調査を行い，その構造や一致の度合いによって評価する方法がとられることが多い．ところが，ここで取り上げたアイゼンクのパーソナリティ質問票の質問文は，原文（英文）の意味も非常にくみとりにくく，その日本語訳も先に示したように英語の専門家にとっても真意を捉えて訳するには　難しいところがあるというものである．このように難解な原文の調査票に関しては，先に述べた一般的な信頼性の検討を行っても，むしろ語学力の差のほうが誤差として大きくでてしまう可能性が大きい．個々の項目ごとの一致率をみても，それらはばらつくことが予想される．質問票の意図するところはタイプ分類ということなので，このような場合に質問票全体の構造が同等な範囲で，翻訳の違いの影響を受けにくい項目を選択することは意味があると考えられる．

3

データの精度の問題と実際例

　調査データには，これまで述べてきたように様々な誤差がある．誤差の種類については，図 1.1 (p. 8 参照) に示したとおりである．非標本誤差 (non-sampling error) は，調査する側にかかわるものと，調査される側にかかわるものに分けることもできる．これらが調査データの精度の大きな問題となる．減ずる努力をすると同時に，よく把握しておかねばならない．

　本章では，調査する側される側両方の要素を含む調査不能 (non-response) による誤差，調査する側にかかわる誤差の例として面接調査における調査員によって生ずる誤差，および調査される側にかかわる回答誤差 (response error) を取り上げる．

3.1　調査不能について

(i)　調査不能をどう見るか

　個人を対象にした調査におけるデータの欠損として，二つの型がある．一つは個人に対して調査そのものができないこと，もう一つは回答中のそれぞれの項目に対する回答が得られないことである．後者は「D. K. (don't know, わからない)」などの回答として得られるが，これについては 4.1 節に述べる．前者は，調査不能といわれるものであり，ここではこちらについて述べる．調査対象集団から調査実施対象として抽出した標本を計画標本，そのうち調査を行うことのできた対象集団を回収標本，調査のできなかった対象集団を調査不能標本ということにする．調査実施上は回収されても，無回答が非常に多い回答者 (属性項目しか回答していないなど) については，研究の目的によるが，調査不能として扱うことが多く，これらを除いた回収をとくに有効回収ということがある．

　調査対象集団から調査相手をランダムに抽出して調査する標本調査であれ

ば，標本誤差は数学的に見積もることができる．しかし，それは抽出した計画標本すべての回答を得た場合である．いかにサンプリングが正確に行われても，サンプルのすべてに回答を得ることができなければ，標本誤差も意味をなさない．実際の調査で計画標本たる全員から回答を得るのは困難であり，そのことは調査の精度に大きな影響を及ぼす．20年ほど前までは最も信頼される調査方法であった個別面接調査においても，近年，調査不能の増加（逆にいえば回収率の低下）による調査の信頼性低下が問題になっている．調査不能の調査実施対象についてはデータがないので，計画標本のうちで調査を行うことができた回収標本だけを集計した結果で調査対象集団（母集団）の結果を推定せざるを得ない．そこで，調査結果ばかりに注目して，調査不能標本については無視してしまう例も散見するが，まったく無視してしまってよいのかよく検討しておく必要がある．回答を得られなければ，いかにしてもその部分を補うことはできないが，回答は得られなくても何らかの情報が得られることはある．少しでもそれらの情報を把握しておくことにより，回収標本による結果の偏りについて考察を与えることが可能となる．また，次の調査への対策にも役立つ．

調査不能となる理由は，調査方法によって様々である．台帳からのサンプリングによる個別面接聴取法の調査では，調査不能の理由，性別，年齢別，地点（地域）別などの情報は得られるので，把握しておくべきである．

(ⅱ) 調査不能の率

調査不能の率（＝回収率）は，サンプリングがきちんと行われて調査計画標本数が確定している場合に，初めて意味をなす．電話調査は回収率の定義についても論議があるので後述することとし，計画標本の定義に問題のない個別面接聴取法，留め置き法，郵送法について述べる．

回収率は時代によって変化してきており，調査方法によっても異なる．まず，現在の回収率の状況について，1998年度の「世論調査の調査」（世論調査年鑑，1999）から個別面接聴取法，留め置き法，郵送法の調査方法別に分布を示す（表3.1）．これは1997年に行われた標本数500以上の調査950件についてまとめたものである．これらの調査の中には様々な調査主体のものがあり，また母集団も様々であるため，ばらつきが大きい．

個別記入法としてまとめられている調査は，実際には多様であり回収率の大変悪いものがあるが，最頻値は高く，比較的回収率の高い方法といえる．1977年にNHKの実施した実験調査によっても，配布回収法は個人面接法よりも回収率が高いことが示

3.1 調査不能について

表 3.1 調査方法別（無作為抽出標本）回収率の分布（平成10年度世論調査年鑑）

	個別面接聴取法	個別記入例	郵送法
0〜20% 未満	0	1	2
20〜30% 未満	0	2	25
30〜40% 未満	0	4	69
40〜50% 未満	0	2	130
50〜60% 未満	1	8	159
60〜70% 未満	42	10	107
70〜80% 未満	53	27	46
80〜90% 未満	19	40	16
90〜100% 未満	16	27	18
100%	2	0	0
平均	75.1%	77.1%	54.0%

（数字は調査件数）

されている（杉山，1980）．

　郵送法の回収率は10％に満たないものから90％を超えるものまであるが，自治体主体の調査など，調査の目的と対象が限定され，住民の利害に結びつくものでは回収率が高い傾向がある．研究者の行う郵送調査では通常4割程度，良くても5割程度の回収率しか得られない場合が多いが，調査実施対象や内容によって，また，回収期限や督促方法の工夫などによって70％を超える調査ができるとされている（杉山，1980）．

　個別面接聴取法でも，通常のランダムサンプルによる社会調査では回収率が100％ということは考えにくいが，限定された集団に対する自分に直結する問題についての調査ではあり得るだろう．

　また，時代による回収率の変化の様子を示すため，個別面接聴取法による調査について，内閣総理大臣官房広報室で実施した世論調査「世論調査一覧（昭和22年8月〜平成7年3月）」から，5年ごとに回収率の平均をとってみた（表3.2）．1950年頃に非常に高いのは特別にしても，1980年以降に回収率の低下傾向が著しいことがわかる．ちなみに，年ごとの各調査間の回収率の範囲は，ほぼ10％以内である．

　ここで，電話調査の回収率の問題にふれておく．電話調査のサンプリングには1.3 (iv)でもあげたようにいくつかの方法がある．一つは，個別訪問面接と同じく，住民票や選挙人名簿などから個人を抽出し，抽出された個人の電話番号を調べ番号の判明したものだけで調査標本名簿を作成する方法である．もう一つは，電話帳をもとにして番号を抽出し，その番号使用の家族から何らかの方法でランダムに1人の対象者を

表 3.2 回収率の変化（内閣総理大臣官房広報室，全国対象調査）

年	回収率
1948～1954	89.6
1955～1959	84.8
1960～1964	82.6
1965～1969	82.8
1970～1974	83.1
1975～1979	81.2
1980～1984	79.8
1985～1989	77.8
1990～1994	73.7

抽出する方法である．さらに，電話帳を利用するかわりに番号をランダム数として抽出するRDDなどもある．いずれも，回収率の母数がはっきりしない．住民票や選挙人名簿を台帳とした場合も，電話番号判明者はその7割程度である．回収率の母数として，最初に台帳から抽出した標本数を考える場合と，電話番号判明者数を母数と考える場合がある．本当に調査したい対象は住民全体であって電話番号判明者ではなくても，実際の調査は電話番号判明者に限定されるのであるから，調査の回収率は電話番号判明者数を母数として考え，電話番号の判明しなかった集団については別の視点での考察が必要である．電話番号判明率は地域によって異なり，また年々低下しているので，この把握は重要である．電話帳やRDDではその番号がどのような形態の相手のものかがわからず，計画標本の設定は困難で，回収率を出すことはできても住民票などからサンプリングされた調査とは意味が異なると考えたほうがよい．

(iii) 調査不能の理由

では，回収率の低下はどのような調査不能の理由によるのであろうか．調査不能の理由がきちんと把握できるのは個別面接聴取法である．留め置き法，面前記入法など調査員が調査実施対象者に直接会うことを原則とする調査法でも，ほぼ把握できる．そのほかの方法では，調査不能の様々な理由を区別できない．例えば郵送法では，標本名簿の不備によって調査票が返送されてくる場合を除いて，なぜ回答が返送されてこないのか理由を知ることができない．

個別面接聴取法における調査不能の理由はいくつかの種類がある（鈴木，1961）．

1. サンプリング台帳によるもの：死亡，移転，対象外，該当者なし
2. 標本実施対象者の都合によるもの：長期不在，一時不在，病気，拒否
3. 調査員に関係するもの：未訪問，尋ね当たらず，拒否

調査不能の理由について，統計数理研究所の1953年から5年ごとに10回実施されている日本人の国民性調査における計画標本数に対しての比率を表3.3に示す．

表 3.3 調査不能の理由の変化（日本人の国民性研究，統計数理研究所研究リポート，1959～1999）

	1998	1993	1988	1983	1978	1973	1968	1963	1958	1953
調査不能 (%)										
死亡	0.2	0.1	0.2	0.2	0.2	0.4	0.3	0.2	0.2	0.5
移転	3.8	3.1	2.8	2.4	4.5	5.4	6.7	6.1	5.0	3.0
該当者なし	0.2	0.5	1.0	0.5	0.5	0.9	1.1	↓	↓	↓
尋ね当たらず	0.9	0.6	1.2	0.7	1.3	1.2	1.2	2.7	1.8	1.0
長期不在	1.6	1.9	2.8	2.1	4.5	4.7	4.1	4.7	2.9	2.2
病気	2.2	1.4	2.7	2.0	1.9	1.4	3.1	2.7	2.5	3.5
一時不在	9.2	10.1	10.8	7.7	5.9	4.4	4.8	2.9	3.4	4.7
拒否	16.8	12.8	15.0	8.8	6.2	3.9	2.8	2.3	1.6	1.2
老衰	0.3	0.2	1.6	1.3	1.0	1.1	0.0	↓	↓	↓
その他	1.0	0.2	0.5	0.6	0.9	0.8	0.2	4.5	0.5	0.7
不能計 (%)	36.2	30.8	38.6	26.2	26.9	24.1	24.2	22.6	18.0	16.8
計画標本数	4200	5400	6000	6000	5400	6054	4000	4000	2991	2254

注：1953 年，1958 年，1963 年は実数がなく，不能標本中の率から再計算．

1983 年までは 75 % 程度の回収率を保っていたが，1988 年から 60 % 台に落ちており，時代による変化の様子が一般の調査の場合とは異なっている．この調査は，1988 年までは全国の大学教員の協力を得て学生が調査員となって行われてきたが，1993 年調査からは民間の調査会社に委託している．回収率の低下時期はこの変換期と合致していない．しかし，大きな変化の様子，不能理由の変化は明らかに現れており，「拒否」の率が高くなってきたことがわかる．これは，内閣総理大臣官房広報室の調査による内部資料の結果とも一致している．また，一時不在も増えている．それ以外の「移転」や「該当者なし」「尋ね当たらず」のように名簿の記載と調査実施時期とのずれが原因と考えられる理由は，ずっと同じような率となっている．つまり，最近の回収率の低下，調査不能の率の増加は，主に調査対象者の拒否によるといえるのである．

（iv） 調査不能の結果への影響

調査不能となった対象者からの回答は得られないので，回収標本について集計した結果は本来の計画標本から歪んでいる可能性がある．

全体的に考えて，回収できた K 人における平均値を X，調査できなかった M 人における平均値を仮に Y とすると，計画標本 N 人 ($N=K+M$) の平均値 Z は $Z=(K \times X + M \times Y)/N$ という関係がある．本当の平均値 Z と回収できた標本の平均値 X との差を相対誤差で評価することにすると，$|X-Z|/Z=(M/N) \times |X-Y|/Z$ と書ける．つまり，M/N(調査不能率)を小さくすること，$|X-Y|/Z$ の大きさがどの

程度かを見積もることが大切である（多賀，1985）．

この誤差を二つの要因にわけて考える．一つは，属性分布の歪みによる誤差であり，もう一つは，同じ属性の中でも調査できた回収標本と調査不能標本とで回答分布が異なることによる誤差である．前者については補正が可能であるが，後者については補正は不可能と考えなくてはならない．

属性分布の歪みは，調査不能標本についても閲覧のできる住民票台帳から性別，年齢別，地域別についてはわかっているので，計画標本と回収標本における分布のズレがわかる．第10次「日本人の国民性調査」（統計数理研究所，1999）における計画標本と回収標本の分布は表3.5のとおりであったが，一例として，比較的年齢差の大きな意見「宗教を信じるか」の選択率を，年齢別分布のズレから，補正してみた．

回収標本での集計（表3.4）では，宗教を信じているという回答が，高年齢では半数近いが20歳代では10％程度で，全体で29.4％となっている．年齢別の回収率をみると（表3.5），20歳代は51％，70歳以上は75％であることから，計画標本における「宗教を信じる」率はもっと低いのではないかと考えられる．実際に計画標本の年齢分布で補正すると，全体で27.8％となる．この補正値との差1.6％は，相対誤差で見れば，$1.6/28 = 0.06$ である．仮に標本数1339の単純無作為抽出とした場合の標本誤差の95％信頼区間±2.4％よりも小さい．この程度の属性分布の歪みによる全体への影響はそれほど大きなものではないことがわかる．これは，同じ年齢層内では調査できた人々と調査不能の人々の間で意見分布に差がない，とした場合である．

もう一つの回収標本と回収不能標本で回答分布が異なる場合の誤差はどうかを試算してみる．仮に調査不能標本での選択率が回収標本での選択率よりも10％ずつ低いとすると，回収率70％として，25.6％となる．誤差は3.8％であり，相対誤差では0.14となり，無視できない．これは，仮に調査不能標本での回答が回収標本とかなり異なる場合を考えたが，実際にはわからないのが普通である．次にこの調査不能標本の回答の特徴について述べる．

（ⅴ） 調査不能標本の回答の特徴

調査不能を減らす努力が重要であると同時に，どうしても避けられない調査不能標本の回答の特徴について考えておく必要がある．表3.5に示した属性別の回収率の差は，逆にみれば調査不能標本の属性分布の特徴である．一般に回収率の差による属性の偏りは総合的にそれほど大きな影響を与えることは少ないことが示されたが，性別，年齢別，地域別など計画標本についても知ることができる項目については，特徴としてつかんでおく必要がある．

次に属性構成の偏りよりも影響の大きい，回収標本と調査不能標本での調査質問に

3.1 調査不能について

表 3.4 年齢別の歪み補正のための年齢分布と年齢別「宗教を信じる」率
（第10次日本人の国民性調査 K 調査）

		20~24	25~29	30~34	35~39	40~44	45~49	50~54	55~59	60~64	65~69	70~	全体
構成比	計画標本（%）	9.6	7.3	8.8	8.0	8.2	11.6	9.9	9.2	9.2	7.1	11.1	100
	回収標本（%）	7.6	5.3	8.1	7.3	8.4	11.4	10.2	9.8	10.8	8.2	12.8	100
	回収率（%）	51.3	46.7	59.9	59.4	66.5	63.1	66.0	68.6	75.9	74.3	74.8	64.5
回収標本 集計	「信じる」(%)	15.7	7.0	17.4	17.3	27.4	23.7	25.0	32.1	41.4	44.5	49.4	29.4

表 3.5 各属性層別回収率，地方別回収率（第10次日本人の国民性調査，K 調査＋M 調査*）

性別	男	女									計
計画標本	2035	2165									4200
構成比（%）	48.5	51.5									100
回収標本	1216	1464									2680
構成比（%）	45.4	54.6									100
回収率（%）	59.8	67.6									63.8
年齢別	20~24	25~29	30~34	35~39	40~44	45~49	50~54	55~59	60~64	65~69	70~	計
計画標本	391	347	361	359	344	460	415	389	386	301	447	4200
構成比（%）	9.3	8.3	8.6	8.5	8.2	11.0	9.9	9.3	9.2	7.2	10.6	100
回収標本	186	175	204	218	219	307	277	268	294	218	314	2680
構成比（%）	6.9	6.5	7.6	8.1	8.2	11.5	10.3	10.0	11.0	8.1	11.7	100
回収率（%）	47.6	50.4	56.5	60.7	63.7	66.7	66.7	68.9	76.2	72.4	70.2	63.8
地方別	北海道	東北	関東	中部(東)	中部(西)	近畿	中国	四国	九州			計
計画標本	197	307	1348	311	404	742	284	141	466			4200
構成比（%）	4.7	7.3	32.1	7.4	9.6	17.7	6.8	3.4	11.1			100
回収標本	129	216	730	215	267	469	210	102	342			2680
構成比（%）	4.8	8.1	27.2	8.0	10.0	17.5	7.8	3.8	12.8			100
回収率（%）	65.5	70.4	54.2	69.1	66.1	63.2	73.9	72.3	73.4			63.8
市群別	6大都市	50万以上	20~50万	10~20万	5~10万	5万未満	町村					計
計画標本	197	307	1348	311	404	742	284					3593
構成比（%）	5.5	8.5	37.5	8.7	11.2	20.7	7.9					100
回収標本	129	216	730	215	267	469	210					2236
構成比（%）	5.8	9.7	32.6	9.6	11.9	21.0	9.4					100
回収率（%）	65.5	70.4	54.2	69.1	66.1	63.2	73.9					62.2

(「国民性の研究第10次全国調査―1998年全国調査」統計数理研究所研究リポート83, 1999より)
* 日本人の国民性の標本は層別二段抽出による．K 調査票 M 調査票の2種類の調査票をスプリットハーフで割り当てて調査されている．宗教の質問は K 調査票だけの質問である．ちなみに，スプリットハーフとは，2種類の質問の仕方を比較したりするために，同時に抽出された調査対象をランダムに二つに分けることである．

対する回答分布の差はどの程度であろうか．この差が大きく，調査不能率の高い場合は，回収標本で集計した結果の偏りが大きくなってしまう．調査不能標本の回答は，一般の調査では知るよしもないが，特別に企画された調査により，ある程度推察することができる．

一例として，1973 年の NHK の「日本人の日本観」調査のときの実験調査を挙げる．『社会調査の基本』(杉山, 1980) に詳しいので，以降，それをまとめて記述することとする．この調査は，通常の調査を第 1 回目の調査とし，1 カ月後に追跡調査・再調査 (第 2 次調査) を実施したものである．第 1 次調査での回収率は 74.4 ％ で，1970 年代の NHK が実施した調査の平均的回収率である．追跡調査で 11.6 ％ が回収され，合わせて 86.0 ％ の回収率となっている．第 1 次調査と追跡調査の回収標本の違いは，第 1 次調査だけの回答選択率と調査不能標本の回答選択率の差をある程度表している，と考えた実験調査である．追跡調査でも調査不能となった 14 ％ の人々の回答については，どうしてもわからないので，これで推測するしかない．

まず計画標本についても構成比のわかる属性についてつかんでおく．性別の年齢層別では，第 1 次調査で不能率の高かった男 20～35 歳，女 20～24 歳の層が，追跡調査で回収される．70 歳以上も第 1 次調査の不能率が高いがこの層では追跡調査でも回収率が低いままであり，追跡調査だけみると，年齢の若い層が多い．全体的には，追跡調査により，回収標本における性別年齢別の構成比が計画標本のそれに近づく．地域別では第 1 次調査での偏りが追跡調査で補正されることがない．いずれも，計画標本における属性構成比と比べ，第 1 次調査における回収標本の属性構成比は有意差がみられ，やや改善はされているが，それに追加調査の回収を加えた最終回収標本でも，やはり有意差がみられる．

次に質問項目への回答の違いをみるため，第 1 次調査に追跡調査を加えた最終回収標本の回答と，追跡調査だけの回収標本の回答を比較する．全 250 選択肢について，それぞれ選択比率の差をカイ 2 乗検定したところ，250 選択肢中 39 選択肢 (16 ％) において有意差がみられている．その回答の傾向をみると，追加調査の回収標本は最終回収標本よりも，より否定的で暗いマイナス志向の選択肢を回答している傾向がみられる．例えば，「日本の国のイメージ」を尋ねた調査では，追跡調査回収標本では最終回収標本に比べ，「日本は美しい国」，「日本は強い国」の選択率が低く，「生活水準の低い国」の率が高い．また，「日本の将来への楽観・悲観」の質問でも，追跡調査回収標本は楽観的な回答が少なく悲観的回答が多い．これは，年齢構成比の差によることも考えられるので，その補正を行って比較しているが，それでも修正されない．

すなわち，年齢構成比の差を越えて，第 1 次調査で調査できた人々と，追跡によって調査が可能となった人々の間に，意識の差がみられるということである．しかし，

第1次調査の回収標本と，追跡調査を加えた最終回収標本との間で比較すると，有意差はみられなくなる．追跡調査でも調査不能となった人々については，この追跡調査の回収標本と似た傾向を示すと考えると，全体の結果として，第1次調査の結果だけを用いても，それほど大きな間違いはないことになる．

この実験調査の例は1973年であり，現在においてどうかは大変疑問になるところであるが，1996年の内閣総理大臣官房室の調査でも，同様の結果が得られている．しかし，調査不能の原因としてとくに「拒否」が非常に多くなり，そのために回収率が下がっている最近の状況では，調査の内容によっては調査不能標本の回答の特徴に，より注意が必要であり，また，回収率の低下によっても偏りが大きくなることを忘れてはならない．

もう一つ，調査結果と実際の状況との差が見られることとして，選挙予測調査がある．投票結果は投票者全員の意見であり，予測調査はそれを予測する標本調査であるはずであるが，実際は，投票者集団と標本調査の母集団は一致せず，また，時間的経過による回答者の意見の変化があるので，標本調査の調査不能の問題だけではない．

(vi) 調査不能に対する対策

以上述べたように，通常，回収率が70％以上あれば，調査不能を除外し回収調査標本のみで結果を論じても，それほど大きな問題は起きない．しかし，調査不能の大きな理由が拒否による場合には，質問によっては偏りが大きいこともあることを十分考えてみる必要がある．このように，調査不能は当然少ないほうがよく，様々な対策がなされている．個別面接聴取法について対策を考えると，サンプリング台帳に起因する調査不能については限界があり，調査相手の事情によるものでも，病気や長期不在は，調査期間内ではやむをえないことが多い．しかし，調査相手の都合に合わせた適切な訪問計画をたてる，面接の場所を相手の都合に合わせる，など，調査員の対応によって調査不能を減らすよう努めることが求められる．

近年の個別面接聴取法の回収率の低下がとくに拒否による調査不能の増加によることを述べたが，拒否という理由では仕方がないと考えがちである．調査に名を借りた商品の売り込みもあるため，調査に対する対象者の警戒感があり，またマンションなどでは直接戸口に訪問できないため断りやすいという面もある．調査は調査を実施する側と調査される対象者の協力関係によって成り立つ．調査の意図をよく理解してもらうため，事前にはがきなどで調査を依頼する以外にも，まず，直接調査にあたる調査員に目的や調査の大切さを伝え，熱意を

もって調査に取り組めるようにして，調査員と対象者の信頼関係を築き，拒否を減らす努力が必要であろう．

調査計画としては，調査時期や調査期間の設定，調査票の設計も回収率に影響する．内閣総理大臣官房広報室の調査によると，調査時期については，暮れの忙しい時期，夏の在宅率の少ない時期，年度始めの移動の多い時期は回収率が低い傾向がある．調査票の長さは，70問以上となると回収率の下がる傾向がある．途中からの拒否ではないことから，調査員の調査相手への協力説得のしやすさに影響するためと考えられる．

例に挙げた1973年のHHKの実験調査では，追跡調査により10％程度回収率を上げることができた．1996年にも内閣総理大臣官房広報室が内部資料として実験調査を行っているが，第1次調査（公表）の回収率は73.9％，追跡調査で10.2％が回収され，全体では84.1％の回収率が得られている．1970年代と1990年代では調査不能の理由が変化して，拒否が多くなっているとはいえ，時期を変えて改めて追加調査を行うと10％程度の回収率の改善が期待できる．ただし，もともと75％ほどの回収率が得られていれば，追跡調査をしてもそれほど結果に深刻な差をもたらさないことは述べたが，調査内容によって異ることもあり，何％まであればよいということは言えない．

通常，個別面接聴取法では調査期間は3, 4日〜10日程度であるが，調査期間を長くすると不在などの不能理由が減り回収率が上がる．追跡調査として別の扱いをする場合は，第1次調査の不能標本のみを集めて改めて調査地点を組み，新たな調査企画とすることによって対象者に調査の重要性を示し，調査員の士気を新たにすることになり，より回収率が上がると考えられる．費用の面では大変効率の悪い調査であり，また調査の内容によっては，期間を延ばすことによるバイアスもあるため実施されることは少ないが，可能ならば，期間を延ばしたり追跡調査をすることも考慮に入れるとよいであろう．

個別面接聴取法は様々な意味で最も信頼できる調査法であるが，近年の回収率の低下を理由に簡便な方法に移行する傾向があり，調査の質の低下を招いているので，ここではあえて個別面接聴取法の回収率についてとくに述べた．

3.2　調査員による誤差

個別面接聴取法や電話調査など，調査員を介した調査では，調査員に起因す

る誤差が生じる．単純なミスによるもの，不正とも言うべきもの，思想的影響などである．

（ⅰ） 単純なミス

単純なミスとしては，調査相手の確認ミス，質問文の読み違い，あるいは調査票への回答記入上のミスなどがある．これらは，極力もう一度調査相手に問い合わせるなどして減らすことに努めるが，最初から注意をすれば減らすことができることである．

（ⅱ） 調査員の不正

調査員の不正に属することとして，最大の不正はメーキングである．これは定められた調査相手に調査せず，調査員自身あるいは別人が作成してしまうことで，調査管理者はこのような不正がないように努めなければならない．調査員から回収するときに十分注意し，調査終了前に発見して，調査をし直すようにできるとよい．気づかずに分析を始めていって，分析上で不正がわかることもある．また，指定された質問の提示と回答の取り方を守らなかったり，回答にバイアスを与えるような言動をしたり，十分な回答時間を与えなかったことが判明したこともある．

一例として，個別面接聴取法で調査された日本人の自然観に関する全国調査（日本人の自然観研究会，1994）において実際に起きた例を挙げる．日本の「野生動物というとどんなものが思い浮かびますか」と「あなたの好きな木の名前を五つまで挙げてください」という自由回答質問である．記入された数を見ていったところ，ある調査地点で，ほとんどすべての対象者の挙げる動物の名前，木の名前がそれぞれ2個ずつしかないというところがあった．これは，その地点を担当した調査員が2個を聞き取ったところで次の質問に進んでしまい，十分な回答時間を与えなかったことを示していた．そのため，十分な分析が不可能になったのである．

（ⅲ） 調査員の思想的影響

意図的であれば不正となるが，不正とは言えない場合もある．調査員の雰囲気によって，回答がゆがんでしまうことである．一つの例として，杉山(1980)によると，個別面接聴取法調査における調査員の考え方の影響の例として，奇跡を信じる調査員による調査結果は，信じない調査員によるものと比べて，奇跡を信じるほうの回答が多めに出る傾向が挙げられている．もう一つの例とし

て，選挙の出口調査がある．各新聞社の思想的傾向がそのまま各社の調査結果に反映していることが指摘されている．

3.3 回答者による回答上の誤差

ここでは，回答者の回答上の誤差（回答誤差）の具体例として，実際の世論調査でみられた回答のゆれ（ゆらぎ）と"うそ"の回答を取り上げる．

3.3.1 回答のゆれ

実際の世論調査での，同じ人を対象として同じ内容について一定期間をおいて2回調査するというパネル調査（multi-wave panel survey）でみられた回答のゆれの例を挙げる．意識や意見の調査では，パネル調査により，集団としての回答比率は安定していても，個人としての回答の一致率は必ずしも高くないことが示されている．

一つの例としては全国ランダムサンプルの調査（$n=1339$）に対して，1年後に同一対象に調査をしたパネル調査がある（林，1993）．質問は次のようなものである．

> ［リストを見せて質問する］選挙のとき，次のような4人がいるとします．この中から選ぶとしたら，あなたは，どの人にしますか？
>   1. 東さん「教育制度の充実に努めます」
>   2. 西さん「社会福祉の拡充に努めます」
>   3. 南さん「大幅な減税をするように努めます」
>   4. 北さん「社会的・地域的な格差をなくすように努めます」

この質問に対するパネル調査の第1回目調査（I）と第2回目調査（II）の周辺分布は表3.6のとおりであり，分布はかなり一致していることがわかる．ところが，第1回目と2回目のクロス表を作成してそれぞれの選択肢ごとの一致率を求めると，「その他」，「D.K.」も含めて完全に一致したものは全体の44.5%であり，上記の四つの選択肢に回答した人（1123人）だけを取り上げても，

表 3.6 質問への周辺分布が同一である場合の例（林，1993）

	1.教育制度	2.社会福祉	3.大幅な減税	4.格差	5.その他 6.D.K.	計（調査数）
周辺分布（I）	15.2%	30.5%	14.1%	28.7%	11.5%	100%(1339)
周辺分布（II）（1年後）	15.5%	32.6%	14.7%	29.3%	7.9%	100%(1339)

一致率は53.1％でしかない．もちろん，1年の間に実際に意見を変更したことも考えられるが，周辺分布が変化していないのに個人単位の一致率はこれだけしかないのである．逆に言えば，個人単位でみると1年の間に意見が変化しているのに，周辺分布は変化していない．回答の変化が一定方向を向いておらず，各人独立であることを表している．

もう一つ別の調査結果をみてみる．様々な事故の不安に関する社会調査の例である．1年後の間をおいたパネル調査における一致率を表3.7に示した．一致率の程度は項目によって異なり，新聞を読む頻度などの生活態度に関しては65％前後に落ち着いているのに比べ，不安感に関する項目の一致率は低く40～50％程度となっており，質問内容により一致率も大きく異なっていることがわかる．

調査の再現性を2回の調査によってみようというとき，周辺分布のみを比較して一致していても，パネル調査によって個人回答の一致率をみないと個人レベルでの再現性はわからないのである．パネル調査で周辺分布に変化がない場合は，社会を構成する人々の意見は社会の影響を受けながら，ある範囲の中で動いているが，個人の回答の変化は単なるランダムな動き，回答のゆれと考えることができる．このとき，再現性があるといえるのかどうかは，パネル調査の間隔にもよるであろうし，また，どのような情報を得ようとしているのかという目的によっても，判断は異なることになろう．

集団として扱うにしても，個人でみればこのような回答のゆれはあるものと考えておくべきことを示している．しかし，たとえ回答がゆれている個人から構成される集団であっても，少なくとも集団単位で捉えれば，集団の変化や特

表 3.7 社会調査に見る回答の一致率

項目（カテゴリー数）	一致率（％）	項目（カテゴリー数）	一致率（％）
新聞 (3)	65	原子力施設の事故不安 (4)	43
TVニュース (3)	65	機械化と人間性の減少 (3)	53
科学の発展と人間らしさ (3)	63	自然と人間の関係 (3)	64
重い病気の不安 (4)	50	道路交通事故不安 (4)	49
交通事故の不安 (4)	50	列車電車事故不安 (4)	52
失業の不安 (4)	42	新幹線事故不安 (4)	47
戦争の不安 (4)	42		

1998年，1999年パネル調査での一致率．原子力安全システム研究所・社会システム研究所，北田淳子氏のデータ (1999) による．

徴が回答誤差を超えて捉えられる場合が少なくない．

3.3.2 回答者の"うそ"

回答者による誤差の例として林（1984）に紹介されている投票行動に関する回答の，日本とアメリカの"うそ"回答の例を挙げる．表3.8は，日本については1955年の衆院選および1951年，1955年の都知事選での投票したか否かを尋ねた回答と，実際の選挙の投票行動を選挙人名簿から確認して比較した結果である．それによると，調査では「行った」と回答したのに実際は棄権した者が10〜16％，逆に調査では「行かなかった」と回答したのに実際は投票した者が2〜5％，合計14〜21％がうそをついていたという結果が得られた．アメリカ人を対象としたものとしては，1948年の大統領選での同様の調査から，やはり14％がうその回答をしていたことが示された．

このように，社会的に正しいと考えられている行動に関する調査では，正しいほうに偏る傾向がみられるのであろう．「棄権はよくない」という社会では，投票しなくても「投票した」という"うそ"が生じやすいのではないだろうか．これらの結果は民族を超えて社会調査での調査の限界があることを示していよう．

また，別の例として6.1.1項に示すように，有効回答1026人中で電話帳に記載しているかどうかを質問紙で尋ねた回答と実際の電話帳記載情報とのクロスをとったところ，約5％が明らかに記載のあるものをないと回答していたという結果であった．電話調査での虚偽回答もこのような回答者の"うそ"のよい

表 3.8 回答者による"うそ"の例（林，1984）

	事後調査での標本の回答	実際の行動	日本			アメリカ
			1955年 衆院選	1955年 都知事選	1951年 都知事選	1948年 大統領選
本当	投票する	投票する	67%	54%	71%	60%
	棄権する	棄権する	19%	25%	13%	26%
	計		86%	79%	84%	86%
"うそ"	投票する	棄権する	10%	16%	14%	13%
	棄権する	投票する	4%	6%	2%	1%
	計		14%	21%	16%	14%
	総　計 (実数)		100% (1130)	100% (269)	100% (294)	100%

例であろう．

　これと似ているが"うそ"とは言いきれないのが，選挙の後の調査である．どの党に投票したかという質問では，選挙結果の支持率が高い政党への回答率が高くなる傾向があるが，これは，うそかも知れないし，本当の変化かもしれない．選挙前後のパネル調査を比較して異なる場合，実際の投票行動が選挙前調査の回答と同じであったのか，選挙後調査の回答と同じであったのかがわからないからである．両方を含むと考えておいたほうがよいと考えられる．選挙予測が外れた場合に，選挙後の調査を行って選挙前調査と比較した分析があるが，回答にはこのような"うそ"も含まれることを認識しておくべきである．

II　データから情報を読み取る

4

調査データの解析のあり方

　調査データを解析するにあたり，どのような調査から得られたデータであるかということを今一度，確認する必要がある．収集されたデータがどのような方法でどのような対象集団から得られたのかをよく考えたい．無意識のうちに，母集団からのランダムサンプルと見なして統計的仮説検定を行ってしまうことがあるが，それが望ましくないのはもちろんであり，調査理論上，正しいデータを得ることが望ましいのはいうまでもない．最大の努力をして，質のよい調査を心がけなければならない．しかし，いくら努力しても，偏りのないサンプルを得られない場合や，もともとランダムサンプルを調査することが不可能な場合もある．このようなデータであっても，それらをまったく意味がないと片づけてしまうのは得策ではない．たとえランダムサンプルでなくても，収集された情報が無にならぬよう，そのデータにどのような限界があり何がどこまでいえるかについて見極めた上で検討する意義はあろう．

　そこで本章では，まず基本としてのオーソドックスなデータのまとめ方と解析法について述べ，そのもつ意味を十分踏まえながら，あいまいで不確実な，あるいは，ある意味では「いいかげんに集められたデータ」から，いかに意味ある情報を分析していくかということに重点をおいて述べる．これを一般化することはできないが，データのもつ限界を考慮しつつ情報をくみとっていく手続きを，事例を示して紹介したい．

4.1　データのまとめ方

　調査が終了したあと，データをコンピュータで取り扱い解析に利用できる形にコーディングすることになる．2.1節で述べたように，あらかじめどのようにまとめ，どう解析していくかを定めておくことが肝要である．本項では，まずデータのまとめ方とオーソドックスな解析のもつ意味について述べる．

4.1.1 調査で扱うデータの種類

調査で取り扱うデータは質的変数（qualitative data）に限らず，自由回答などの定性的データ（テキスト型データ）や連続変数など様々である．質的データには，名義尺度，ときには順序尺度を含めることもある．この種のデータは解析の前にコーディング（coding，コード化）を行っておく必要がある．このコーディングを行うとき，後で述べるように，調査票を作成する段階では考えも及ばなかったような回答がなされることがある．一方，量的データ（quantitative data）は比尺度と間隔尺度を含み，さらに順序尺度を量的データとして取り扱うこともある．事象が整数値で表現される場合を離散型データ，連続した数値を取る場合を連続型データとして取り扱うこともある．

回答の取り方には大きく分けて自由回答法と選択肢法（プリコード回答）があり，自由回答法は数字や記号あるいは回答者の言葉をそのまま記入する方式である．プリコード回答は，「はい，いいえ」や「かなり多い，まあまあ多い，あまりない，ほとんどない」といった用意された回答選択肢から選択する方式である．意識調査ではプリコード回答法が多いが，以下に主な回答法を挙げる．詳しくは『社会調査ハンドブック』（林編，近刊）などを参照されたい．

・自由回答法
・選択肢法
　　単一回答（single answer：SA）
　　複数回答（multiple answer：MA）
　　限定回答（limited answer：LA）
　　順序づけ回答
　　甲乙対比
　　段階選択
　　数値配分法

4.1.2 回答のコーディング

（i） プリコード回答

プリコード回答の場合にはあらかじめ回答選択肢（単に選択肢あるいは回答肢と略記することもある）にコード番号をつけておくことが多く，それを入力すればよいと簡単に考えがちであるが，実際には慎重に調査票を読み，改めてコードし直すことが必要な場合も出てくる．コード番号がついていない場合には，

4.1 データのまとめ方

もちろん番号を与える．これらのコードと調査票の回答との関係をしっかりと記述するのがコーディングである．また，自記式の調査では，回答者が二つの回答肢の中間の位置に○をつけていたり，○をつけずに欄外に言葉を書き込んだりしている場合もある．調査員による聞き取り調査でも，調査員が必ずしも適切に○をつけているとは限らない．回答された選択肢についてただし書きが記入されていることもある．「その他」として記入された回答をよく読むと，用意された選択肢のどれかに当てはめてもよいと判断されるものもある．これらをどうするか，調査の目的や何が本質的にデータとして必要であるのかを考えてよく検討しなければならない．場合によっては新たなコードを立てたり，一つの質問の回答でも2種類の考えに基づく二つの変数を作成することもある．ただし，あまりに些細なことにとらわれるのは，かえって混乱するばかりである．

2種類の考えに基づく二つの変数を作成した例として，アメリカ西海岸日系人調査の例を挙げる．質問はもとの日本語版（統計数理研究所国民性国際調査委員会，1998）で次のとおりである．

> 子供がないときは，血のつながりがない他人の子供を，養子にとって家をつがせた方がよいと思いますか，それとも，つがせる必要はないと思いますか．
> 1. つがせた方がよい
> 2. つがせる必要はない
> 3. 場合による

養子の意味が日本とアメリカでは異なることが7カ国国際比較調査で見いだされており，日系人研究協力者がこのことを特別注意して聞き取り調査を行った結果，「つがせた方がよい」の回答に「家をつがせるためではなく」とのコメントがついている例や，「その他」の回答となっている例が多くあった．これは重要な情報であるが，これまでのほかの調査との比較のためには，特別なコードを立ててしまうのは好ましくない．そこで，比較型の回答による変数と，上記コメントを特別に抜き出して新たなコードとした加えた変数の2本立てとすることにしたのである．

この例でも示したように，比較すべきほかの調査がある場合には，比較がしやすいような考慮が必要である．例えば，国際比較調査では，文化の違いから，回答選択肢の順序を習慣的なものに変えてあることがある．そういったデータ

のコーディングには，調査票上と異なる順序につけ直して比較分析上の便利さを重視したものと，調査票上の順序を重視して混乱を避けたものとの2種類の入力データを作成する必要がある．

　いずれも，その後の分析に大きな影響を与えることがある．調査票をよくチェックし，どのような規則でどう扱うかを決め，調査で得られた情報はできるだけ漏れなく入力し，いつでも混乱なく使えるようにコーディング仕様を整えておきたい．これはとくにデータライブラリーとして集積し，共通利用に資するような場合には欠かせないことである．

　調査結果が得られると，データを入力してすぐに分析に入りたくなるが，調査票に記入された回答がきちんとデータとして入力されたか何度もつき合わせ，入力チェックを慎重に行うべきである．単純集計や簡単なクロス集計もデータチェックには欠かせない．調査の目的によって，例えば大変急いで集計する必要のあるものであれば，ある程度のミスを承知で集計することもある．とりあえず簡単なクロス集計程度しか必要としない調査でも，その意味を把握するには，しっかり分析をし直す必要があり，より深く分析を進めると，入力ミスやコーディングの不十分なところが発見されることもある．データチェックと集計を繰り返して，入力データとコーディングが完成するのである．

　「その他」の回答，「D. K. (don't know)」，「N. A. (no answer)」をどう扱うかについてもコーディングにおいて問題となる．(ii) では，これらについて，少し詳しく述べることとする．

（ii）「その他」，「D. K.」をどう扱うか

（1）「その他」として記入された回答の扱い

　通常は「その他」を選択する回答者は少なく，あまり分析されないが，場合によっては重要な情報を得ることもあり，無視できない．

　「その他」が選択されてそこに記入された回答があっても，「その他」のコードをそのまま入力してすましてしまうことが多い．しかし，この内容を読むと，用意された回答肢のどれかに当てはめてもよいような内容のものがあることがある．自記式の場合はもちろんのこと，調査員の聞き取り調査の場合でも「その他」のままになっていることがある．そのまま「その他」としておくか，既存の回答選択肢に振り分けるか，よく検討すべきである．調査員に対する調査指示で，できるだけどこかの選択肢に入れるように指示してあるか，あいまい

な場合は「その他」として記入するように指示してあるかによっても異なるので，そのことも考慮して判断しなければならない．ただし，無理をして取り上げた回答に当てはめるのは適切ではない．「その他」のままとしておく場合には，「その他」としてどのような回答があったかという記録は，きちんとしておかねばならない．

また，調査の質問作成には何度かの予備テストを行って回答選択肢を準備するが，それでカバーできなかったものが「その他」の回答となっている場合がある．記入された内容がある程度の頻度で一致しているときは，それらの回答を新たな回答カテゴリーコードとして作ることが必要となる．いくつかのカテゴリーにコードすることが必要な場合もある．このコーディングは(iii)に示す自由回答のコーディングと同様の方法がとられよう．しかし，「その他」の記入回答は，ある種の偏った回答者による傾向があり，新コードは全回答者に公平ではないので，統一という意味からは，注意が必要であろう．

（2）「その他」にコードすべき回答

とくに自記式調査の場合，回答者が回答選択肢の選び方を間違えていることがある．例えば，「1. 賛成」「2. やや賛成」の中間に○をつけたり，両方に○をつけたりする回答者がある．このような場合は，どちらかにすることを決めて記録し，決めたカテゴリーコードを入力することが多い．しかし，「1. 賛成」「2. 反対」の両方に○があるような場合，あるいは，まったく独立した回答肢から一つを選ぶ質問(SA)で複数を回答しているような場合には，「その他」とすることになろう．また，一定数を，例えば三つを選択するよう指示した質問(MA)で，その数が守られていない場合もある．指定された一定数に満たない場合は，そのままを入力するのがよいが，一定数以上を選択している場合は，質問の意図と違う回答であるので，「その他」とするべきであろう．いずれの場合も，個々の回答について「その他」の内容として記録しておくことは，必要である．

（3）「その他」の回答の率の具体例

「その他」の回答は，最初に述べたとおり，一般的な社会調査では，通常あまり多くない．例えば7カ国国際比較調査（統計数理研究所国民性国際比較委員会，1998）において，ほとんどの質問で1％未満であり，さらに，その他の内容の記入のあるものはその一部である．この日本調査（A調査，B調査）で比較的「その他」が多かったのは，次の質問であり，A，B両調査における割合は，

それぞれ 3.8％, 4.6％ であった.

> 「先生が何か悪いことをした」というような話を, 子供が聞いてきて, 親にたずねたとき, 親はそれがほんとうであることを知っている場合, 子供には, 「そんなことはない」といった方がよいと思いますか, それとも「それはほんとうだ」といった方がよいと思いますか.
>   1. そんなことはないという
>   2. ほんとうだという

次いで多かったのは次の質問で, 日本における A, B 両調査では, 3.6％, 3.3％であった. ドイツ, フランス, イギリス, アメリカ調査は同程度かさらに多い.

> いまの社会で成功している人をみて, その人の成功には, 個人の才能や努力と, 運やチャンスのどちらが大きな役割をはたしていると思いますか.
>   1. 個人の才能や努力
>   2. 運やチャンス

調査実施上の回答のとり方にもよるが, この種の調査においては, 日本ではこの程度が最大である. これらの質問では次に述べる「D. K.」も多く, 質問に対する回答選択肢が不十分な質問であったと考えるのが妥当であろう.

（4）「D. K.」,「N. A.」について

「D. K.」は, don't know の略であるが, 実際の調査ではいろいろな内容を含んでいる. 質問の内容がわからなかった場合, 回答が決められなかった場合, ただ黙って回答しなかった場合, 「N. A.」をも含めて「D. K.」として扱うことが多い. これらの内容を分けることに意味がある場合もあるが, 調査員を使った調査で調査員がその点を十分に周知して行った場合を除き, これらの「D. K.」の内容の差を正確に表した回答を得ることは困難であろう.

「D. K.」の率は, 調査の質にも関連しており, また, 質問の難しさ, 答えにくさを表している. どのような質問で「D. K.」が多いかを見ることも必要であろう. 7 カ国国際比較調査での日本調査の「D. K.」の割合を見ると, 現在の自分の身近な事実に関する質問では「収入」を問う質問を除いて比較的少なく, 政治に関連する質問や身近に常に考えていないような質問で多い傾向が見られる. 日本 A 調査の調査票の始めの部分を例に挙げると,

  国の生活水準 10 年の変化　　　　　　　3.1％

あなたの生活水準 10 年の変化	2.0 %
今後の生活水準	6.5 %
ひとびとは幸福になるか	17.7 %
心の安らかさはますか	8.8 %
人間の自由はふえるか	9.7 %
人間の健康の面はよくなるか	5.9 %
国家目標*	9.1 %
不安感―重い病気	1.0 %
不安感―戦争	5.9 %
先祖を尊ぶか	1.5 %
他人の子供を養子にするか	7.8 %

などとなっており，質問の内容による傾向が見える．調査票全体で，とくに「D. K.」が多かったのは，

他人との仲か仕事か*	23.0 %
裁判制度は機能しているか	23.8 %
社会は変えるべきか*	23.5 %
社会の根本改革*	22.6 %

であった．政治に関する問題では女性の「D. K.」が多く，これは 7 カ国の中で日本だけに見られる特徴である．＊がついているものは項目ニックネームだけではわかりにくいので，具体的な質問文を以下に挙げておく（統計数理研究所国民性国際調査委員会，1998 による）．

〈国家目標〉

> わが国の向こう 10 年から 15 年間の国家目標をどう設定したらよいかについて，最近盛んに議論されています．ここにいろいろな人が最も重視する目標がいくつかあげてあります．あなたはこれらの中で何が最も重要だと思いますか．（○は一つ）［カード提示］
> 1. 国家の秩序を維持すること
> 2. 重要な政策を決める時，人々にもっと発言させること
> 3. 物価の上昇をくいとめること
> 4. 言論の自由を守ること

〈他人との仲か仕事か〉

> つぎのうち，あなたはどちらが人間として望ましいとお考えですか．［カード提示］
> 　1．他人と仲がよく，なにかと頼りになるが，仕事はあまりできない人
> 　2．仕事はよくできるが，他人の事情や心配事には無関心な人

〈社会は変えるべきか〉

> 次にわれわれが住んでいる社会についての考え方が3つ挙げてあります．あなたの意見に最も近いものを1つ選んでください．［カード提示］
> 　1．われわれの社会の仕組みは，革命によって根本的に変えなければならない
> 　2．われわれの社会は，改革によって徐々に変えていかなければならない
> 　3．われわれの現在の社会は，あらゆる破壊的勢力に対して断固防衛されなければならない

〈社会の根本改革〉

> 日本の社会は，根本的な改革を必要としていると思いますか．
> 　1．思う
> 　2．思わない

一調査の例であるが，「D. K.」がどのような質問で多いのか概略の傾向を示しているといえよう．ただし，この7カ国国際比較調査の日本調査は，諸調査の中でも「D. K.」の多い例である．その理由の一つとして，質問票全体の量の問題がある．面接聞き取り調査では，質問数が多い場合に，調査員が回答者の考える時間をあまり与えずに先を急ぐ傾向があると考えられている．

(iii) 自由回答のコーディング

自由回答は，回答者の言葉がそのまま記入されており，まずはその内容を読むことから始める．質問の内容によっては，その回答は比較的簡単な言葉で書かれることになるし，「なぜそう考えたのか」といった質問では，回答がかなり長いものがある．これをどのように利用していくかは，調査の目的による．

言葉そのものを詳細に検討しながら整理することが重要な場合もある．また，何らかのまとまりを作り，それがどのくらいの率で現れているかを見たり，ほかの質問との関連性を調べたりするには，何らかの視点でコーディングを施して，コードとして入力しておくと便利である．

それまでに同様の調査が行われ，分類ができている場合には，それが分類の柱となる．しかし，まったく同じ分類でよいかどうかはわからないので，あくまでも柱とし，新しい目でみることも大切である．まったく新しい質問であっても，ある程度は回答のタイプを予想しているのが普通であろう．まずはそれを柱として分類することになる．国際比較のような場合，予想のつかないこともある．新たに自由回答を分類しコーディングするには，まず100ケース程度を読み，そこで大まかな分類をする．それを柱としてケース数を増やし，分類を修正していく．分類が適切になされていると，300ケース見れば，それ以上のデータから，新たな分類となるようなものはほとんど出てこないといわれている．

分類の視点を定めても，分類する人によってくい違うこともある．何人かの人がそれぞれ独立に分類し，一致しないものについては協議するといったことが必要である．分類の方法として，KJ法の利用も考えられよう（川喜田, 1970）．

以上の例にも示したが，自由回答は，単語のみの回答から長文に至る回答まで千差万別である．自由回答はテキストの形式で書かれていることから，テキストデータと呼ぶこともある．テキストデータの解析法としてはデータマイニングとして最近いくつかの手法が提案されているが，まだ確立したものはない．

自由回答をそのまま入力して自動的に処理して情報を取り出す自動分類の方法は，現時点では，文章全体の意味による分類は困難であり，言葉の分類にとどまっている．自動分類のためには，単語の区切りがわかるように入力する必要があり，日本語は分かち書きとする．自動分類を属性との関連で行おうとする方法があるが，それによって，分類そのものよりも大局的に意味のある情報が得られることがある（4.3.3項参照）．

分類の視点は，調査の目的によっても異なり，一定には決まらず，意味を考えた自動分類はほとんど実用化できていない．一般的には，研究の目的に合った分類に意味があり，それには，まずは地道な方法によって研究者がきちんと内容を把握するのがよいだろう．

以下に，自由回答のまとめ方の例を挙げる．

例1：「日本人の自然観」調査．「今でも心に残る子供の頃の自然の中での体験」
東京首都圏，大阪30km圏など6都市の調査で，留め置き法で行われた調査で用いられた質問である．それぞれに，600〜700程度の回収数のうち，この質問に回答して

いるのは，およそ60％である．

① まず，1都市の調査の調査票から自由回答を抜き出して，入力した．
② これを眺めていくと，動物や植物がよく出てくることが読み取れた．
③ そこで，動物に関係する記述と，植物に関係する記述，その他，自然の情景にふれた記述などに分けてみることにする．
④ これを大きな分類として，似た記述を集めてみる．
⑤ どこにも入れにくい回答があるので，さらに新たなカテゴリーをたててみる．また，大きな分類の中ではさらに分類した方がよいものは分類する．

以上のように何段階かかけて分類し，次のような結果となった（後ろの％は，首都圏調査の回答者414人のうち体験ありと回答した207人における比率）．これにコード番号をつける．

分類1	（川，海，山，田んぼなど）で遊んだ	28％
分類2-1	（魚，虫などの動物）捕り	22％
分類2-2	（草，花，実など植物）採り	17％
分類3	出会い・観察（動物・植物）	6％
分類4	風景・環境	10％
分類5	行事（ハイキング，キャンプ，林間学校，野外活動など）	8％
分類6	手伝い（田植え，薪集めなど）	3％
分類7	災害・事故・小さい事件	3％

この調査のように留め置き法によると自由回答は自記式で，聞き取り調査以上に，個人の気持ちが伝わってくることがある．この例の場合，子供の頃を思い出して嬉々として記入した様子が読み取れるものがかなりあった．このような内容までコーディングに反映させることは難しい．調査研究者が自分で一つ一つ読むことによってわかる情報と言うことができるであろう（林ら，1998参照）．

例2：ガンの告知に対する医師の考え

この例は，自由回答のコーディングをするよりも，選択回答の内容把握の意味が大きい例である．医師に対して自記式でアンケートを行ったものである．サンプルは人づてに集められ，回答者は932人であった．何らかの母集団を代表するものではなく，一つの傾向を示す参考データとして調査された．

質問は，四つの回答選択肢のある質問文で，次のとおりである．

> あなたは「ガンの告知」という問題に対して，どうお考えですか？　主治医が患者に対してどうするのがよいか，次の中から選んでください．
> 　1．どんな場合でもほんとうのことを告知する

```
  2. なるべく告知するのがよい
  3. 告知は慎重にするべきだ
  4. どんな場合も告知しない
```

四つの回答選択肢への回答は複数回答があり，7 %，57 %，34 %，2 %，である．ちなみに一般市民の場合，中間の選択肢が異なるが，「どんな場合でもほんとうのことを告知する」が 19 %，「どんな場合でも告知しない」が 9 % で，医師の方が告知に対して慎重である．この中間の 2 と 3 の回答者に告知できない場合の理由として，自由回答がとられた．このような問題では記述に非常に微妙なものを含むため，表面的なコーディングは意味がない．分類の視点を明らかにするため，ここでは 2 の回答をした者と 3 の回答をした者とで分けて読む．なるべく告知するという者と告知は慎重にという意見の間には，単なる程度の差以上に内容の上で異なっている傾向が見いだされている．コーディングする際にも，自由回答以外の回答によって分けてみると分類の柱がみえてくることがある（林，1996 参照）．

例 3：日本人の国民性「あなたにとって一番大切と思うものは何ですか」

これは 1953 年から調査されているので，ほぼカテゴリーが定まっている．しかし，回答選択肢にしないのは，自由な発想による回答を求めているためである．実際には初期の調査のコーディングと 2 回目からのコーディングが異なっている．何度か同じ調査を繰り返すと，時代の変化によって，細かく分けるべき方向が異なってくることがあり，その場合には，変化を捉えるために，前の調査に戻ってやり直すことも必要となる．そのような分類の視点の変化をもたらしたこと自体が時代の変化を表しており，前の分類が間違いというわけではない．「日本人の国民性」45 年の調査においては，「家族」にコードされた回答が増加の一途であることが注目されている（統計数理研究所，1999）．

4.1.3 単純集計と欠損データの扱い

コーディングを終えた段階で分析に入ることになるが，実際には，コーディングをきちんと行うための試行錯誤の中で，すでに単純集計やクロス集計は行われていることが多い．どのように計画された調査でも，たとえ単純集計結果を知ることが目的ではないような場合でも，まず単純集計に注目するべきである．同様の質問が既存の調査と共通あるいは内容の似たものであれば，それら既存のデータと比較することになる．大いに異なる場合には，調査方法における問題がないかを考えなければならない．調査票には細心の注意を払わねばならないが，調査票の校正ミスが見つかることもある．質問の順序の影響を受け

ていることも考えられる．

こうした検討により，明らかに回答比率の違いが説明できることもあり，場合によっては，その質問が比較には使えないことが判明することもある．しかし，比率の違いを論じるにあたり，安易な理由づけは避けたい．本質的に質問の意味が異なったかどうかの検討が必要であり，これにはいくつもの質問の回答の関連という点から検討する．詳細な分析はこうして出来あがったきちんとしたデータに基づいて，改めて分析に取り組むことになる．詳細なデータ分析に入る前に，個々の質問での回答を解釈することは避けるべきである．調査の全容をつかみ，大局を知った上で，細かい分析に入ることを薦めたい．

単純集計は回収標本数を母数とした比率を求めるのが一般的である．この際に「その他」，「D. K.」，「N. A.」あるいは単なる欠落など，用意された選択肢以外の回答についてどのように扱うかを述べたい．コーディングのところでも述べたが，社会調査では，「その他」も「D. K.」もきちんとコード化し，その率も一つの情報として捉えるのがよい．したがって，単一回答の場合にはすべての回答の率の合計が100％になる．

ところが，「D. K.」などが多いとほかの選択肢の回答率がその影響を受けるため，ほかの調査と比較する際に，これを除いて意味のある選択肢のみの回答率を見るという考え方もある．この場合，「D. K.」など調査する側の考え方に沿わない回答は欠損データと考えることになる．欠損データとして単純集計から除くべきかどうかは一概にはいえず，必要に応じ検討しなければならない．安易に母数から「D. K.」を除いて，項目ごとの有効回答者数とし，それを母数とした率にしてしまうのは，調査の実態を知る上で好ましくない．もちろんクロス集計でも同様である．それを踏まえた上で，より進んだ分析の中でも慎重に扱われるべきである．

欠損データへの対応は，統計ソフトによって異なっている．デフォルト（default）で欠損のあるデータは集計から除いてしまうようになっているものが多い．一つでも欠損があると，計算できないものもある．SPSSでは，単純集計では欠損も一つのカテゴリーとして扱うが，クロス表では，欠損データは自動的に除かれる．したがって，用いる分析ソフトによっても，分析の段階によっても，「その他」，「D. K.」を単なる欠損と定義しておくべきかどうかの判断は異なり，また，随時変更する必要もある．

次に，こうした検討によって欠損として扱うべきと決めた後での扱いについて述べる．

4.1.4 欠損のあるデータの解析段階での取り扱い

調査されたデータの欠損として，不在・拒否などで調査そのものができず，対象者単位で欠落するもの（調査不能）と，回答上で，無回答（「N. A.」）や「わからない」（「D. K.」）など，項目単位で欠落するものがある．調査不能については 3.1 節に述べた．ここでは，後者の無回答などによるデータの欠損について解析段階での取り扱いについて述べる．

先に述べたように，無回答などを，欠損データ (missing data) と表現したり，実際のデータ解析では，研究者が用意したカテゴリーに当てはまらない，つまり計画通りの理論的な完全な形ではないことから，不完全データ (incomplete data) と表現することもある．ここではより一般的に，欠損データとして表現しておこう．

それでは，このような欠損データの取り扱いはどうしたらよいだろうか．残念ながらこれに対する正解はない．どのような仮定をおいて分析するか，それによってどこまで言及でき，どこからは言及できないかを十分に検討しておくことが大切である．

例えば，得られた回答について無回答の多い項目と少ない項目，あるいは個人について属性やほかの質問の回答に違いはないかを検討したり，後で示すようなオーソドックスな方法により検討するのも一つの手である．

現実の問題として，少なくともデータとして数値化されたものに関しては，解析段階では後戻りすることは難しく，欠損データとしてひとまとめに取り扱うことが多い．このような場合には，欠損の理由についてほかのデータの情報から考えていくほかはない．しかし，無回答などの理由としては，質問票の不備で回答しづらかったりということもあり，また様々なバイアスが含まれていることもあるため，十分な検討が必要である．データを単にデータセットとして得られた数値として見るのではなく，常にその背後にある「どのような性格のデータであるか」を常に念頭におきながら解析していくことが基本である．

欠損データの取り扱いとしては多重代入法 (multiple imputation) など各種の対処法が考え出されているが，未だ発展段階であり，完璧な対処法はない．以下にルビンらの欠損データの分類と対処法 (Little and Rubin, 1987) を概述

するが,このような分析を行う場合にも,データがどのような性格であるかを念頭におくことを心がけることにより,データのもつ情報を生かした解析が可能となろう.

オーソドックスな欠損データのタイプの分類と対処法

欠損データは完全にランダムに生じている (missing completely at random:MCAR) と見なすことができ,外的基準のある場合で,説明変数 x および結果変数 y の両方の値に依存しないような場合を考える.このときには,欠損データは初めからないものとして扱って差し支えなく,無視可能であろう.欠損データはランダム (missing at random:MAR) で,説明変数の値のみに依存し,結果変数の値には依存しないような場合,統計的推定の対象となるパラメータによっては欠損データは無視可能となる.無視可能な場合には,欠損により標本数が減少するだけで,得られたデータのみから推測を行っても偏りが生じる可能性は低い.しかし,現実には欠損の数が多い場合は問題外であるし,ランダムであるかの保証はない.そして,微妙な問題ほど無回答が出やすいということもあるので,そう単純にはいかない.欠損データは無視できない (non ignorable) 場合,つまり,何らかの理由がある欠損 (informative missing) で,結果変数 (および説明変数) の値に依存するような場合がある.このようなとき,1変量では,欠損の生じ方が変数の値に依存しないときのみ無視可能となる.また,2変量データ (x, y) で,説明変数はすべて観測され,欠損は結果変数のみに生じる場合には適切な定式化 (モデル化) が必要とされよう.

欠損データの対処では主として,「データのもつ情報を過不足なく取り入れる,欠損に伴う結論の偏りをなくす,欠損による情報のロスを適切に評価する,欠損のメカニズムを十分反映した解析を行いその性格や限界を明確にする」というようなことを意図する.以下のようなことが一般的な欠損データの対処法として提案されている.

complete data analysis

欠損があるデータは取り除き,完全データと見なして解析する.1箇所でも欠損のあるデータは除去する.最も簡単であるが,多変量データでは解析に使えるデータ数がかなり減る.とくに,観測データと欠損データとが同じ傾向をもたないと (欠損が無視可能でないと) 結論に偏りを生じる.欠損の割合がきわめて小さい場合には大きな問題はない.この場合には,個々の分析結果が完全データのみで行った場合と変わらないことを確認しておく必要がある.

available-case methods

得られているデータのみを使って解析する.分析の対象となる変数ごとに,観

測されたものを使う．すなわち，ある変数の平均値を求める際には，ほかの変数が欠損しているかどうかとは無関係に，その変数が得られた個体の平均値を計算する．変数ごとに解析対象が異なることになるので，その解釈には注意が必要である．この場合も先と同様にそれぞれの場合で結果が変わらないか確認しておく必要があろう．

direct methods

欠損はそのままモデル化する．欠損値は欠損のまま扱い，モデル化により解析する．しかし，解析にかかる労力は比較的大きく，モデル化するのには何らかの仮定をおくことになろうし，それが妥当であるかの評価も難しい．

imputation（fill-in methods）

欠損データに値を代入して完全データの手法を適用するというもの．imputation には simple imputation と多重代入法がある．

simple imputation：同じ個体内のほかの観測されている変量の値を用いて欠損値を予測する．当該変量の「最も悪い値（よい値など）」を代入するというもので，MCAR，MAR に有効とされる．次のような方法が考え出されている．

hot deck method：背景データの似ている個体を同じデータセット内から探し，対応する値を用いる．しかし，下手をすると，バイアスをもたらす

carry forward method：現在の点数をそのままつける（無回答を一つのカテゴリーとして取り扱う）

regression method：欠損データでの関連性は同じと見なして，回帰分析などを利用して埋める

mean-method：該当するグループの平均点を入れる

多重代入法：代入する値を複数個選び相関を利用して補完するもので，意味あり欠損に有効とされている．確率的要素を含めて欠損を埋めるが，完全データセット（complete data set）をいくつかつくって分析して確率を推定し補完するというものである．プロペンシティスコア（propensity score）に基づく方法（欠損が生じる確率を推定し，propensity score によって層別，各層内でデータをランダムに抽出して補完する）などが提案されている．

4.1.5 クロス表と関連性の指標

質的データとして得られた調査データは，2変数間の関連をクロス表の形でまとめることにより多くの情報を知ることができる．この関連のあり方をみるために検定がなされることが多い．これはあくまでランダムサンプルであることが前提である．クロス表の検定では得られた頻度分布をもとにして，事象の生起する確率を推定する．2群であれば比率の差の検定を行ったり，2群以上で

あれば周辺分布から求めた期待値からの隔たりとして独立性の検定を行う．クロス表はときには分割して，グループ別にシンプソンのパラドックス（Simpson's paradox ; Simpson, 1951）などの可能性についてさらに詳細に検討することも意味がある．表 4.1 はシンプソンのパラドックスの例としてよく取り上げられるものである（Early and Nicholas, 1977）．これはある精神病院の入院患者の 2 年度分の男女別データであるが，1970 年度では男性が多いような傾向が見られる．しかし，これをさらに 65 歳以上と以下というグループに分けると性別の比率は逆転してしまう．性別によって年齢分布が異なっていたためにこのような見かけの関連が生じることになる．この問題は単純にどちらで見るべきだと統計的に結論づけることは難しいが，関連性を捉えるときにはこのようなバイアスに留意する必要があろう（Yamaoka, 1996, 2000）．事象と要因の関連性の強さを表すとき疫学データに関してのバイアスの影響については"Epidemiologic Research"（Kleinbaum, et al., 1982）が参考になる．一般には，二つの変数の関連性を表す指標として様々な一致係数が考え出されている．例えば，n 個の対象に対する p 人の判定の一致の程度をみるためのケンドールの一致係数（Kedall's coefficient of concordance）や，同一の質問票による繰り返し調査や同一対象に対する 2 人の評定者の評定結果の一致度をみるコーエンの一致係数（Cohen's measure of agreement），κ（カッパ）係数などがある．とくに医学の分野で相対危険度（リスク比）やオッズ比といった指標がよく用いられている．2 値変数間，多値変数間，カテゴリー変数，順序変数など，場合に応じて様々な指標が提案されているが，用いるときにはそれぞれの考え方の

表 4.1 クロス表とシンプソンのパラドックスの例（表の数値は Early and Nicholas, 1977）

	全体				65 歳以下				65 歳以上		
	男	女	計		男	女	計		男	女	計
1970 年度	343	396	739	1970 年度	255	174	429	1970 年度	88	222	310
1975 年度	238	277	515	1975 年度	156	102	258	1975 年度	82	175	257

年別男性の比率

$p_{1970}=0.464$　　　　　　$p_{1970}=0.594$　　　　　　$p_{1970}=0.284$

　　∨　　　　　　　　　　　　∧　　　　　　　　　　　　∧

$p_{1975}=0.462$　　　　　　$p_{1975}=0.605$　　　　　　$p_{1975}=0.319$

($\chi^2=0.005$, $p=0.944$)　　($\chi^2=0.070$, $p=0.791$)　　($\chi^2=0.829$, $p=0.363$)

出発点の違いへの注意を忘れば無意味なものになる．詳細は『社会調査ハンドブック』などを参照されたい．

4.1.6 仮説検定の意味

ここでは，一般的な検定の意味について考えてみる．

一般に統計的仮説検定では，調査または研究対象とした集団(ユニヴァース，これを概念的母集団（conceptual populatin）と呼ぶこともある）の各要素に抽出確率を与え，抽出方法を定めてつくられる数理的集団である母集団（ポピュレーション，これを概念的母集団に対して操作的母集団（operational population）と呼ぶこともある）からランダムサンプリングによりサンプルを抽出し，そのサンプルから母集団におけるパラメータの推定を行ったり，観測された差が偶然誤差よりも大きいものか否かを一定の統計的な理論に基づいて検定する．その目的は，得られた結果に基づきユニヴァースそのものに的確な情報を与えることである．しかし，仮説検定を実際に行う場合には，母集団からのランダムサンプルという大前提がないにもかかわらず，機械的に用いられることが多い．このような場合，得られたデータが母集団からのランダムサンプルであると見なして取り扱われるが，とくに後者の場合には，ランダマイゼーション（確率化）を行ったりするなどその検定を行う意味については十分に考慮する必要があろう．通常の統計的検定の定石については多くの統計書が出版されているので省略し，本項では仮説検定の意味と探索的分析について述べる．

(ⅰ) 仮説検定の考え方

統計的仮説検定の考え方をみるために，2群の平均値の差の検定を取り上げてみる．例えば二つの集団（これをA集団，B集団とする）の間で，テストの得点（連続変数）に違いがあるだろうかという問題について検討してみたいとしよう．いま，A集団の平均点が50点，B集団の平均点が52点であったとする．中心的情報の代表値として得た平均値が，A，Bという二つの集団（要因）間で異なった値を示しているが，本当に異なっているのだろうか．ばらつきが大きくてたまたま違った数値をとっただけなのだろうか．このような問題に対して様々な角度からの接近が考えられるが，まず行われるのが統計的有意差検定であろう．統計的有意差検定では，二つのデータが別々の集団から取られたものであるとし，二つの異なった母集団を想定し，それぞれの母集団から独立に集められた標本 x が得られたとして，標本のばらつきをもとにして二つの母

集団の代表値に差があるかを検討する．

まず，代表値を決めるのには，母集団の分布についての情報が必要である．ガウス分布（正規分布）など，その分布をある程度特定できれば，その中心的情報の代表値として平均値を，ばらつきの情報の代表値として標準偏差（または分散）をとり，検定を行う．

例えば，2群の母集団がそれぞれガウス分布で，中心的情報とばらつきが平均値と分散で要約でき，さらに等分散が仮定できるとして，スチューデントの t 検定（Student t-test）を行うことを考えてみる．これまでの知見から2群の間には差がありそうだと考え，統計的にも差があると言いたいとする．ところが，差があると言うにはどの程度の差があるかということを明確にしなけらばならない．しかし，通常は事前にそのような情報が得られていないことが多い．そこで「差がない」ことを否定して，その対極として「差がある」と間接的に示すことを考えるのである．帰納法的な考え方である．例えば H_0 という仮説を検定するために，標本空間を二つの領域（region）に分け，観測点 x が一方の領域 w におちいるとき，H_0 を棄却（reject）し，残りの領域（$W-w$）におちいるとき，H_0 を受け入れ（accept）るといい，w を棄却域（critical region），（$W-w$）を採択域（acceptance region）と呼ぶ．これは厳密な意味では決して仮説を受け入れるあるいは棄却するという意味ではない．なお，否定するための仮説「差がない」は，否定することで初めて意味をもつことから帰無仮説（null hypothesis）とも呼ばれる．H_0 を棄却する確率（x が領域 w におちいる確率）があらかじめ決めておいた値 α に等しくなるように w を決めることができる．

$$P\{x \in w \,|\, H_0\} = \alpha$$

この α をサイズ（size of the test）と呼んだり，有意水準（level of significance；反証の水準または棄却水準と訳されていたこともあったが，現在では有意水準と訳されていることが多いようである）と呼んだりする（慣例として5％，1％，0.1％というような基準がとられている）．この α を決めておいた上で判断する．帰無仮説が棄却されたときには，通常，ネイマンとピアソンにより提唱された，差があるという対立仮説 H_1（alternative hypothesis）を受け入れる．帰無仮説がめでたく棄却されない場合は，つまり帰無仮説を採択するにはデータが十分ではなかったということになるわけであり，何も言えないことになる．なお，フィッシャー（Fisher, R. A.）は pure significance tests と

いう考え方を提唱し，今日では p 値（p-value）として知られる値を計算した．
$$p = P\{x \in w \mid H_0\}$$
$p < \alpha$ のとき H_0 を棄却するというスキームをとれば両者は同じことをみていることになるが，ネイマン-ピアソン流の考え方では最も適切な値を選択することを目的とした方法であるという点が異なっている．

まとめると，帰無仮説のもとで，考えている母集団のパラメータ（ガウス分布の場合は平均と分散）から検定統計量を求め，その分布のもとで実際に得られた統計量の取りうる確率を求め，それが有意水準以下であれば，「帰無仮説に基づいて求めた検定統計量が，まれにしか取り得ない値をとった」とみなし，「その統計量を求める基とした帰無仮説に誤りがあった」としてこれを否定する．そして対立仮説を受け入れて差があると見なすのである．

スチューデントの t 検定（等分散 $\sigma_1^2 = \sigma_2^2$ が前提）
まず，検定仮説を次のように決める．
$$\text{帰無仮説 } H_0: \mu_1 = \mu_2$$
$$\text{対立仮説 } H_1: \mu_1 \neq \mu_2 \quad \text{（両側検定）}$$
この検定仮説のもとで検定統計量を求める．標本平均の差の分散の不偏推定量は
$$s^2_{\bar{x}_1 - \bar{x}_2} = \left(\frac{(n_1-1)s_1^2 + (n_2-1)s_2^2}{n_1 + n_2 - 2} \right)\left(\frac{1}{n_1} + \frac{1}{n_2} \right)$$
となり，これを用いて検定統計量 t が帰無仮説 $H_0: \mu_1 = \mu_2$ のもとで，自由度 $n_1 + n_2 - 2$ の t 分布に従うことを利用して検定する．
$$t = \frac{\bar{x}_1 - \bar{x}_2}{\sqrt{s^2_{\bar{x}_1 - \bar{x}_2}}} \quad \sim t_{n_1 + n_2 - 2} \text{ 分布}$$
自由度 $\nu = n_1 + n_2 - 2$ の t 分布の上側 $100(\alpha/2)$ パーセンタイル $t(\nu, \alpha/2)$ を求め，
$$|t| > t(\nu, \alpha/2)$$
であれば有意水準 $100\alpha\%$ で帰無仮説を棄却して，2群の平均値には差があると見なす．

このような仮説検定の考え方で注意しなければならないのは，この段階で前提としたいくつかの仮定である．まず一番大きく，なかなか満足できないのが「データはすべて母集団からのランダムサンプルである」という点である．次には先のスチューデントの t 検定での検定統計量は，母集団は「ガウス分布」，二つの母集団は等分散，という仮定に基づいて構築されている点である．ランダ

ムサンプルという点については，これがきちんと調査設計をしてランダムサンプルとしてデータが取られることは，残念ながら実際の場面ではきわめて少ない．先にも述べたようにランダマイゼーションの考え方も打ち出されているが，多くの場合，そうであると見なしたり，あるいは無限母集団からのランダムサンプルであると見なしたり，もっとひどい場合には，それすらも考えずに検定が行われることもある．本来なら，ランダムサンプルでない場合には，代表値として用いた統計量は意味をなさなくなってしまうのである．しかし，現実の問題としてこれを常に要求すれば研究が成り立たなくなってしまいかねない．実際には検定のもつ意味，限界を十分踏まえ，言いすぎないように心がけながら利用していくことが妥当ではないかと考える．ランダムサンプルでない場合にはデータのもつバイアスについて十分検討し，解析を行うときにはデータの性質について十分に記述し，検定結果を錦の御旗として単に一回の調査結果から言い切るのではなく，繰り返し調査検討を行うことにより，得られた結果が誤っていないかを検討する必要があろう．有意差検定そのものを完全に否定するわけではないが，解析の中では，このデータの質に対して注意が払われないで検定ばかりが精密に行われることがあり，何を見ているかがわからないこともままある．

(ⅱ) 第1種の過誤と第2種の過誤

帰無仮説のほうが正しいにもかかわらずそれを棄却して対立仮説を受け入れてしまうような誤りを第1種の過誤といい，逆に帰無仮説のほうが誤っているにもかかわらずそれを採択してしまうような誤りを第2種の過誤という．サンプル数を増やすと第1種の過誤は小さくなるが第2種の過誤は逆に大きくなるというように，両者はシーソーのような関係をもち，一方を小さくすると他方は大きくなってしまうことになる．第1種の過誤を犯す確率のことを有意水準とよび，第2種の過誤がない確率(1−"第2種の過誤の確率")を検出力とよぶ．慣例で，有意水準5％がとられることが多いが，これは単に慣例として用いられているだけであり，問題に依存する（判断する側の主観に依存する）ものである．しかし，この有意水準のとり方により結果の判断が変わってしまうものでもあるので，あらかじめ妥当な方法でもって決めておく必要がある．通常，仮説は棄却することを目的としているので第1種の過誤が用いられている．第2種の過誤は一般に第1種の過誤に比べてきわめて大きい．

(iii) 点推定・区間推定の考え方

サンプルから母集団の統計学的な性質を推定する方法，つまり推定量を求める方法には点推定（point estimate）と区間推定（interval estimate）がある．

(1) 点推定

推定量（母数，パラメータ）そのものを求める方法である．例えば，標本から求められる標本統計量である平均値や中央値は母平均の点推定値である．母平均の推定値のように，母平均という一つのパラメータに対して，点推定としての標本統計量はいくつかある．そのなかで，不偏性（サンプルの大きさとは関係なく統計量の期待値が推定しようとしているパラメータと一致するという性質）や一致性（nを十分大きくしたときにその統計量の分散が0に近づく，つまり系統誤差が含まれていないという性質）が重要である．不偏性を満たす統計量を不偏推定量（unbiased estimater）というが，これは推定量として大変よい性質をもっている．例えばよく用いられる標本分散

$$s^2 = \frac{1}{n}\sum_{i=1}^{n}(x_i-\bar{x})^2$$

の期待値は

$$E(s^2) = \frac{n-1}{n}\sigma^2$$

となり母分散とは一致しない．この不偏推定量は

$$s^2 = \frac{1}{n-1}\sum_{i=1}^{n}(x_i-\bar{x})^2$$

となり，これを不偏分散という．このほか十分性（統計量には母数に関する情報が含まれておらず，標本から求められる情報のみで推定される）や頑健性などの性質が推定量の良し悪しに関係する．

(2) 区間推定

ある確からしさのもとで，パラメータ（例えば平均値）そのものではなく，平均値の存在する区間をサンプルの値の関数として推定する方法である．点推定で平均値θを推定したとき，測定には誤差がつきものであり，推定値は誤差で変動しうる．そこで平均値が推定量から考えてどのような範囲内に存在するかという問題を考えたものがネイマン（Neyman, J.）による信頼区間（confidence interval）という考え方である．この区間の端点の値を信頼限界（confidence limit）と呼ぶ．例えばn個の測定値の平均値$\bar{x}$について$\bar{x}\pm k(\sigma_x/\sqrt{n})$

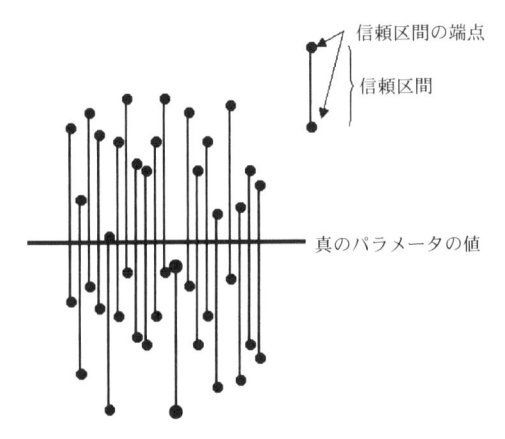

図 4.1 信頼区間のイメージ

のような区間（信頼区間）を考えると，測定値がガウス分布に従うとき，求めたい平均値はほとんどこの中に入ってくる．$k=2$ とすれば外れるのはたかだか 20 回に 1 回程度であると，推論の繰り返しをまとめて一つの行為として把握して信頼区間という概念を考えたわけである（図 4.1）．図からも明らかなようにこの信頼区間の端点は動くので，幅のつけ方に意味があり端点は意味をもたない．これに対して，フィッシャーは，ただ 1 回の実験結果の真実性（fidelity）を問題にするフィドゥーシャル限界（fiducial limits）という限界値を提唱した（Fisher, 1971）．すなわち平均値がデータを基に考えて前記有意水準のもとでどのような範囲に存在するかという限界値（これは動かない）を求めたのである．これはフィドゥーシャル確率分布（fiducial probability distribution；客観的な確率ではなくいわば"信念の確率（probability in the sense of degree of belief）"というようなもの．近年では単にフィドゥーシャル分布と呼ぶことが多いようである）という考え方に基づくものである．この限界値は固定されたもので直感的にわかりやすいが，上記のように客観的確率による信頼度は表現できない．信頼区間とフィドゥーシャル限界は単純な場合は同じ数値をとることがあるので，両者は混同されることが多いようである．これらに関しては林（1980），佐伯・松原（2000），Stuart ら（1999）に詳しい．現在では理論的にはネイマンらの信頼区間が広く用いられているが，実際的にはフィッシャー流の考え方が用いられているように思われる．

(vi) パラメトリック検定とノンパラメトリック検定

スチューデントのt検定のように，母集団の分布を仮定して行う検定をパラメトリック検定と呼ぶ．これに対して，母集団の分布を仮定しないで行うノンパラメトリック検定がある．「すべてある確率分布をもつ母集団からのサンプル」という大前提のみを必要とし，あらかじめ母集団の分布型を仮定せず，パラメータに依存しないで標本から求められる統計量について行う統計的推測方法の総称をいう．ノンパラメトリック検定のうち，さらに分布型についても言及しないものを「分布形によらない方法（distribution free method）」というが，これはノンパラメトリック検定としてまとめて取り扱われることが多い．ノンパラメトリック検定は，あらかじめ母集団の分布型が仮定されている統計量に基づいたパラメトリック検定に比べ敏感ではないが，仮定の壊れの影響を受けにくいという頑健性がある．2群の平均値の差の検定を例にとると，主な検定法には表4.2のようなものがある．

例えばウィルコクソンの順位和検定（Wilcoxon rank sum test）は，独立な2群の差の検定に用いられるが，二つの標本は分布の形は問わないが同一の母集団からの標本であるという仮定のもとで，それらの分布関数は同等であるという帰無仮説を検定するものである．対立仮説は，「2群の確率分布が異なる」をとり，すべてのサンプルがある母集団からのサンプルであると見なし，デー

表 4.2 主な連続量の2群の平均値の差の検定法

〈対応のない2群比較〉
1) パラメトリック検定
 a. ガウス分布で母分散が既知の場合
 b. ガウス分布で母分散が未知の場合
  b-1. 等分散の場合：スチューデントt検定（Student t-test）
  b-2. 不等分散の場合：ウェルチの検定（Welch test）
2) ノンパラメトリック検定
 ・ウィルコクソンの順位和検定（Wilcoxon rank sum test）
 ・クラスカル-ウォリス（Kruskal-Wallis）検定
 ・フリードマン（Friedman）検定

〈対応のある2群比較〉
1) パラメトリック検定
 a. 正規分布で母分散が未知の場合（対応のあるt検定，paired t-test）
2) ノンパラメトリック検定
 ・ウィルコクソンの符号つき順位検定（Wilcoxon signed rank test）
 ・符号検定（sign test）

タを順位統計量に変換し、一般には標本の大きさが小さい群の順位和を検定統計量とし、これを基にあらかじめ得られている帰無仮説のもとでの検定統計量の確率分布を利用して検定を行うものである．

ウィルコクソンの順位和検定

平均値の差の検定で、2群の分布がガウス分布でない場合に適用する．
まず、検定仮説はスチューデントの t 検定の場合と同様である．

$H_0: \mu_A = \mu_B$
$H_1: \mu_A \neq \mu_B$ （両側検定）

検定統計量は、2群の標本 $n_A + n_B$ 個を一緒にして小さいほうから順に 1, 2, 3, …と順位(rank)をつける（ただし、同じ数値は同順位(tie)として、順位にはそれらが占めるべき順位の平均値を割付ける）．標本の大きさが小さいほうの群を A 群として、次の統計量 U

$$U = (\text{A 群の順位和})$$

を計算する．検定は、あらかじめ求められている U の分布の下側確率 α、上側確率 α に対する下側 $100\alpha\%$ 点 $U_{1-\alpha}$、上側 $100\alpha\%$ 点 U_α（棄却限界）に照らし合わせて検定する．一般に n が大きいときには U の期待値、分散を計算して、ガウス分布 $N(0,1)$ に近似した検定統計量により検定する．

---

n が大きいときにはガウス分布に近似した検定統計量を求めて検定するが、パラメトリック検定とはもともとの考え方には大きな違いがあるのである．群を問わずランダムに順位がつけられたとした場合に比べて、実際のデータでは順位がどの程度偏っているかを見ているのである．スピアマン (Spearman) の順位相関係数もノンパラメトリックな指標の一つであり、順位情報のみに基づいて、ランダムに順位がつけられた場合に比べてどの程度順位が一致しているかを問題にしている．これは、順序のランダマイゼーションに基づいている．

(v) 探索的分析

探索的分析は、データをより詳しく様々な角度からみて、データの特徴や特異性などを記述しようというテューキー (Tukey, J. W.) が 1970 年代に提唱したデータ解析法に端を発する．この探索的データ解析 (exploratory data analysis) はその後テューキーの提案したデータ解析を越えて大きな発展をしている．データ情報を探索的に探ることをねらいとするものを探索的データ解析という（渡辺ら, 1985）．データのもつ情報をより忠実に把握しようというところ

はデータの科学と同じ立場であるが，データを要約するための，より頑健（robust）な統計量の提案や図表示の工夫を中心にしている．箱ひげ図や幹葉図などは今日でもよく利用されている．これに対し，あらかじめデータ抽出がわかっておりこれを検証するために行う解析を，確認的データ解析と呼ぶこともある．

（vi） カイ2乗独立性検定

一般に $r \times s$（r 行 s 列）のようなクロス表が得られているとき，周辺度数 m_i と n_j（$i=1, \cdots, r$, $j=1, \cdots, s$）を用いてそれぞれのセル f_{ij} の期待頻度 $e_{ij}=m_i n_j / n$ を求め，実際に得られた頻度と期待頻度の差は，次のような形式でも表示する（表 4.3）．

$$\chi^2 = \sum_{i=1}^{r} \sum_{j=1}^{s} \frac{(f_{ij}-e_{ij})^2}{e_{ij}} = n\left(\sum_{i=1}^{r} \sum_{j=1}^{s} \frac{f_{ij}^2}{m_i n_j} - 1\right)$$

$\sim$ 自由度 $(r-1) \times (s-1)$ のカイ2乗分布

このように検定統計量 χ^2（カイ2乗）を求めてこれが自由度 $(r-1) \times (s-1)$ のカイ2乗分布をすることを利用して検定する．上の式からも明らかなように χ^2 は n に比例し，後述のようにサンプルサイズが大きくなればなるほど有意になることになる．ただし，$e_{ij}<5$ のときはカイ2乗分布への近似が悪くなる．

（vii） 適合度検定

カイ2乗独立性検定はカテゴリー変数の独立性という仮説に対する適合度検定として利用されるが，より一般化した適合度検定について述べておこう．

いま，$x_1, x_2, \cdots, x_n$ が確率分布 $F(x)$ をもつ分布からの確率変数の独立な観測値とする．$F_0(x)$ を連続分布か離散分布である自由度の分布関数とする．

$$H_0 : F(x) = F_0(x)$$

この検定の問題を適合度問題（goodness of fit problem）というが，このよう

表 4.3

	1	2	$\cdots$	j	$\cdots$	s	
1							m_1
2							m_2
$\vdots$							$\vdots$
i				f_{ij}			m_i
$\vdots$							$\vdots$
r							m_r
	n_1	n_2	$\cdots$	n_j	$\cdots$	n_s	

な検定を適合度検定（tests of fit）と呼ぶ．尤度比検定，ピアソンカイ2乗検定などが利用されているが，クラス（class）の作り方（区分の仕方）により検定結果が異なることがある．

　例えば，仮説検定を行う場合に，「ガウス分布を仮定して…」というような表現をよく使う．このようなとき実際に得られたデータが分布関数から導かれる理論値に一致しているか否かを検討する，あるいは仮定されたモデルがデータに当てはまるかをみるための検定などがそれにあたる．適合度検定は，得られたデータがある分布，例えばガウス分布，に適合するという帰無仮説をたて，その仮説が棄却できないと判断されたときに，その帰無仮説を受け入れよう，つまり，分布はガウス分布であると見なそうという立場での検定をいい（通常の検定の逆である），とくに対立仮説を設定しないことが多い．先に述べたように独立性検定を適合度検定の応用の一つとして捉える向きもあるが，本来，帰無仮説を想定した仮説検定は，帰無仮説を否定することにより初めて意味をもち，否定できないときには何もいえないはずであるから，「適合度」という検定は，この意味では仮説検定の考え方からは外れているといえよう．あくまで間接的にそう見なしているだけであり，否定できないから積極的に適合しているとはいえないのである．適合度検定の意味と限界を考えておく必要があろう．このようないわば「消極的な判断」はガウス分布のような曲線の当てはまりの有無の判断に使われるのみでなく，例えば等分散性の検定，理論式の当てはまり具合などでも利用されている．検定ではサンプルが母集団に近づくほど（サンプルサイズが大きいほど）よいと考えられる．しかし，単純に考えれば適合度検定ではサンプルサイズを無限大にすれば，適合度はアクセプトできなくなってしまう．検定の意味からいうと，ナンセンスといわれても仕方のないものではあるが，一つの目安程度に考えられなくもない．取り扱うときの意味についてはこのような限界を十分考慮して利用する必要があろう．次に，このような統計的検定とサンプルサイズの関係について述べておく．

　（viii）　統計的検定とサンプルサイズ

　ここでは，サンプルサイズと検定結果との関連を見ながら，検定のもつ意味を考えてみる．これは母集団の意味を考えることにもなる．母集団が異なるということは，ほんのちょっとした違いがあっても母集団であれば違いがあると見なすことになる．例えば，数学的に分散が等しく平均が異なる二つのガウス

4.1 データのまとめ方

表 4.4 サンプルサイズと統計的検定との関係（平均値の差の例）

n	平均	SD	分散比：F 値/p 値	t 値	p 値
10	0.100	0.051	1.015	0.049	0.9611
20	0.110	0.052	0.925		
100	0.100	0.052	1.034	1.575	0.1163
200	0.110	0.052	0.862		
1000	0.100	0.051	1.039	4.996	0.0000
2000	0.110	0.052	0.489		
10000	0.100	0.051	1.040	15.802	0.0000
20000	0.110	0.052	0.026		

分布 $N_1(0.10, 0.5)$，$N_2(0.11, 0.5)$ を考えてみよう．わずか 0.01 平均値が違っても母集団は異なるのである．これが何を意味するかというと，当然のことであるが，サンプルサイズによって有意性検定の結果が異なってくる．つまり，N を十分多くとれば有意差として検出されることになる．例えば，先のような平均値をもつ二つのガウス分布を呈する母集団のパラメータを固定しておき，サンプルサイズだけを 10 倍ずつ増やしたとしてみよう（表 4.4）．これは一例であるが，サンプルサイズが増えるほど p 値が小さくなるのが直感的にわかるだろう．母集団に近づけば近づくほど（サイズが大きくなるほど）ちょっとした差であっても検出されるようになるわけである．

カイ 2 乗独立性検定においても，当然のことながら，先に述べたようにサンプルサイズにより，同じ比率であっても検定結果が異なってくる．例えば表 4.5 のようなクロス表を考えてみよう．(a)〜(c) は割合はすべて同じであるが，サンプルサイズが異なっている．これはまた，サンプルサイズの大きいときの検定が，実質的な意味はなくても，ほんのわずかな差を統計的有意差として検出してしまうことも意味している．検定の意味を考えて用いることが大切である．

もう一つ，よく引き合いに出されるウェルドン（Weldon, W. F. R.）の実験結果（林，1993）から，適合度検定の意味を考えてみよう．適合度検定は先に述べたように，理論値と期待値との適合の具合を，カイ 2 乗統計量を用いて検定する方法である．個々の場合について両者の差の 2 乗の値の期待値に対する比を求め，その総和がカイ 2 乗分布に従うことを利用して検定するが，これは有意差が認められない場合に適合したと見なそうという，いわば消極的な検定法である．帰無仮説などもまったく同じで，本来ならば帰無仮説を棄却できな

表 4.5 サンプルサイズと統計的検定との関係（クロス表の例）

(a)

サンプルサイズ (%)		
10 (33.3)	20 (66.7)	30 (100.0)
12 (40.0)	18 (60.0)	30 (100.0)
22 (36.7)	38 (63.3)	60 (100.0)

$\chi^2=0.28708$　　　　　　　$p=0.592097$
　　　　　　　　　　Fisher　$p=0.394585$

(b)

サンプルサイズ (%)		
100 (33.3)	200 (66.7)	300 (100.0)
120 (40.0)	180 (60.0)	300 (100.0)
220 (36.7)	380 (63.3)	600 (100.0)

$\chi^2=2.87081$　　　　　　　$p=0.090199$
　　　　　　　　　　Fisher　$p=0.053689$

(c)

サンプルサイズ (%)		
1000 (33.3)	2000 (66.7)	3000 (100.0)
1200 (40.0)	1800 (60.0)	3000 (100.0)
2200 (36.7)	3800 (63.3)	6000 (100.0)

$\chi^2=28.42177$　　　　　　$p=0.000000$
　　　　　　　　　　Fisher　$p=0.000000$

かった場合には何もいえないはずなのであり，矛盾しているのではあるが，一応，消極的に行われている．さて，ウェルドンの実験では，12個のサイコロを振り，5の目か6の目の出た回数を26306回観察している．観察結果から求めた相対頻度と理論値での頻度は表4.6のとおりである．この結果にカイ2乗検定を行い，サイコロの目の出る確率は1/6であったか否かについて検討する．

カイ2乗検定結果は，

　　$n=26306$,　　$\chi^2=40.8$,　　$d.f.=11$,　　$p=0.0003$

となり，検定結果はきわめて有意な差があることになった．しかし，もしもこれが1桁少ない試行の結果であったら

　　$n=2631$,　　$\chi^2=4.08$,　　$d.f.=11$,　　$p=0.97$

となり，有意差はなくなってくる．小数点以下2桁にしてみるとより一層明確になるが，表4.6の実験結果のようにきわめて一致していると思われるような場合であっても（これをきわめて一致しているととるか，現論値とはなかなか一致しないととるかは何を問題にしているかにより分かれるところではあるが），サンプル数を大きくして母集団に近づけるほど，有意差として検出されるようになってきてしまうのである．したがって，サンプルサイズが1万を越えるほどきわめて大きいとき，このような検定は現実的に意味をなさなくなるのではなかろうか．むしろ，適度に小さい時には，一定の方法でもって有意差検

表 4.6 ウェルドンの実験

回数 i	実験相対頻度 o_i	(2桁)	理論値 p_i	(2桁)
0	0.007	0.01	0.008	0.01
1	0.044	0.04	0.046	0.05
2	0.124	0.12	0.130	0.13
3	0.208	0.21	0.217	0.21
4	0.233	0.23	0.238	0.24
5	0.197	0.20	0.191	0.20
6	0.117	0.12	0.111	0.11
7	0.051	0.05	0.048	0.03
8	0.015	0.02	0.015	0.02
9	0.004	0.00	0.003	0.00
10	0.000	0.00	0.000	0.00
11	0.000	0.00	0.000	0.00
12	0.000	0.00	0.000	0.00

$\max |o_i - p_i| = 0.009$.

定を行うことに直感的な意味が見いだせるのかもしれない．

4.2 多次元データのもつ意味と使い方

4.2.1 多次元データ解析と多変量解析

　事象の実態を捉えるために単純集計は欠かすことができない．しかし，単純集計では差が認められてもほかとの関連を含めた構造をみると，構造上ではきわめて類似した結果が得られることもあり，その逆のこともある．また，多くの世の中の事象の生起は性別や年齢別により異なることが多く，属性別分析も重要な意味をもつ．さらに，事象によっては学歴や社会的ステータス，個人の性格特性など，様々な要因と深いかかわりをもっていることがあり，単に一つの要因で層別にして捉えただけでは，誤った結論を導いてしまうことがある．そこで，複雑な事象を解析する道具として多次元データ解析(multidimensional data analysis) がある．多次元データ解析は多変量データ解析 (multivariate data analysis)ということもあるが，データの視点に立った解析法であり，(数理統計学での) 多変量正規分布を仮定した狭義の意味での多変量解析（multivariate analysis）とはその発想の視点が異なる．林の数量化の方法など定性的なものの数量化や分類，コレスポンデンスアナリシス (correspondence analysis；対応分析)，双対尺度法 (dual scaling)，多次元尺度解析（多次元尺度構成法，multidimensional scaling：MDS），その他の関連方法を含み，データによ

る現象理解という立場に立ったデータ分析を進めるための方法論的概念である（林，2000）．

多次元データ解析は1970年代以降，心理学，社会学，教育学，農学，医学，看護学，経済学などをはじめとし複雑な現象を取り扱う行動科学（behavioral science）の分野において発展してきた．いわゆる，理論を土台に少ない変数間の関係を想定し，少数のパラメータをデータから求めて因果関係を明らかにするという，従来の科学的方法と異なるところに，その特徴がある．とくに変数の数が大きく，複雑な関連現象になると，こうした捉え方によって初めて問題を処理することが可能となる．多次元データ解析の目標として，①従属変数と説明変数との関連性の解析，②データ構造の単純化（縮約），明瞭化，③個人または変数の分類，が挙げられる．これらを通して現象の把握・解釈を行い，その結果得られた情報を社会に還元し，更なる発展を遂げていくための土台とすることが目的といえよう．

多変量解析も含めたその主な手法は表4.7に示すように，外的基準のある場合とそれがない場合とに大きく分けられる．前者では一般線形モデル（general linear model）と呼ばれる誤差に正規分布を仮定する重回帰分析，判別分析，線形関係式などがあり，また形式的に同じ数式の形をとるが，特定の分布や先験的に変数間に線型関係の存在の仮定をしないという点で大きく異なる数量化Ⅰ類（4.3.4項参照），数量化Ⅱ類（4.3.5項参照）がある．一般線形モデルをさらに拡張し，誤差項に仮定されていた正規分布の枠組みを外して正規分布になじまない確率変数に対して統一的な線形推測を可能にしたのが一般化線形モデル（generalized linear model；McCullagh and Nelder, 1989）である．これはランダム成分（random component），系統的成分（systematic component）とその両者を連結する連結関数（link）の三つの成分で規定されるモデルであり，ロジスティック回帰分析（logistic regression model），対数線形モデル（log linear model），ポワソン回帰モデル（Poisson regression model），Coxの比例ハザードモデル（Cox proportional hazard model）などがその例である．また，サンプリング方法により分散の推定方法が異なる（1.1.1項参照）ことから，サンプリング方法を考慮した多変量解析法が提案され（Lehtonen, 1995；岸野，1999），SUDAAN（research triangle institute）などの統計パッケージも利用されるようになってきている．

表 4.7 多次元データ解析

基準変数		説 明 変 数		
		量的変数	質的変数	類似性
あり	量的変数	一般線形モデル 　重回帰分析（基準変数が1つ） 　正準相関分析（基準変数が2つ以上）	数量化I類	
	生存時間	Coxの比例ハザードモデル 正準判別分析		
	分類 (質的データ)	一般化線形モデル 　ロジスティック回帰分析 　ポワソン回帰分析 　一般化加法モデル 　正規線形モデル 　対数線形モデル*	数量化II類 partial correspondence analysis	
なし	潜在変数	因子分析 共分散構造分析		
		主成分分析	数量化III類 双対尺度法 (dual scaling) 対応分析 (correspondence analysis)	多次元尺度解析法 (MDS) 数量化IV類 MSA POSA

* 対数線型モデルは基本的には基準変数がない場合にも属する．

　他方，後者は主成分分析(principal component analysis)，因子分析(factor analysis)，数量化III類（quantification method III），数量化IV類のように，複数の要因を同時に考察し，要因間の関連状況や背後にある構造を明らかにするための分析方法である．数量化III類(4.3節参照)は別名，パターン分類の数量化とも呼ばれており，個体と特性項目，またときには特性項目と特性項目が相互に該当し合う関係を行列表現したデータとして得られたとき，そのデータ行列の行側と列側の類似の該当パターンを集め，両者を同時に分類する成分分析的な質的データ解析法であり，主にデータ構造の単純化や明瞭化，固体と特性項目の分類を目指している（Hayashi, 1956）．ガットマンのスケイログラム分析（Guttman, 1941, 1944, 1950），フランスで発展してきたベンゼクリらのコレスポンデンスアナリシス（Bénzecri, 1973）と同等である．また，これらの解析法はデータが織りなす現象の縮図をその全貌が理解できる最少次元の空間の散

布図で表現し，そのデータ構造を探る代数幾何学的な問題へ帰着する方法でもある．アイテムカテゴリー型の数量化III類では，項目のカテゴリーごとの総反応数が等しければ，形式的には (1,0) データとして取り扱ったとき（ダミー変数を用いた）の主成分分析と同等になる．このほか後者の分析法として共分散構造分析，クラスター分析，多次元尺度解析法などが挙げられる．多次元尺度解析法は，対象間の類似性（あるいは非類似性）の程度を示す測度が与えられたとき，対象を多次元空間内の点として表し，点間の距離が観測された（非）類似性と最もよく一致するように点の布置を定める方法である（高根，1980）．これらの方法については『社会調査ハンドブック』などを参照されたい．

データ解析を行う上で多次元データ解析が力を発揮するのは着目した関連を探索していく上で，他の要因の影響を評価できることであろう．とくにその要因で分けて関連を捉えたときにもとの関連とは異なった関連を示すことを要因の交互作用 (interaction) といい，交互作用を引き起こす第3の要因を交絡要因 (confounding) と呼ぶ．交互作用の中でもシンプソンのパラドックス (4.1.5項参照) は基本的でよく知られているが重要な問題である．交絡要因で層別したときに，それぞれの層での関連がもとの関連とはまったく逆の関連が見られることがあり，このような交絡要因の影響をシンプソンのパラドックスと呼ぶ．一般に交絡要因の影響は，ある要因が説明変数と結果変数の両方に強い関連をもっているときに生じる．そのような問題はデータ解析においては大変深刻な問題を引き起こすことにもなり，重要な意味をもつ (Yamaoka, 1996, 2000)．

4.2.2 主成分分析と因子分析とはどこが違うか

主成分分析 (principle component analysis) は，外的基準がない場合の多変量解析の一方法で，与えられた変数の相関関係を考慮しながら，より少ない次元に本質的情報を縮約する方法である．データ自身のもつばらつきからそこに潜む主要な情報を探りだそうとするもので，少数の重みつき合成変数を求める．各主成分の寄与率や累積寄与率などを参考にして，大きな主成分に対する因子負荷量の布置図からその主成分の意味づけを行い，情報の縮約を行うことに利用されることが多い．まれに分散，共分散行列をもとにした主成分分析を行うことがあるが，この場合，観測項目の単位により恣意的になりうるので，基準化して用いたほうがよい．多変量データにおける各項目の分散の和は項目全体の分散を包括的に表す指標の一つであると考え，主成分分析での，ある主成分

の分散（固有値）の，全項目の分散の和（相関行列から出発した主成分分析の場合は項目数）に対する割合を寄与率という．いくつかの主成分の寄与率を累積したものを累積寄与率という．これは主成分分析で採択したいくつかの主成分で全体の情報のどの程度の割合が表現されているかをみるのに用いられる．

　他方，因子分析（factor analysis）は，基本的には観測値の内部構造が各項目共通の共通因子（common factor）と特殊因子（独自因子，unique factor）で構成されるとする線形モデルを土台とする．主成分分析がデータの再表現（情報の縮約）を大きな目的としているのに対し，因子分析は，潜在因子を探ろうというように，発想は異なるが形式的には因子分析の主因子法と類似する．特殊因子を考えるのは，共通因子のみで次元をなるべく少なくすることを意図するからである．主成分分析や数量化III類などでは使用する変数が観測変数（observed variable）または顕在変数（manifest variable）であるのに対し，因子分析での共通因子あるいは独自因子は構成概念としての潜在変数（latent variable）である．すなわち，因子分析は項目反応理論や共分散構造分析と同様に，潜在変数に対する分析手法である点が，主成分分析と大きく異なるといえよう．因子分析には様々なモデルがあるが，なかでも主因子法は変数の分散共分散行列に主成分分析を適用して求められ，因子分析では相関行列の対角要素に共通性を入れ行列計算を行う．このために固有値がマイナスになってしまう現象が生じる．因子分析では共通因子のかかわり方を因子負荷量として表し関連の強さを示すことを意図する．共通因子の因子負荷行列要素の絶対値の差が広がるように，直交回転して解釈する場合もある．しかし，回転しても各因子のもつ統計的な解釈力はかわらない．さらに，斜交回転では直交性が保持されず，解釈に注意が必要である．

　また，近年，因子分析法を構造方程式モデル（共分散構造分析）の観点から再考し，従来の因子分析を探索的な場面での因子の検討を行う探索的因子分析とし，実質科学的な知見から制約を入れた関連性のモデルをあらかじめ特定し，そのモデルの構造を含めた因子分析を確認的（検証的）因子分析として取り扱うことがなされている（豊田，1998, 2000）．

4.3 データ構造の分析と集計

4.3.1 データの大局を知ること
（ⅰ） 回答構造からの検討

　4.1節および4.2節では単純集計のまとめ方とオーソドックスな解析について述べた．質問はそれぞれに意味をもっているが，調査票を構成するいくつかの質問の組としてみたときに，互いに意味づけられる関係として捉えられる．このための分析方法として，数量化Ⅲ類（パターン分類の数量化）がある．これにより，回答者によって，質問がどのような脈絡で，どのような回答が似たものとして受け止められたかがわかる．これは解析の上でも使われるが，それより前の大まかな状況をつかむのにも有効であろう．

　また，質問回答が何らかの尺度である場合には，これを数値データと考えて，比較的簡単に利用できる主成分分析をしてみるのもよい．全体像として，質問項目間の関連がみられるので，注目すべき項目や，省いたほうがよい項目の候補を選ぶことができる．最初に質問設計の際には気がつかなかった関連を見いだせば，ある課題についての説明要因として加えることもできる．

　その尺度に近い回答選択肢，例えば「1．賛成」，「2．まあ賛成」，「3．どちらともいえない」，「4．まあ反対」，「5．反対」のような段階回答を求めた質問群については，回答者がそれらの段階回答を段階として捉えて回答しているかを確認するためにも，数量化Ⅲ類を用いるとよい．段階として捉えられていれば，数量化Ⅲ類分析の結果，1次元目の解を横軸に，第2次元目の解を縦軸にとった平面表示で，U字型に布置する．このことから，回答者はその質問群について，それらの回答を段階として捉えて回答したかが確認できる．多くの場合はこのようなU字型となるが，場合によっては，1次元と2次元の解が逆になることもある．つまり，第1次元目（第1軸）では中間回答が一方の極に，「賛成」，「反対」がもう一方の極にあって，第2次元目（第2軸）で賛成から反対に順序づけられたUを横に倒した形となる場合には，中間回答「どちらともいえない」が，「賛成」と「反対」の中間としての意味よりも賛成・反対回答と対立するものとして捉えられたことを意味する．この場合には，質問の意味や段階回答として扱うことについて十分に検討する必要がある．

　質問の組からある概念を分類することを目的とした調査，因子分析などの手

法を用いることを考えた調査では，4段階，5段階などの回答が安易に量的データとして扱われることが多いが，この段階を示す数字は数量としての妥当性はなく，直線性を前提とする分析法の適用については問題がある．安易な分析による解釈の前に，回答分布に注目し，数量として扱うことの妥当性も検討しておくべきである．

(ii) 集団間の関係

単純集計の結果の比較ではあるが，単に集計結果をほかの結果と比較するのではなく，ここでは，様々な回答についての結果を総合的に概観しておくことを考える．とくに国際比較のような異なる文化間の比較調査においては，集団の違いと質問回答の違いの関連を大まかにつかめれば，詳細な分析にあたっての指針となる．

国際比較調査では，国（集団）別の単純集計は各国の各質問回答選択肢の回答率がクロス表の形になっているが，その回答率をもとに国と各質問回答選択肢とを同時分類することができる．具体的には 5.1 節に示すが，これは，数量化III類をクロス表タイプのデータに適用する方法を用いて可能である．国の分類のほうから見ると，様々な質問に対して総合的に似た回答選択率を示す国どうしが近くに，異なる回答選択率を示す国どうしは遠くに分類される．国の間の近さ遠さは，総合的に，この調査の結果が妥当なものであるかを示すことにもなる．また，逆に回答肢も国に対応して分類されるので，こうした情報をもって，分析を深めることができる．

例えば，後に 5.1.4 項に詳しく述べる上海調査，台湾調査，上海浦東地域の住民調査は，いずれもその代表性に疑問のある調査であるが，日本の東京近郊の標本調査との比較において，次のようなことが見いだされた．中国上海と浦東の調査は，台湾，日本の比較の中では，近くに固まること，また，ある意味では日本と台湾が似ており，ある意味では中国（上海と浦東）と台湾が似ていることなどで，このことは，データがある意味では妥当性のある集団の意見差を表しているものと考えられた．

また，別の実際の例として，質問文の翻訳の問題についての 2.2.2 項の例を見よう．ハワイで英語を勉強する日本人学生集団二つと日本における日本人学生集団をそれぞれ二つに分け，日本語質問票，英語質問票で回答を得たものと，ハワイのアメリカ人には英語調査票で回答を得たもので，それらの回答分布の

差異を，MDA-OR により分析したものであった．その結果，第1軸では用いた調査票が日本語調査票か英語調査票か，第2軸ではハワイにいる学生集団か日本にいる学生集団か，によって分かれ，システマティックな関係を示す布置が得られたのである（図2.4参照）．調査票の言語によって回答の内容がアメリカ的になることを示している．そのこと自体が国際比較の重要な点であると同時に，様々な内容の分析の事前情報として知っておくことが重要な点であろう．

国際比較調査で，国別の単純集計の比較によって国の間の関連をみるのと同様に，国内の調査における属性別の単純集計（属性とのクロス集計）の比較を見ることも意味があろう．属性の近さと各質問回答選択肢の選択率の近さの同時分類を考えることにより，大まかな回答肢の意味が属性との関連の中に見いだされ，それぞれの質問についての回答を解釈する上で有用なことがある．

数量化の方法による分析は，単純集計やクロス集計の後でまとめのために行うことも多いが，このように詳しい分析に入る前の情報を得る方法として用い，分析の視点を与える意味も大きい．

4.3.2 数量化とは

数量化理論は 1950 年頃から林知己夫によって発表されてきたデータ分析についての方法であり，分析の手法としてでなく，広くデータ分析の哲学を含んでいる（林，1974，1993 a，b）．数量データについての解析法だけが進んでいた当時に，質的なデータや，数量として調査されたものも数量の意味そのものを考え直して，目的に合った数量を与え直すという考え方から始まっている．数量は絶対的な意味をもつものではなく，何らかの目的に応じた「ものさし」に当てはめたものと考え，社会調査における質問に対する回答のようなカテゴリカルなデータばかりでなく，数量として計測されたものについての再数量化をも含む．数量化Ⅰ類からⅢ類などとして知られているのはその初期の頃に開発されたカテゴリカルデータに対する分析法である．もともとは，「外的基準のある場合その1―外的基準が数量で与えられている場合―」，「外的基準のある場合その2―外的基準が分類で与えられている場合―」，「外的基準のない場合」などの名がつけられていた．つまり，多次元質的データの分析の立場として，この名称にあるように，データ分析には大きく二つの立場があることが示されている．

社会調査においてこれらの三つの方法は，それぞれ有効に使われる．最もそ

の価値を発揮しているのは，外的基準のない場合（数量化Ⅲ類）である．複数の項目への回答パターンを，項目の方向からとケース（人）の方向からと同時に整理して分類しようというもので，パターン分類の数量化ともいわれる．ベンゼクリ (Bénzecri, 1973) によるコレスポンデンスアナリシス (correspondence analysis) は対応分析とも呼ばれるが（大隅ら，1994），これとほとんど同じ考えによる．人々の考え方を項目間の回答の結びつき方として捉えることは，考え方の構造，考え方の筋道すなわち，集団としての文化を捉えることになる．

外的基準がある場合という立場は，項目間相互の関連を，それに対する何らかの基準に基づいて分析する立場である．予測式を作成することが目的で使われるだけでなく，それによって項目間の相互関連の様子を知ることにもなる．

以下ではそれぞれの分析の特徴と使い方について述べ，具体的に分析例を示す．データの構造に応じて，どのような分析を行っていくかを読み取っていただきたい．

4.3.3 数量化Ⅲ類の使い方

外的基準がない場合の数量化，あるいはパターン分類の数量化といわれている．これについての考え方の例として二つの型がある．一方は複数カテゴリー選択型で，4.1.1項であげた複数回答，限定回答がこれにあたる．もう一方はアイテムカテゴリー型で，複数の単一回答のデータがこれにあたる．さらに，選択のありなしではなく，数量表現された関係を扱う型がある．

（ⅰ） 複数カテゴリー選択型

例として，人の好みを分類し，同時にそれによる人の分類を考え，好みについての考え方を見いだそうとする調査を考えてみる．20人の人に七つのカテゴリーを示して，それぞれ好むものを選択してもらうとする．結果は $(1, 0)$ パターンとして示される（表4.8）．

これを，人について順序を入れ替え，また，カテゴリーについて順序を入れ

表 4.8 複数カテゴリー選択型データ

カテゴリー		A	B	C	D	E	F	G
対象（人）	1	1	0	1	0	1	0	1
	2	0	1	1	1	0	0	0
	3	1	0	0	1	0	1	0
	⋮							

替えしていき，「1」が左上から右下の対角線の周りに集まるようにすることができたとする．するとカテゴリーについて，左端に集まったものは同時に選択する人が多く似ており，左端と右端では，それを同時に選択した人が少なく，遠い関係にあるといえる．また，人についてみると，上部に集まった人は，同様のカテゴリーを選択しており近い関係にあり，下部にある人とは同時に選択するものが少なく遠い関係にあるといえる．このように，人とカテゴリーが互いの選択関係の中で，分類される．これは1次元の近さを考えた場合である．この近さは，2次元あるいはそれ以上の次元で表現することに拡張される．

(ii) **アイテムカテゴリー型**

一般的なアイテムカテゴリー型の例を示すと，表4.9のようになる．表中の数字は選択した回答肢の番号である．

これは(i)とは異なるように見えるが，同じような複数カテゴリー選択型の表に書き直すことができ（表4.10），実は，すべての回答選択肢を(i)におけるカテゴリーのように考えれば，まったく同様となる．

(iii) **近さの関係表現の場合**（関連表の数量化）

人（対象）と項目との間に，(i)，(ii)のような(1, 0)関係ではなく，何らかの関連を表す数量が得られている場合がある．例えば，集団でまとめたものを対象とした場合で，集団と項目との関係から，同時分類を考える場合である．関係表現は様々なことが考えられるが，それぞれの集団でその項目を選択した人の率を考えることもできる（表4.11）.

表 4.9 アイテムカテゴリー型データ

質問	1	2	3	⋯
対象（人） 1	2	1	1	
2	1	1	2	
3	1	2	1	
⋮				

表 4.10 アイテムカテゴリーデータの書き換え

質問	1			2				3			⋯
回答選択肢	1	2	3	1	2	3	4	1	2	3	
対象（人） 1	0	1	0	1	0	0	0	1	0	0	
2	1	0	0	1	0	0	0	0	1	0	
3	1	0	0	0	1	0	0	1	0	0	
⋮											

表 4.11 関連表（近さの関係表現データ）

項目	A	B	C	D	...
対象（集団） 1	p_{1A}	p_{1B}	p_{1C}		
2	p_{2A}	p_{2B}	p_{2C}		
3	p_{3A}	p_{3B}	p_{3C}		
⋮					

　これは，相関表の数量化あるいはクロス表の数量化といわれる場合もあるが，ここでは，通常使われる相関表やクロス表と混同のないように，より一般的に関係表現の表ということを示すため，「関連表の数量化」と呼ぶことにする．

（iv） 数学的表現と解の解釈

　(i)，(ii)の場合について，これを，数学的な解析法で解くには，対象とカテゴリーに与える数を未知の変数として，近さを分散で捉え，内分散を最小とするような式をたてる．これが固有値問題に帰着する．対象とカテゴリーの相関が高くなるようにした場合と同等である．この固有値を解くマトリックスはカテゴリー間の距離，すなわち選択がランダムと仮定した場合から外れた大きさに基づくものである．2次元以上の次元を考えるときは一般化分散を考えればよい．

　その定義について，実は，(i)に基づく考え方と，(ii)に基づく考え方で異なっている．(i)では，各人の反応個数が異なるが，(ii)では，一般的には，各質問に用意された回答選択肢のどれかに回答することが前提とされ，それぞれの人の回答総数は常に一定の数，すなわち質問数になる．しかし，(ii)の場合も，回答選択肢の中に「その他」，「D.K.」がある場合，これらもカテゴリーとして分析するか，あるいはこれらの回答をした人をすべて分析対象から除外しなくてはならない．「その他」，「D.K.」の回答は一般的に他の選択肢との関連は特殊なものとなり，ほかの項目の関連を歪めたり，解釈があまり意味をもたないこともある．また，どれか一つでも「その他」，「D.K.」のある人を除くと，分析対象数がかなり減少する場合もあり，さらに，これらの回答がない人，つまり，分析したいすべての項目で主要な回答選択肢に回答した人に限定すれば，論理の通った回答をする人だけを分析することにもなりかねない．そこで，「その他」，「D.K.」の回答の部分だけを省き，回答総数が人によって異なると考えることとなる．こうすると，(i)の型，回答総数が1人1人異なる型とまったく同じになる．市販の数量化III類のソフトの中には，(i)の型に対応しないものもあるが，

基本的には，個人別に回答総数が異なる(ii)の型を考えておくのがよい（(ii)の型で欠測のあるのデータをそのまま分析できるソフトは少なく，(i)型に変換して分析する必要がある．数量化のソフトには例えば，「パソコン数量化分析」（駒沢ら，1998）などがある）．

　こうして解くべき固有値解法のマトリックスは，それぞれの個人が回答した個数も関与したカテゴリー間の距離に基づくものとなる．なお，選択パターンは，カテゴリーのほうからも人（対象）のほうからもみることができるので，固有値計算は，人数とカテゴリー総数の少ないほうについてのマトリックスについて行うのが効率がよい．一般に社会調査では人数が多く，カテゴリー総数のほうが少ないので，カテゴリーのほうから固有値を求めることになる．

　1次元で考えた場合，最大固有値に相当する固有ベクトルの要素が，各カテゴリー（人のほうから固有値を求めた場合は各人）に与える値（カテゴリー値）となる．これに対して，人に与える値（個人得点，サンプルスコア）は，それぞれの回答パターンに対応したカテゴリー値を合計し，各人の回答総数で除して得られる．

　2次元以上の解については，例えば2次元平面上では，人の位置とカテゴリーの位置の対応において相関が高くなるように考える．詳細は省略するが，これは結局，1次元で考えた場合に解くべき固有値計算の第2番目に大きい固有値に相当するベクトルがカテゴリー値となる．3次元以上も同様に，同じ固有値計算における第3番目に大きい固有値，……のそれぞれ相当する固有ベクトルの要素がこれにあたる．結果は二つの次元の数値を2次元平面に描いて，どのようなカテゴリーが近くに布置しているか，内容の検討をすることになる．最大固有値に相当するベクトルを第1軸，第2番目に大きい固有値に相当する値を第2軸などということがある．

　人に与えられる第2次元目以上の値もそれぞれの次元の値に対応して，同様に計算される．カテゴリーに与えられた数値と同様に，平面に人に与えられた値をプロットする．実際に多くの人に対する調査の分析では大量の個人をプロットしてもわかりにくいので，属性別など別の分類でまとめた平均値をプロットする．

　それぞれの固有値の大きさはその軸による分類での離れ方の程度が強い順に表されてくるが，それはカテゴリー値と個人得点との相関係数にも相当してい

る．人もカテゴリーも第 1 軸の値によって並べ替えたとき，最初に示したパターンでいうと，「1」が最も対角線に集中することを表している．2 次元以下では，1 次元の並べ替えでは不可能な順序の入れ替えを，それとは直交する方向からの並べ替えで補足するものと読み取ることもできる．一般的には，第 1 軸と第 2 軸を直交軸とした平面図表示により，似ているものの集まりがどのような内容であるか，それに相対するものがどのような内容であるかをみていく．場合によって，第 1 軸と第 3 軸の平面や，第 2 軸と第 3 軸の平面を用いたり，第 1 軸から第 3 軸を 3 次元空間で表示して検討することもある．第 4 軸以降は読み取りにくいが，第 5 軸くらいまでみていくと，部分的構造が見いだされることがある．実際の作業としては，上位の軸までで読み取れたカテゴリーを除いて特徴を見ていくと残りのカテゴリーの布置から構造を読み取るのが容易となる．いずれの場合も，固有値の大きさを参考に内容を解釈する必要がある．

　また，人については，カテゴリーについての解釈の後，適切と思われる軸の組み合わせを取り上げ，それぞれの軸についてプロットした図から，何らかの分割線によって人のタイプ分けをすることもある．人についての図の位置は，カテゴリーの図の位置と対応しているので，対応した解釈が与えられることになる．

　回答パターンが 1 次元に並んでいる一次元構造のデータ例を挙げる．簡単な例として，表 4.12 のような，複数カテゴリー選択型データでガットマンスケール (2.3.1 項参照) をなす場合が挙げられる．「1」が完全に対角線に沿っており，これ以上の並べ方はあり得ない．この場合に数量化III類の分析を行うと，最大固有値に相当するベクトルの値は A から G に順に並び，第 2 固有値に相当す

表 4.12　ガットマンスケールをなす一次元構造データの例

カテゴリー		A	B	C	D	E	F	G
対象（人）	1	1	0	0	0	0	0	0
	2	1	1	0	0	0	0	0
	3	1	1	1	0	0	0	0
	4	0	1	1	1	0	0	0
	5	0	0	1	1	1	0	0
	6	0	0	0	1	1	1	0
	7	0	0	0	0	1	1	1
	8	0	0	0	0	0	1	1
	9	0	0	0	0	0	0	1

るベクトルはAとGが同じ端の値となり，BとF，CとE，Dの順に並ぶ．これを2次元の図に描くとU字型（第2次元目の値が第1次元目の値の2次関数で表されるような形）になる．このように本来1次元であるものが，計算によりこのような形態になることに注意しなければならない．U字型に近い布置を示したならば，それらのカテゴリーが1次元に近い関係にあることを示している．さらに，第3軸も本来1次元のデータは特定の形，つまり第3次元目の値が第1次元目の値の3次関数で表されるような形に並ぶ布置を示す，という特徴も知っておきたい（駒沢，1982参照）．

数量化III類による分析例1

ここに示す実例は，一次元構造に近い構造を示した例である．7カ国国際比較調査の不安感についての質問を挙げる．五つの質問「重い病気」，「交通事故」，「失業」，「戦争」，「原子力施設の事故」に対して，回答選択肢はそれぞれ4カテゴリー，「非常に感じる」，「かなり感じる」，「少しは感じる」，「まったく感じない」である．この数量化III類の分析結果は，図4.2のようになる．四つのカテゴリーが順に並び，中間の二つが非常に近いことがわかる．また，項目間ではそれほど順序はついていない．強いて言えば，「まったく感じない」中で，重い病気や交通事故への不安は，失業の不安や戦争の不安よりも，より軽い不安からはより遠い関係にあるというように多少順序がついていることを示している．

一次元構造は，日本だけでなくほかの6カ国も同様であった．このような不安を感じるかどうかという問題は，どの国でも程度の差はあっても，構造的には同じように捉えられていることがわかり，段階的回答を用いて全体で不安尺度になることを示し

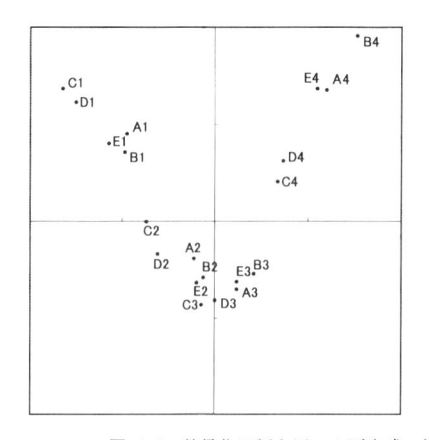

図 4.2 数量化III類を用いた不安感の構造分析（日本）

ている．

項目ごとに選択肢の意味が異なるような例でも，順序がついている場合には，アイテムカテゴリーがU字型にそって順に並ぶように布置されるので，適切なアイテムカテゴリーを選択することにより尺度を作成することができる．

数量化III類による分析例2

日本人の自然観についての分析例を示す．項目の分類と人の分類の両方についての分析の例である．調査は1993年に全国成人2000人を層別二段抽出し，個別面接聴取法で行われた．原子力安全システム研究所（社会システム研究所）のワークショップとして行われた研究（代表 林 文）による（林ら，1994）．この調査では，人々の自然観を客観的に明らかにするため，森林に対する意識，自然との接触，素朴な神秘観，動物と人間の関係に対する意識，科学技術に対する意識，将来の展望，宗教と素朴な宗教感情などから構成されている．ここで用いた様々な質問を通して，その回答の全体の様子から自然観の構造をつかむため，数量化III類（パターン分類の数量化）による分析を行った．12問の質問，素朴な宗教的な感情に関する質問，森に人手を加えることに対する意識，経済的発展と自然環境保護の問題，人間関係の信頼観などに関するものを取り上げた．

ここでは，「その他」や「D.K.」の回答は分析に用いず，個人で回答個数が異なるタイプの分析をした．図4.3はこの分析結果で，各質問各回答カテゴリーに与えられた値を平面に図示したものである．回答カテゴリーが調査対象者にどう選択されたか，似た選ばれ方をするカテゴリーが互いに近くに，異なる選ばれ方をするカテゴリ

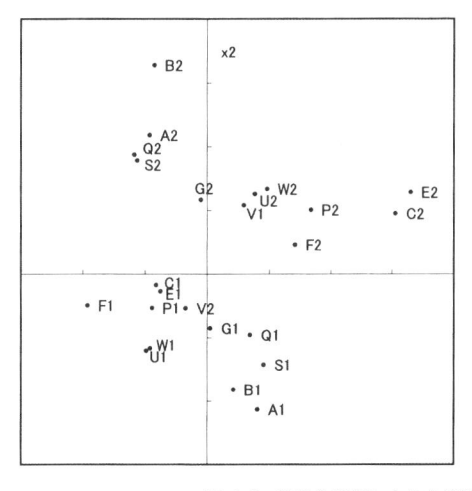

図 4.3 数量化III類による自然観の構造

一は離れて布置するようになっている．第1軸（横軸）上の値の差異は，全体的な差異を最も顕著に表し，そこでは表しきれない情報が第2軸以下の数値として順次表現されるので，第1軸と第2軸の数値で描く平面には多くの情報が集約され，回答の選び方，つまり意見，考え方の構造を示しているといえる．どのような回答カテゴリーが近いところにあるかをみていくと，第2象限には，「人手を加えるべきでない」，「ありのままの自然が好き」，「クマを捕獲するのは人間の身勝手」，「経済的ゆとりよりは自然環境保護が大切」，が互いに近くにまとまっている．第3象限には，「山川草木に霊が宿っている」といった神秘感があるほうの回答，人間関係に信頼感があるほうの回答が，近いところに並んでいる．それと対象の第1象限には，第3象限と逆の意見，人間関係の信頼感がなく，神秘感もないという意識があり，第4象限には，人手を加えるべき，人手の加わった自然が好き，経済的ゆとりのほうが大切，ヒグマを捕らえるのは当然という考えが，集まっている．

それをまとめると

第1群 a 人間よりも自然が大切
　　　　　　ありのままの自然が好き，人手を加えるべきでない
　　　 b 森林などに対する素朴な感情あり
　　　　　　人間同士の信頼感あり
第2群 a 自然よりも人間の生活が大切
　　　　　　人手の加わった自然が好き，人手を加えるべき
　　　 b 素朴な感情なし，人間不信

となる．第1群と第2群は第1軸のプラスとマイナスで分けてあり，この二つが大きな群として存在するということがわかる．さらにそれぞれの中で，第2軸のプラスとマイナスで，神秘感・信頼感という感覚的な意識に関するものと，自然環境に対する考え方に関するものの2群に分けられ，これを第1群，第2群それぞれにa,bとした．

個人に与えられた点は，何らかの基準をたて，それとの関連をみることにより理解することができる．基準としては属性や別の質問を取り上げる．ここでは年齢層を取り上げ，年齢層別の平均値を求めた．結果を図4.4に示す．

次に，図4.3（自然観の構造）に対応した個人のタイプ分けをし，それぞれの意識の特徴を見ていくこととする．図のカテゴリー値に対応した個人得点の平面分布から，同様に4象限に区切り，左上から反時計回りにタイプ1，タイプ2，タイプ3，タイプ4と名づけることとする．このタイプ分けされた人々の意見の特徴をみていくと，タイプ1は，第1群a（人間より自然が大切）の考えの人々である．タイプ2は，第1群b（神秘的な感情が高く，人間関係の信頼感も高い）の考えをもつ人々であり，タイプ3は，第2群a（自然より人間が大切，人手を加えるべき）の考えをもつ人々，タイプ4

4.3 データ構造の分析と集計

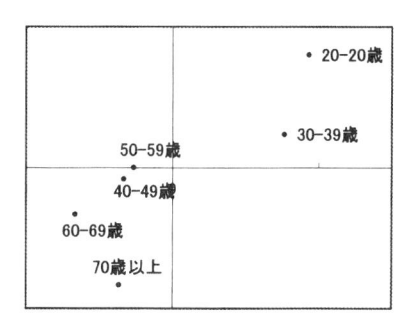

```
                    |
                    |        • 20-20歳
                    |
                    |     • 30-39歳
         50-59歳    |
            •       |
         40-49歳    |
            •       |
  60-69歳           |
     •              |
   70歳以上         |
      •             |
```

図 4.4 個人得点の年齢層別平均点の布置

は,第2群b(神秘感が少なく,人間関係の信頼感も少ない)の考えの人々である.これらは相互に隣同士の性質も多少もち合わせており,例えばタイプ4は,タイプ1の「人間よりも自然が大切」という考えを合わせもつ人も多い.

このタイプ分けの特徴を年齢別分布でみたところ,タイプ2(神秘感がある)は,年齢が高いほうに多くなっている(図4.4).タイプ1は20歳代に多く,タイプ4は20歳代と30歳代,とくに20歳代に非常に多い.タイプ1は自然が大切という考え,タイプ4は,神秘感は少ないが自然が大切という考えであり,若い年齢層の特徴ということができる.つまり,全体的には,神秘感があることと自然が大切だという考えとは近い関係にあるが,20歳代は全体像に比べて,神秘感は少ないが自然を大切だと思っている傾向があることを示している.

数量化III類による分析例3(対象と項目の関係が数量表現の場合)

7カ国国際比較調査におけるデータ分析例である.調査結果の最も基本的なものとして,国別の各質問カテゴリーの選択率,通常の国別単純集計がある.この選択率の国別の違いを総合して,国の分類をすることを考える.国と項目の間の関連が選択率で得られていることになる.

非常に簡単な一つの例を挙げる.「次のうち,大切なことを二つあげてくれといわれたら,どれにしますか」という質問で,四つの選択肢「親孝行,親に対する愛情と尊敬」,「助けてくれた人に感謝し,必要があれば援助する(恩返し)」,「個人の権利を尊重すること」,「個人の自由を尊重すること」から選択する問題である.関連表は表4.13のようになっている.数字は各国の選択率(%)を示す.数量化III類による分析の結果,表4.14のような3次元の値(三つの軸)が得られる.このように関連パターンが$(1,0)$でなく数量で表された関連度のような場合,固有値は大変小さくなるのが普通である.ドイツとオランダが近く,日本とイギリスが近い.項目のほうに与えられた値を見ると,日本は恩がえし,ドイツ,オランダには権利と自由が効いていることも

表 4.13 関連表の例（%）

	親孝行	恩返し	権利	自由
イタリア	79	30	47	42
フランス	52	38	48	58
ドイツ	55	15	66	57
オランダ	67	15	59	55
イギリス	63	50	46	36
アメリカ	69	28	62	33
日　本	78	57	25	33

表 4.14 関連表からの数量化III類の結果
(a) 国に与えられた値

	第1次元目	第2次元目	第3次元目
イタリア	−0.069	0.892	−0.136
フランス	0.061	−1.913	0.149
ドイツ	1.348	−0.411	0.230
オランダ	1.078	0.166	−1.026
イギリス	−0.887	−0.252	1.413
アメリカ	0.255	1.508	1.317
日　本	−1.786	0.029	−0.924
固有値	0.056	0.010	0.005

(b) 項目に与えられた値

	第1次元目	第2次元目	第3次元目
親孝行	−0.316	1.044	−0.873
恩返し	−1.856	−0.771	0.896
権利の尊重	0.988	0.430	1.301
自由の尊重	0.730	−1.444	−0.846

わかる．第2軸ではアメリカとイタリアが親孝行の方向に，フランスは自由の方向に引かれている．この例は項目数が少ないので，データをよく眺めると，分析をしなくても，少なくとも第1軸の位置関係については，想像がつく．

7カ国比較調査の共通質問は様々な領域の質問76問からなっている．それぞれの領域でこの分析を行うと，それぞれに違った国の間の近さの関係が見られる．領域によって，どの国とどの国が似ているか違っているか，様々であることがわかる．その内容を見ていくのも興味深いが，ほぼすべての項目を通して，全体的な国の間の関係を見てみた．比較できる全カテゴリーから各質問の主な選択肢など200についての選択率を取り上げた．その結果は図4.5のとおりである．2次元平面でみると日本が一つの極をなし，それ以外の国が，ドイツ，オランダ，アメリカ，イギリスとフランス，イ

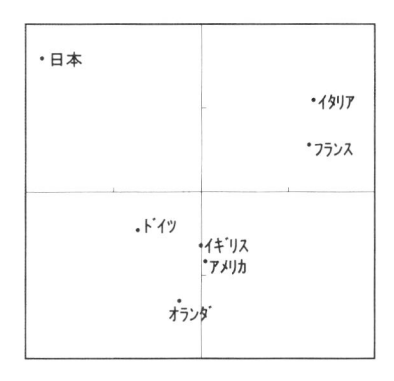

4.3 データ構造の分析と集計   129

図 4.5 国別の回答の近さによる国の布置

タリアに分かれる．さらに第3次元目で，ドイツ，オランダとアメリカ，イギリスとが分かれていることがわかる．

さらに興味深いのは，これにハワイの日系アメリカ人調査，ブラジルの日系ブラジル人調査を加え共通質問を用いた分析によると，日系アメリカ人はアメリカに大変近く，わずかに日本寄りにあり，日系ブラジル人は日本とイタリア，フランスの中間に布置されることである．ブラジルはイタリア，フランスと同様のラテン系の国であることから，ブラジル日系人の位置が納得できるのである（統計数理研究所国民性国際調査委員会（1998）5.1.2 参照）．

数量化III類による分析例 4

属性別の特徴を捉えるのに，個人得点の平均値を用いるのではなく，属性も一つの質問項目として入れてしまう例である．社会調査では，回答のパターンが大変きれいにまとまるということは，特別な限定された問題を扱うとき以外はあまりない．したがって，個人得点の属性別の平均値は質問ごとのカテゴリー値のレンジと比較して大変小さいものでしかないことが多い．この属性を分析の項目に一つとして用いると，ほかの質問におけるカテゴリー値のレンジと同様のレンジが得られ，わかりやすい．属性別の平均値は，大きさは異なっても，方向としては質問項目と同じに扱った場合と変わらないのが普通である．

気をつけなければならないのは，分析に用いる項目数が少ない場合はとくに，この属性との関連が強調された分析結果が出てくることがあるということである．しかし，分析に用いる質問項目数が多い場合は，それらの関連の中での属性の位置が得られると考えられる．

自然観の構造で年齢別を加えた分析の例を示す（図 4.6）．12 項目で分析し，個人得点を年齢別に平均した分析例 2 の図 4.3 と図 4.4 が同時に得られたような形となる．

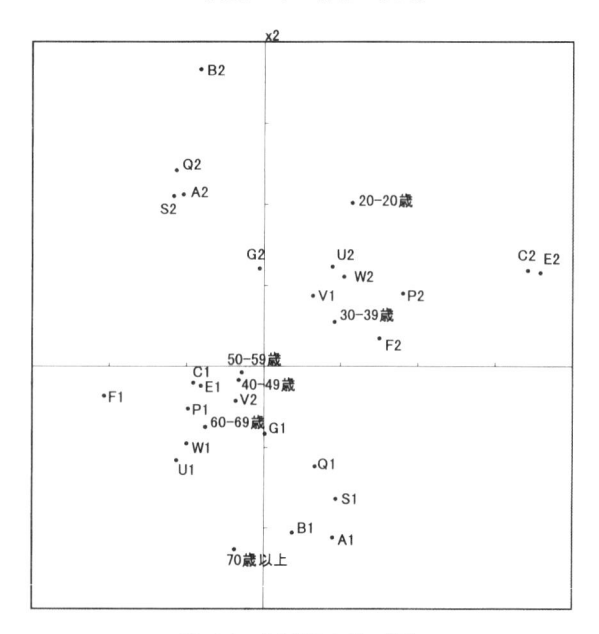

図 4.6 自然観と年齢の構造

ただし，考え方の構造を見ようとする項目カテゴリー数に比べて属性をいくつも加えると，項目カテゴリー間の関連よりも属性との関連のほうが強く出るので，分析の目的とするところをよく考え，むやみに属性項目を加えるべきではない．

自由回答に対するコレスポンデンスアナリシスの分析例

自由回答によるテキストデータの分析例として，文章としてでなく言葉としてではあるが，自由回答をそのまま，コード化せずに，パターン分類の数量化分析を行うことができる（駒沢ら，1998）．ここではコレスポンデンスアナリシス（対応分析）を用いた分析例を挙げたい．コレスポンデンスアナリシスは，数量化III類とほぼ同じ方法であるが，カテゴリーの分類とともに属性の分類との関連に注目した考え方がより顕著に主張されてきた．この自由回答も言葉の連なりそのままを入力し，属性データとともに分類しようとする考え方で，SPADという解析システムの一つとして用意されている（Lebart et al., 1995）．既出の7カ国国際比較における「自分の国の文化というと何を思い浮かべるか」を尋ねた自由回答に，性別×年齢層，あるいは学歴×年齢層という属性を加えた分析で，大変興味ある分析結果が得られているので例として取り上げる（分析は L. Lebart による）．

入力は，日本以外は単語の区切りが明白であるが，日本語については分かち書きに

してローマ字で入力した．国別に分析したところ，属性の配置が内容的に理解できる構造を示す国と，それらしい構造の見いだせない国がみられた．国別の学歴×年齢の構造を図4.7に示した．構造の理解できる配置を示す国と，見いだせない国のあることがわかる．この配置は，この質問への反応を通して見た属性構造ということになる．

別の自由回答質問「自分にとって最も大切なもの」を尋ねた回答からは，また違った属性構造が見いだされている．

このように，自由回答の自動分類を目指した分析上で，自由回答の言葉とともに属

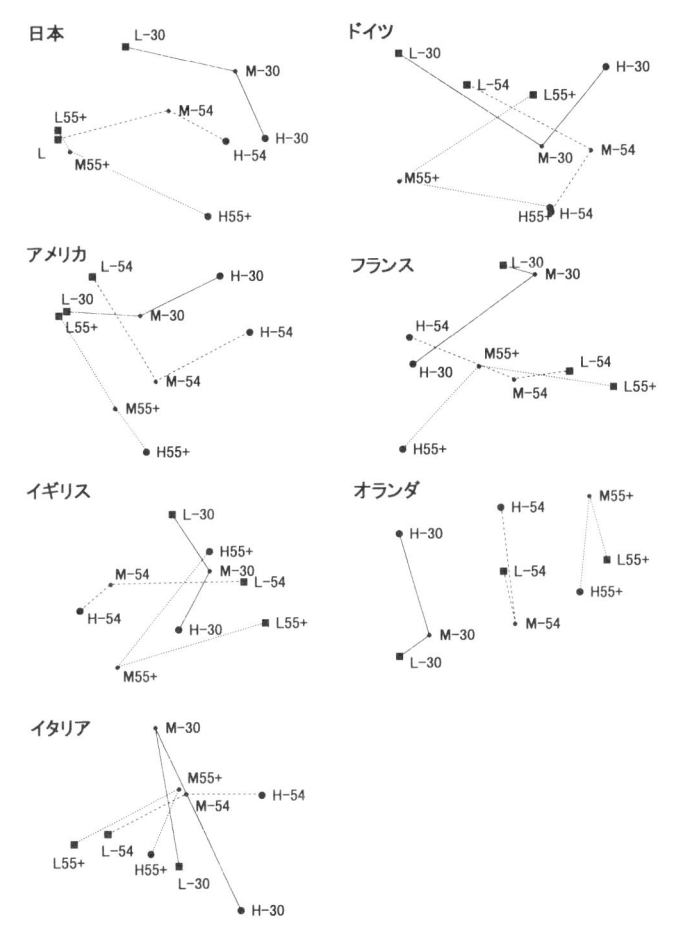

図 4.7 自由回答（自国の文化）の学歴×年齢の構造（SPADによる）
H, M, L は学歴の高，中，低を，−30, −54, 55+ は年齢層の30歳以下，31歳〜54歳，55歳以上を示す．線は同じ年齢層の三つの学歴群をつないだものである．

4.3.4 数量化I類の使い方

外的基準が数量で得られている場合の数量化である．カテゴリカルデータに対する重回帰分析にあたるともいえる．アイテムは項目（質問）であり，カテゴリーはそれぞれの質問における選択肢である．これをアイテムカテゴリー型のデータという．こうしたアイテムの組に対して，カテゴリーに数量を与えるのだが，その数値により，目的とすべき数量データ（外的基準）を予測できるように，数値を与えようとするのである．こうして数量化されると，相関係数や偏相関係数によって，それらのアイテムがどれだけ外的基準の値の説明になっているか，などを知ることができる．

各アイテムカテゴリーに与えるべき数量が未知の変数として，各対象（人）の該当するカテゴリー（回答した回答選択肢）の数値を足し上げた値（個人得点）と外的基準の値との相関係数が最大になるように考えられている．解くべき計算式は，連立方程式となり，簡単に解くことができる．これをマトリックス表示すると $AX=B$ となる．X は未知数，各カテゴリーに与えるべき未知数を要素とするベクトル，連立方程式の係数マトリックス A は項目（質問）相互間のクロス集計表であり，定数項ベクトル B は外的基準の値を各項目カテゴリー別に合計した値を要素とする．

数量化I類の解析では，対象（人）は各アイテム（質問）で，どれかのカテゴリー（選択肢）に反応（回答）していることを前提としている．したがってクロス集計で各アイテムについて，いくつかのカテゴリーのうちの一つについての行あるいは列は，自動的に定まってしまう．つまり，一つのアイテムを除いた残りのアイテムについては従属的に決まり，マトリックス A のランクが落ちるということになる．アイテムカテゴリーの総数から（アイテム数−1）を引いた数の大きさのマトリックスを解くことになる．自動的に決まる部分は，それぞれのアイテム内でのカテゴリー値の平均がゼロになるなどの制約を与えて埋めることになる．これは分析ソフトの中で自動的に行われるものが多い（駒沢，1982）．しかし，ランク落ちの現象は，ほかでも起こりうるので，注意が必要である．

無回答などの反応に対しては，それもカテゴリーの一つとしてたてておく，

4.3 データ構造の分析と集計

または,そのアイテム内の別のカテゴリーにまとめてしまうことが必要である.まとめる場合には,内容を考えて,どのカテゴリーにまとめるのがよいか検討しなくてはならない.

さて,このように外的基準の数値を予測する説明要因としての項目を選び,適切なカテゴリーにまとめて分析に入る(項目が一つの場合は数量化の計算をするまでもなく,カテゴリー別に外的基準の値を集計した数値によって決まってしまう).分析の結果,カテゴリーに与えられた数値(ランク落ちで除いた部分も埋めたもの)について,各対象が反応したところの数値を足し上げたものが外的基準の予測値である.予測の当てはまりの良さは,相関係数で表される.外的基準の実際のデータの値と,予測値とのくい違いを直接に計算してみることも大切である.なぜなら,特別な値があって,そのために全体の分析を狂わせてしまったかもしれないし,何らかの要因との関係でくい違い方に傾向が出てしまっているかもしれないからである.このようなときは考え直し,やり直す必要がある.

カテゴリーに与えられた数値については,これらを足し上げたものが外的基準の予測値になるのだから,この値の大きさは予測値の大きさに影響している.この値の大小と予測値の大小との関係に矛盾がないかを検討したい.もしその項目だけを見たときと外的基準との関連を見たときとが逆の関係にあるとすると,それはほかの要因との相互関係によって逆転した値になっていることを考える必要がある.その場合についても検討してやり直す必要も出てくる.これが矛盾のない値となるまで試行錯誤を繰り返す.

まず,アイテム内の数値のレンジをみる.そのアイテムでどのカテゴリーに属するかによって,外的基準の予測値を大きく変えることを示しているので,そのアイテムは外的基準に効いているということができる.この効き方を判断する尺度として偏相関係数を計算することもある.

また,これらの結果から,アイテムの順序を効いている順に並べ,順次増やしていく方法により,重相関係数の上がり方を見て,なるべく少ないアイテムでできるだけよい予測を得るという,最も予測効率のよいアイテムを選択することも,実用のために有効な方法である.

数量化 I 類による分析例

外的基準が数量という実例として,日本人の国民性調査第 6 回全国調査における

様々な質問の回答の様子から回答者の年齢を予測することを試みたものがある（林，1981）．質問の回答は年齢によって異なるものが多いため，逆に，回答からの年齢予測を試みたのである．外的基準は年齢，説明要因は22アイテム，総カテゴリー数94である．22アイテムは各質問であるが，いくつかの質問をまとめてスケール化したもの（義理人情スケール，5.2.4項参照）もある．カテゴリーは各質問の回答選択肢であるが，カテゴリーをまとめたところもある．男女では年齢による回答の違い方が異なるため男女別に分析し，分析の結果，予測の当てはまりの良さを示す重相関係数が，男では0.64，女では0.70となった（幅をつけて推定するならば，信頼係数95％で，男女それぞれ推定年齢±23.2，±21.8の程度）．女性の高齢者は「D. K.」の回答が多かったため，「D. K.」が年齢を高く予測する傾向の強い項目が多い．男女ともに，「先祖を尊ぶか」，「宗教をもっているか，宗教的な心を大切と思うか」，「首相の伊勢参りをどう思うか」は，年齢に大きく効いている項目となっている．

4.3.5 数量化Ⅱ類の使い方

外的基準が分類で与えられている場合の数量化である．数量化Ⅰ類と同様，アイテム（質問）の組に対して，カテゴリー（回答選択肢）に数量を与えるのだが，その数値により，外的基準である分類データを予測できるように，数値を与えるのである．全体の予測の当てはまりの良さは相関比で，各アイテムがどれだけ外的基準たる分類別に効いているかは偏相関係数などで判断する．ちなみに，説明変数が数量データの場合の分析法としては，外的基準の分類が2群の場合は判別分析，3群以上の場合は正準判別分析が知られている．

数量化Ⅰ類の場合と同様の個人得点を考え，この大きさによって区分して，外的基準の分類となるべく一致するように，これがすべての人に対してなるべく成立するようにすることを考えている．このために相関比が最大になるようにするという考えから，解くべき計算式は，外的基準が2分類の場合のみ連立方程式となり，3分類以上の場合には固有値解法問題となる．3分類以上の場合の固有方程式は，マトリックス表示すると $AX = \lambda BX$ となる．X は各カテゴリーに与えるべき未知数を要素とするベクトル，マトリックス A は項目（質問）相互間のクロス集計表であり，マトリックス B は外的基準の分類別と項目間のクロス集計表である．

数量化Ⅰ類の場合と同様，対象（人）は各アイテム（質問）で，どれかのカテゴリー（選択肢）に反応（回答）していることを前提としている．クロス集計で各アイテムについて，いくつかのカテゴリーのうちの一つについての行あ

るいは列は自動的に定まり，ランクが落ちるため，アイテムカテゴリーの総数からアイテム数を引いた数の大きさのマトリックスで解くことになる．自動的に決まる部分は，それぞれのアイテム内でのカテゴリー値の平均がゼロになるなどの制約を与えて埋めることになるが，分析ソフトの中で自動的に行われるものが多い．説明要因についての注意は数量化Ⅰ類の場合と同様である．

説明アイテムのカテゴリーに与えられる値は，2分類の場合は連立方程式の解であり1次元である．3分類以上の場合は（分類数−1）次元の値が得られる．例えば3分類の場合は2次元の値が得られるが，第1次元目の値による個人得点を用いると外的基準たる分類に対して最も相関比が高く，第2次元目以下は順次相関比は小さくなる．しかし，解釈上は，必ずしも1次元の解が最も意味があるというわけではない．例えば第1次元目では，「D. K.」のみが特異な値をもつ場合には，確かに「D. K.」が外的基準たる分類に効いているのであるが，内容的に有用なのは第2次元目以降であるということもある．

ここで，値の符号は，分類の内容的意味とは何の関係もないことに注意したい．個人得点が分類間分散が大きくなるように与えられるので，符号の向きはどちらでもよく，計算ソフトでは何らかの数学的な設定条件を加えて符号を決定している．それにより分類別の個人得点の平均値が算出されているので，まずその符号がどの分類カテゴリーでプラスなのかマイナスなのか確認し，それに対応して説明アイテムのカテゴリーに与えられた数値の符号を見る必要がある．データを少し変えたりすると突然符号が変わることもあるが，このように符号そのものには意味がないので，比較上誤解のないように，すべての符号をつけ替えればよい．

数量化Ⅱ類による分析例

7カ国国際比較調査の例を示す．日本とアメリカとドイツの国分類を外的基準とし，その説明アイテムは，不安感の五つの質問である．サンプル数が日本は2265，アメリカ1563，ドイツ1043と不揃いであるため，日本は1/2，アメリカは2/3にサンプリングで減らして，三つの外的基準グループの数を揃えた．極端にグループの大きさが異なると，数の多いグループのみ当てはまり，数の少ないグループは外れても相関比が高くなることがあり，このような解を避けるためである．

分析の結果，個人得点の国別の平均点は表4.15のように得られた．相関比はあまり大きくない．実際にはこの不安感から国別を予測するのは適切ではないが，各項目カ

表 4.15　個人得点の国別の平均値

	第1次元目	第2次元目
ドイツ	−0.54413	−0.28860
アメリカ	−0.09820	0.46159
日本	0.57108	−0.16994

テゴリーに与えられた解は傾向を示す．

　各項目カテゴリーに与えられた数値（表4.16）は，国に与えられた値に対応して読む．第1次元目はプラス・マイナスが日本人とドイツ人を分けることを示し，第2次元目ではプラスの値はアメリカ人であることを示す．「交通事故」の不安の程度は，日本とドイツを大きく分け，不安のあるほうが日本的であること，それ以外の「重い病気」，「失業」，「戦争」，「原子力施設の事故」はいずれも不安のあるほうがドイツ的であ

表 4.16　各項目カテゴリーの国別分布と数量化II類で与えられた数値

		ドイツ	アメリカ	日本	1次元目	2次元目
「重い病気」の不安	非常に感じる	168	345	240	−0.144	0.773
	かなり感じる	218	342	288	−0.043	0.452
	少しは感じる	354	234	426	0.160	−0.518
	全く感じない	255	115	165	−0.463	−0.854
	その他，D.K.	5	6	13	0.303	0.694
「交通事故」の不安	非常に感じる	85	255	295	1.342	−0.121
	かなり感じる	136	295	359	0.762	0.221
	少しは感じる	405	302	362	−0.356	−0.062
	全く感じない	357	215	103	−1.434	−0.011
	その他，D.K.	17	5	13	−1.865	−0.760
「失業」の不安	非常に感じる	130	230	97	−0.554	0.710
	かなり感じる	163	195	154	−0.342	0.128
	少しは感じる	252	241	358	0.107	−0.133
	全く感じない	432	354	464	0.228	−0.189
	その他，D.K.	23	22	59	0.495	−0.384
「戦争」の不安	非常に感じる	199	227	132	−0.635	0.360
	かなり感じる	205	250	161	−0.367	0.533
	少しは感じる	324	282	408	0.106	−0.149
	全く感じない	261	269	368	0.416	−0.400
	その他，D.K.	11	14	63	1.139	−0.209
「原子力施設の事故」の不安	非常に感じる	303	263	218	−0.242	−0.658
	かなり感じる	283	247	268	−0.127	−0.289
	少しは感じる	278	256	390	0.130	−0.039
	全く感じない	124	256	173	0.083	1.487
	その他，D.K.	12	20	83	1.082	−0.351

4.3 データ構造の分析と集計

る．また，第2次元目によると「重い病気」，「失業」の不安，「戦争」の不安があるほうがアメリカ的であるが，「原子力施設の事故」の不安はないのがアメリカ的である．

ちなみに，これらの項目を数量化III類で分析すると，分析例1（図4.2）で示したように，「その他」，「D.K.」を除けば，不安のあり－なしの程度がすべて1次元的な関係にある（「その他」，「D.K.」を分析に入れると第2次元目と第3次元目でU字型を示す）．これに対して，国の分類を目的としたII類では，国を分けるための各カテゴリーの数値が求められるので，不安の対象によって，不安のあるほうがアメリカ的であったり，不安のないほうがアメリカ的であったりするのである．

4.3.6 数量化IV類とMDSの使い方

多次元尺度解析（多次元尺度構成法，multidimensional scaling：MDS）は，簡単に言えば，項目相互の関係が2者間の距離あるいは親近性で得られるとき，その距離（親近性）をできるだけ小さな次元の空間に集約して表現しようという考え方である．外的基準のない場合の一つの考え方でもある．データは人の項目への反応パターンという人と項目間のマトリックスではなく，N個の対象（項目，人など）相互の関係R_{ij}の$N \times N$マトリックスとして得られている場合である．関係を表すR_{ij}は，数量である場合，ランクオーダーである場合，群分けである場合，頻度の形の場合，相関係数の場合，などがあるが，数量がメトリックな場合（相関係数など）については，一般にはMDSの範囲ではない．

数量化IV類（e_{ij}の数量化）といわれるのは，2者間の親近性を空間の2点間のユークリッドの距離で再現しようとするもので，距離あるいは親近性は，数量である場合，ランクオーダーである場合，群分けである場合，頻度の形の場合，相関係数の場合，などどんなものでもよい．親近性は漠然とした数量でよい．MDSの原点ともいえる考え方であり，ソシオメトリーデータに基づく集団構造を明らかにするために考えられた方法で，e_{ij}の数量化とも言われている．2者間の関係を表す数値は親近性あるいは非親近性を表す数値ならばどんなものでもよい．したがって，様々な関係表現を分析することができる．

R_{ij}がランクオーダーの場合の方法は多く研究され，ガットマン（Guttman, 1968）のSSA（smallest space analysis；最小次元解析）をはじめ，シェパード（Shepard, R. N.），クラスカル（Kruskal, J. B.），ヤング（Young, F. W.），高根（Takane, Y.）らの方法がある（高根，1980；柳井，1994）．データは例えば，シェパード‐クラスカル（Shepard-Kruskal）の1963年の研究では，モー

ルスコードの混同率が文字間の近さとして26文字と10数字の近さを表現する問題が例とされている．2人ずつの組み合わせによる作業能率などのデータも扱えるだろう．

また，林知己夫によるMDA-ORは，R_{ij}が順序のついた分類（距離の程度に対応するいくつかの段階）で与えられている場合に対する方法として考えられた．実際の例では，何らかの数値で得られた近さを区切って分類にすることがある．使い方の一例として，いくつかの対象についてイメージを複数の項目で尋ねた質問において，イメージ項目への回答率の差の平均を対象間の距離と考える．さらにその距離を段階に区切った分類R_{ij}のデータとする．この例は，単純集計表から関連表の数量化Ⅲ類で分析した場合と意図としては似ている．

この実例として，お化け調査の「幽霊」，「超能力」，「雪男」など12の怪力乱神について，どのように感じるかを尋ねた質問がある．感じ方の選択カテゴリーは，「いる・ある」，「いてほしい・あってほしい」，「いない・ない・ばかばかしい」など八つである．12の怪力乱神を感じ方の違いを距離として捉えて，それを小さい次元で表現しようというとき，MDA-ORを用いた例である．感じ方の違いは，八つのカテゴリーへの回答率の差の平均と考える．つまり，怪力乱神iの感じ方カテゴリーkの選択率をp_{ik}として，怪力乱神iとjの距離を，

$$d_{ij}^2 = \frac{1}{8}\sum(p_{ik}-p_{jk})^2$$

ただし　$i, j = 1, \cdots, 12,\quad k = 1, \cdots, 8$

とする．この分布を見て3段階に分けた分類をR_{ij}とし（表4.17），MDA-ORの分析をした結果，怪力乱神の近さの関係が，図4.8のように表された．

表 4.17 怪力乱神の距離（感じ方の違い）

雪　男											
ネッシー	1										
円　盤	1	1									
ゆうれい	2	2	2								
カッパ	1	2	2	3							
妖　怪	1	2	2	2	1						
超能力	2	2	1	3	3	3					
人のたたり	2	3	1	3	3	3	3				
怨　霊	2	3	3	1	3	2	3	1			
タイムマシン	1	1	1	3	2	3	2	3	3		
龍	1	2	2	2	1	1	3	3	2	2	
鬼	1	2	2	2	1	1	3	3	2	3	1

ただし，$d_{ij}^2 = \sum(P_{ik}-P_{jk})^2$．$1: 0 \leq d_{ij}^2 < 500,\ 2: 500 \leq d_{ij}^2 < 1100,\ 3: 1100 \leq d_{ij}^2$．

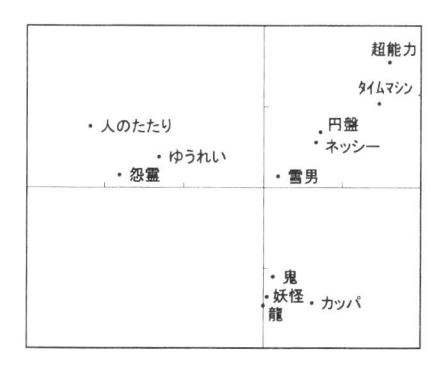

4.3 データ構造の分析と集計　139

```
┌─────────────────┬─────────────────┐
│                 │         ・超能力 │
│                 │      ・タイムマシン│
│   ・人のたたり   │      ・円盤      │
│      ・ゆうれい  │      ・ネッシー  │
│    ・怨霊        │   ・雪男         │
├─────────────────┼─────────────────┤
│                 │                 │
│                 │   ・鬼           │
│                 │   ・妖怪・カッパ │
│                 │    ・龍          │
└─────────────────┴─────────────────┘
```

図 4.8　MDA-OR 分析による怪力乱神の布置
(林・飽戸, 1976)

　ちなみに，怪力乱神に対する感じ方の回答率を，関連表の数量化で分析すると，タイムマシンに対する「あってほしい」回答が特異に多いことを反映して，タイムマシンが離れて布置する．どちらの方法がよいかというのでなく，それぞれの分析の特徴である（統計数理研究所リポート 44, 1979；林・飽戸, 1976）．

4.3.7　APM の方法と解析例

　これは，様々な項目の様子が，ある視点で見たときにある順に並ぶが，その視点のいくつかについての様々な順序を，一つの図の中に表示してみようというものである．項目を点 (point) で，視点の軸を方向をもった線 (矢, arrow) で表す方法というので APM と名づけられている．平面に項目を点で布置させて，原点を通る線を引くと，各点から各線に垂線を下ろしたとき，その足の位置が線の上に順序づけられるが，いくつかの視点にそれぞれ一致するような線が引けるように項目を布置させるのである．各視点について，その線上に落とした垂線の足の順序との一致度（順序相関係数）がどれも高くなれば，この図によって，項目の位置や線の方向が，用いた視点での見方を表すことができたことになる．このために，まず項目の布置を求める．項目間の近さで，視点ごとの順序の一致に基づく近さを表すようにするのであるが，この実際の分析は e_{ij} の数量化（数量化IV類）による．こうした布置の上に，実際に線を引き，その視点での順序になるべく一致する方向を試行錯誤で探していけばよい（これを自動的に行うプログラムはフォートラン (FORTRAN) で作成されている．[林　文『数量化プログラム』朝倉書店]）．

　7 カ国国際比較調査における例を示す．この場合，上述で項目としたものに相当する

ものは国である．視点に相当するのは，質問項目の領域別であり，順序は，各領域別スケールである．つまり，ある視点，例えば家庭に対する考え方が近代的か伝統的かのスケール値による．このスケール値は次のように求めた．各領域の質問群について各国別に数量化III類で分析した結果，各国で同様の一次元構造をなすことがわかったため，すべての国のデータを統合して（ボンドサンプル，この場合は国を単位と考え各国同じウェイトで集めた）数量化III類を行った．その第1次元目の値がその領域のスケール値であり，国別平均値で順序づけた．取り上げたのは8領域，「不安感」，「先祖に対する考え方」，「科学文明観」，「健康感」，「反拝金志向」，「経済・将来の展望」，「人間関係の信頼感」，「家庭についての考え方」である．APMの結果を図4.9に示す．各領域名の後の（ ）内の数字は順位相関係数であるが，これをみると，反拝金志向と健康感の視点については，実際のスケール値の順序とそれほど一致していないが，ほかの6領域では，かなりよく合致しているといえる．この視点を示す矢によって順序づけられた国の布置は，日本とアメリカ，オランダとドイツ，フランスとイタリアがそれぞれ近く，イギリスはほぼ中央にある．日本とアメリカが，このような視点で見たときに，これら7カ国の中で似た傾向を示しているのが注目される．

　また，属性の効き方の順序を問題にした例もある．視点に相当するのは属性，項目は質問回答肢である．属性の効き方は，例えば年齢別でいえば，年齢層間の回答率の分散の大きさで示される．こうしたとき，年齢が最も効いている項目，次に効いている項目，……という順序が年齢という視点を表す線へ各項目の布置から垂線を下ろし

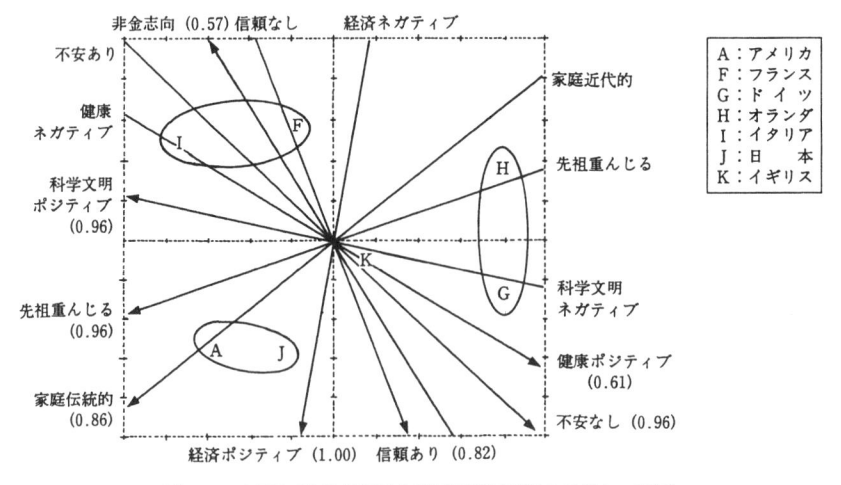

図 4.9　APM（統計数理研究所国民性国際調査委員会，1998）
領域スケール上の国の順序の表現．

た位置の順序で表すようにしてある．様々な属性によって効き方の順序が異なる様子が示されている．項目のほうに注目すると，近い項目は，どの属性でも似た順序にあることを示し，遠い項目は，線の方向，つまり属性によって，順序が大いに異なることを示す．

5

データ構造から情報を把握する

5.1 単純集計の比較から何がいえるか

5.1.1 単純集計の比較の重要性

単純集計は，質的なデータについて，最も基礎的かつ最も重要な記述情報である．一般社会のニーズに応える世論調査は，様々な質問に対する回答の単純集計だけ，あるいはちょっとしたクロス集計のためだけに行われることも多い．一つの質問に対する一つの集団における単純集計は，その集団の実態の一端を示すものとして重要な情報であるが，それだけでは結果をどう判断すべきかわからない．何か比較するものがあって，その回答のもつ意味や集団の有様が明らかになる．質問が複数あってこそ，集団の状況がわかるといえるだろう．集団内で複数の質問への回答の関連，あるいは属性別との関連をみるクロス集計が，質問の意味や内容の深い理解に欠かせない．また，集団の状況の把握は，複数の集団の比較によって可能となる．

単純集計は相関を扱うよりも調査対象の抽出の仕方に大きく影響を受けると言われており，よりデータの質が問われる．ランダムサンプリングで調査された場合には，得られた単純集計は，そのまま母集団の様子を表しているといえるが，実際には，調査不能などの非標本誤差があり数学的な誤差計算だけではすまない．調査はそれらの非標本誤差を最小にとどめる努力のもとに，調査結果から母集団の状況を映し出すものということができる．ところが国際比較などでは，必ずしもこの標本抽出が理想的に行われるとは限らないという問題をもっている．標本が偏っていれば比較したい集団について推定可能なものとは言いがたい．そこでは，とくに注目する項目に関する単純集計を集団間で比較し，詳細に論ずることはあまり意味がない．

しかしここでいくつかの例に挙げるように，多少あいまいな調査であっても，

複数の集団に対する複数の質問への回答の単純集計（回答分布）を総合的に比較することによって見いだされる集団間の近さの関連は，有効な情報を与えてくれることがある．以下の例は母集団からのランダムサンプルとはいえないデータもあるが，こうした大局的な見方によって，集団間の位置づけが納得のいく形で捉えられ，重要な情報となることが示される．各質問項目の集団間の差異を論じるのとは異なる見方である．

5.1.2 7カ国国際比較調査における例

これまで何度も例として既出であるが，7カ国国際比較調査は1987年から1992年にかけて，文部省科学研究補助金・特別推進研究（研究代表者 林知己夫）などを受け，意識の国際比較方法論の研究の中で行われた調査である．7カ国とは日本，アメリカ，イギリス，オランダ，ドイツ，フランス，イタリアで，個別面接聴取法で調査された．標本抽出は各国で現在実施可能な最も水準の高い方法が使われている．日本では，層別二段抽出で，回収率は72.4％であった．ほかの国ではクォータサンプリング，ランダムルートサンプリングなどの方法が用いられているが，国際比較調査としては最高水準の精度であると考えられる．有効回答数は，日本2265，アメリカ1563，イギリス1043，オランダ1083，ドイツ1000，フランス1013，イタリア1048である．

調査内容は，日常の様々な領域を網羅するものとして準備された．質問項目の選択は，国際比較調査の大きな課題であり，比較方法論の重要な点でもある．質問項目は，様々な比較すべき情報の中から，一度の面接で調査可能な限られた量を選択することになる．各国共通に考えられる質問項目ばかりではなく，それぞれの国に特有のものもあり，これらをあわせて調査票を作成するというのが「連鎖的比較調査分析法（CLA）」である．この7カ国比較調査では，初めに計画された5カ国（日本，アメリカ，イギリス，ドイツ，フランス）の間で慎重に検討して作成され，後から加えられた2カ国では，これに独自の部分を追加し，1，2問は削除された．

このように行われた調査は，現在いくつも行われている国際比較調査の中で最も信頼できる調査の一つである（統計数理研究所国民性国際比較委員会，1998）．しかしながら，母集団の名簿に基づく無作為抽出がなされた日本でも，回収率72.4％というのは1/4余りが回答しておらず，回答が母集団たる18歳以上の国民の意識を代表するものとしては偏っているかも知れない．72.4％の回答者の回答選択率と，調査不能の人々の選択率との差があるとすれば，その差の1/4の誤差となる（例えば，ある回答肢について回答者の60％が選択した場合，調査不能の人々が40％しか選択しないならば，全体では72.4％×0.60＋27.6％×0.40＝54.4％であるはずで，5.6％の偏りがあることになる）．ほかの国のランダムルートサンプリングなどは，なおのこと偏

りがあると考えるべきであろう．

　また，国際比較におけるもう一つの重要な問題として翻訳の問題がある（2.2節参照）．翻訳－再翻訳を繰り返して検討し作成した質問文でも，「同じ質問」とは何かという問題がある．ある国での質問文がほかの国でどう受け止められるか，社会状況の違いもあって，判断は困難である．調査結果をみて初めて解釈の違いが明らかになることもある．

　これらのことを考えると，この7カ国調査のように精度の高い調査であっても，母集団レベルでの国別の意識の違いを論じるにあたって，回答選択率の差を厳密に統計的検定して，その結果だけで解釈することなどは意味がない．むしろ，経験上10％以上の差があれば明らかに違うと考えるくらいが妥当である．また，その差異だけに注目して個別に理由づけをすることもデータの科学の考え方に反するものであり，ほかの質問との関連などを総合的に検討する必要がある．

　ここでは，あえて単純集計だけに注目して，7カ国の各質問回答肢の単純集計表を，関連表の数量化を用い回答分布の総合的比較から，国の間の近さの関連を表現してみることとする．共通質問は98問ありその回答肢の総数は「その他」，「D. K.」などを除いても346個ある．この中から，回答率の大変低い項目を除いたり，隣り合う回答肢を統合したり，また裏表の関係にある回答肢はどちらかを除くなど，整理してほぼ200の回答肢の単純集計表を作成し，数量化III類で分析したのが，図4.5（p.129）であった．ここから大きく見れば（日本），（アメリカ・イギリス・オランダ・ドイツ），（フランス・イタリア）という3極構造であることがわかる．

　さらに，7カ国調査以外の調査を加えてみた．日系人調査である．日系人については，連鎖的比較調査分析法の調査対象についての考えの中で重要な役割をもっており，日系アメリカ人は日本とアメリカの，日系ブラジル人は日本とブラジル（ラテン）の比較をつなぐ鎖の一つの輪をなす．日系アメリカ人については，ハワイにおいて1971年から1999年まで5回の調査が企画実施され，日系ブラジル人については1991年に実施された．さらに，1998年にはアメリカ西海岸における日系人調査も行われた．いずれもサンプリングについては慎重な計画の上に実施されたものである．これらすべてに共通の質問は，ずっと数が減り，整理後の回答選択肢総数は60程度となっている．同様の数量化III類の分析により，図5.1が得られた．日系人の位置は大変興味深いものである．日系アメリカ人はアメリカに大変近い．これは，アメリカ社会における日系人は日本的な問題以外はほぼアメリカ人と同じ意識であることを示すものであろう．日系ブラジル人は日本とイタリア，フランスの間にある．ブラジル人の調査はないが，イタリア，フランスと同じラテン系であることから，それに近いことが予想され，日本とラテン系の間に日系ブラジル人が位置するのも納得できる．

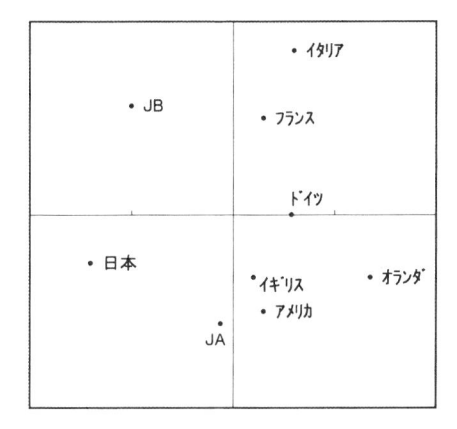

5.1 単純集計の比較から何がいえるか　　　　145

図 5.1 7カ国と日系人の布置
単純集計表に対する関連表の数量化による．JA は
日系アメリカ人を，JB は日系ブラジル人を示す．

このように様々な質問に対する単純集計を総合的に比較することにより，集団間の関連を示す位置づけは，重要な情報を与える．

5.1.3　HLA 抗原遺伝子の分布からの民族集団の位置づけ
（ⅰ）　データ源とデータの特性

　ここに挙げる例は，人の意見や行動を探る調査データではないが，反応数の分布を比較する扱いは同様であるので取り上げておきたい．HLA 抗原遺伝子についての国際比較データベース（辻　公美，東海大学）によるもので，このデータベースの協力機関は世界で 242，日本における協力機関は全国にわたっている．対象として扱う集団は民族あるいは国によってまとめられているが，とりあえず民族として考えることとする．また，各機関で調査された対象者（サンプル）は無作為標本ではなく，民族としての代表性には疑問があるが，親子のデータがあれば片方のみ用いるなど，偏りを最小限にするようにデータを整理した．

　ところで，HLA 抗原は人の免疫反応を導入する物質で，移植免疫で重要な役割をなすが，その型は対応する遺伝子によってコードされる．遺伝子の第 6 染色体にある A，B，C，D，DP，DQ，DR の座からなっており，各々の座には多数の対立遺伝子が所属していて，人はそれぞれ各座の対立遺伝子を二つ（父親由来と母親由来）もつ（狩野，1980）．対立遺伝子の出現頻度は民族によって異なることが知られており，国際的な出現頻度（単純集計）データから民族の近さを表現する試みの例について示すこととする．

　民族名とサンプル数は表 5.1 に挙げたとおりである．統一された検出法によって調

表 5.1 主な対象集団と調査状況

	民族（順不同）	サンプル数	総出現抗原数	出現率 5%以上
1	North American Negroid	461	75	42
2	French	366	69	49
3	German	383	73	44
4	Italian	592	74	41
5	Spanish	296	68	40
6	U.S.A.	254	70	43
7	Canadian	220	67	44
8	Brazilian	365	69	44
9	Japanese	1039	62	34
10	Korean	264	62	38
11	Thais	242	66	37
—	African Negroid (North)	59	66	49
12	South African Negroid	106	70	44
13	South American Negroid	118	69	45
14	Australia Aborigine	123	58	37
15	Albanian	218	67	39
16	Armenian	167	69	37
17	Austrian	99	66	41
18	British	141	66	41
19	Cornish	101	59	35
20	Dane	153	68	40
21	Greek	237	68	41
22	Portuguese	126	64	41
23	Yugoslavian	100	61	38
24	Indian	100	63	43
25	Mexican	128	72	45
26	Vietnamese	154	66	40
27	Inuit	157	51	24
—	North American Indian	51	75	42
28	African Negroid (South)	103	50	32
29	Bushman	103	48	26
30	Zimbabwean	118	57	38
31	Czech	122	64	40
32	Ukrainian	127	67	31
33	Han Northern	185	66	34
34	Han Southern	139	53	32
35	Manchurian	194	66	41
36	Taiwan Aborigine	180	46	25
37	Inner Mongolian	104	65	40
38	Buriat	109	60	35
39	Mongolian	139	67	45

注：左の番号のかわりに―印があるのは，サンプル数が少なく，これ以降の分析では除外したところ．

5.1 単純集計の比較から何がいえるか 147

表 5.2 39民族の比較可能共通項目（80項目）

A 19項目	B 38項目		Cw 7項目	DQ 4項目	DR 10項目
A 1	B 7	B 51	Cw 1	DQ 1	DR 1
A 2	B 8	B 52	Cw 2	DQ 2	DR 2
A 3	B 13	B 53	Cw 4	DQ 3	DR 3
A 11	B 14	B 54	Cw 5	DQ 4	DR 4
A 23	B 18	B 55	Cw 6		DR 5
A 24	B 27	B 56	Cw 7		DR 6
A 25	B 35	B 57	Cw 8		DR 7
A 26	B 37	B 58	Cw 9		DR 8
A 28	B 38	B 59	Cw 10		DR 9
A 29	B 39	B 60			DR 10
A 30	B 41	B 61			
A 31	B 42	B 62			
A 32	B 44	B 63			
A 33	B 45	B 67			
A 34	B 46	B 70			
A 36	B 47	B 73			
A 43	B 48	B 75			
A 66	B 49	B 76			
A 74	B 50	B 77			

査されているが，各機関において調査の精粗があり，共通に比較できる抗原は80となった（表5.2）．各民族ごとに出現したHLA抗原の数を表5.1の「総出現数」の欄に示す．サンプル数が多くなると出現する抗原の種類が多くなるのは普通であるが，このデータでは民族ごとにサンプル数が異なるので，参考程度のものとしてみたい．

(ii) **HLA抗原の分布からみた比較**

（1） 日本人の単純性と特性

HLA抗原の多様性をみる一つの尺度として，出現相対頻度が5％以上の抗原の数を比較してみた（表5.1の右の欄）．日本はサンプル数が最も多いにもかかわらずHLA抗原の総出現数が少なく，この意味で日本は単純であるとみることができる．出現数が少ないことが民族の混ざり合いが少ないことを意味するのであれば，日本人は意外に古い時代に日本人として存在していたということになる．日本を東西(新潟県，長野県，静岡県を含む東部を東，残りを西とした)に分けて分布を比較したが，まったく差はなく，ちなみに，奇数番目と偶数番目にわけた場合も，まったく差はなかった．

（2） 日本を基準にした頻度の図から諸民族の分布の差異をみる

各HLA抗原の出現頻度を諸民族間で比較するため，日本を基準として，日本で出現

頻度の高い順に抗原を横軸に並べ，ここには載せていないが各民族での頻度を縦軸にとり，折れ線表示した図を A, B, Cw, DQ, DR 別に作成してみた．煩雑になるので，アジア，ヨーロッパ，スラブ系，その他に分け，常に日本の頻度を入れた．日本の単調減少の折れ線に対して，各民族の線が上下し，日本の特殊性が示された．また，ヨーロッパ諸国は上下する様子が互いに似ており，類似性が理解できた．各抗原の中で DQ に属するものは，どの民族でも頻度がかなり類似している．

以上，HLA 抗原の分布の状況から単純にみるだけでも民族間の関連について得られることは多い．

(iii) 分布の差異を総合的にみた諸民族の分類

どこが近くどこが遠いか，分布の差異をもとにして諸民族の分類を行ってみることにした．

（1） 39民族の関連表の数量化

HLA 抗原 80 種類について，39 民族それぞれで整理された HLA 抗原出現頻度から，民族間の距離を視覚的に表現することを試みた．相対頻度（パーセント）を民族と各 HLA 抗原遺伝子との関連として，相対頻度表をそのまま関連表の数量化（数量化III類のクロス表への適用）し 39 民族の布置を求めた．この結果を図 5.2 に示す．第 1 軸と第 2 軸の値をプロットしたものである．

アジアとヨーロッパとアフリカの 3 グループに大別されることがわかる．しかし，

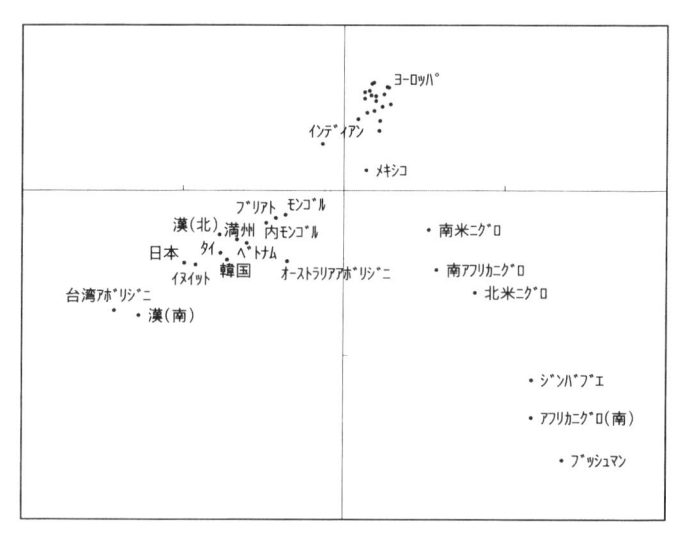

図 5.2 39民族の布置（関連表の数量化，第 1 軸×第 2 軸）

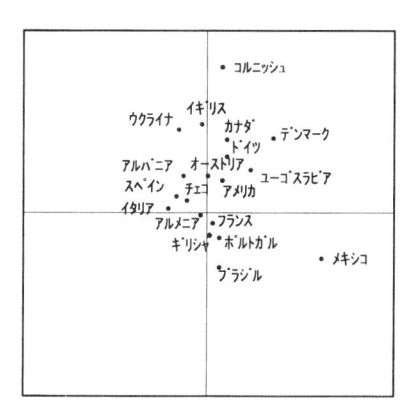

図 5.3 第3軸×第4軸によるヨーロッパ諸民族の布置

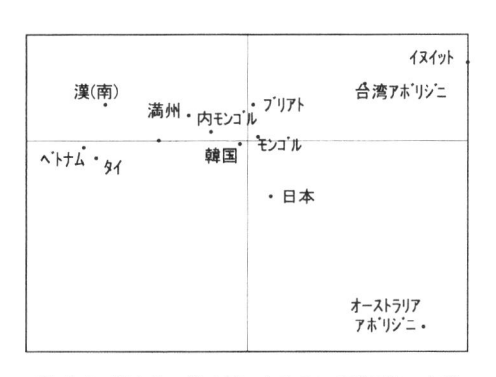

図 5.4 第3軸×第4軸によるアジア諸民族の布置

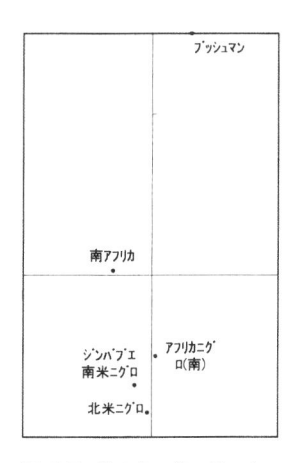

図 5.5 第3軸×第4軸によるアフリカ諸民族の布置

それぞれの中の位置関係は常識的な民族間の関係と結びつかないように見える．そこで，それぞれのグループの中について，第3軸と第4軸の値をプロットしてみた．ヨーロッパの中（図5.3）はあまり明確ではないが，第4軸の方向にヨーロッパの北方と南方が散らばっている傾向が見いだせた．アジア系（図5.4）は，オーストラリアアボリジニ，イヌイット，台湾アボリジニが第3軸のプラスの方（右方）に特別に離れてしまっており，中間に日本を含むモンゴリアン系，そしてタイ，ベトナムと順に並ん

でいる．アフリカ（図5.5）はブッシュマンが第4軸プラス方向に大きく離れている．第1軸，第2軸の値には，大きなグルーピングが現れるが，その内部の様子は，ほかのグループとの関係が大きく影響してしまい，グループ内の関係を必ずしも表していない．第3軸以降の値は，それをある程度表しているとみることができる．

同じデータで主成分分析を用いた結果もほぼ似ている．

（2）民族間の非類似性（距離）のクラス分けに基づく分析（MDA-OR）

段階分けのもととなる民族 i，j 間の距離 $d(i,j)$ を次のように定義する．

$$d(i,j) = \sum_{k=1}^{80} \frac{(P(i,k) - P(j,k))^2}{80}$$

ただし，$P(i,k)$：民族 i における抗原 k の相対出現頻度（%）である．MDA-OR の方法は，項目間の非類似性が順序のついたクラス分類で与えられた場合の多次元尺度解析法である（4.3.6項参照）．

まず39民族について上記の距離を計算してみると，イヌイットのほかとの距離がとくに大きいなど，サンプル数のあまり多くない民族のほかとの距離が大きくなる傾向が見いだされた．無理のない段階分けに基づいて MDA-OR 分析にかけたが，そういった特別なもの以外の相互関係をうまく表現する空間配置を求めることができなかった．これは，この距離の定義が，サンプル数の多少による調査誤差を反映してしまっているためと考えられる．そこで，39民族全体の位置づけを一度に求めることをやめ，次のような段階に従って，徐々に部分的に区切って相互関係を明らかにしていった．

【段階1】 サンプル数300程度以上ならばほぼデータが信頼できるとして，実際にはサンプル数が296以上の7民族（フランス，ドイツ，イタリア，スペイン，ブラジル，日本，北米ニグロ）についてまず考えた．距離マトリックスから，明らかに日本が飛び離れ，北米ニグロも離れ，あとの5民族は非常に近いことが読み取れた．

【段階2】 対象をサンプル数が200程度以上（実際は194以上）とすると14民族となる．相互の距離マトリックスをみると，アジア系（日本，韓国，タイ，満州）はヨーロッパ系から離れているとともに，相互間距離もヨーロッパ系間の距離よりも遠い関係にあることがわかった．北米ニグロはどちらかというとアジア系よりもヨーロッパ系との距離が近い．

【段階3】 前段階で相互の距離が小さい9民族の内部に注目してみる．それらの距離マトリックスは一見しただけでは相互の近さがわからない．そこで，9民族相互の距離を3段階のクラスに分け，順序のあるクラス分けに基づく MDS の方法の一つである MDA-OR で分析した．得られた民族間の相互関係を図5.6に示す．

【段階4】 前段階で用いたヨーロッパに周辺の10民族を加えて19民族としてみ

5.1 単純集計の比較から何がいえるか　　　151

図 5.6 ヨーロッパ7民族間の距離による布置（MDA-OR）

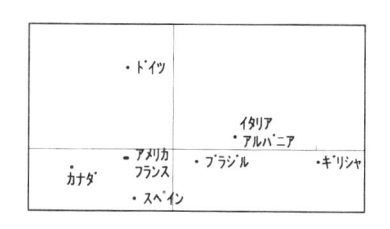

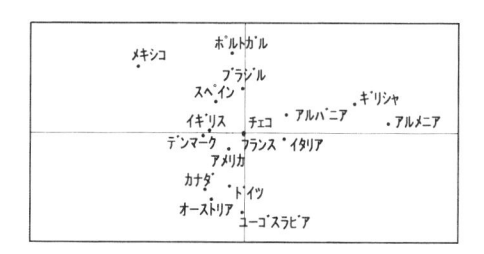

図 5.7 ヨーロッパと周辺17民族の布置（MDA-OR）

た．その結果から，コルニッシュとインディアンが少し異質であることが見いだせた．

【段階5】　前段階の結果から，離れた2民族を除いて17民族で距離のクラス分けをやり直し，MDA-OR で分析した結果を図5.7 に示す．

中心のグループから，メキシコと，その反対側にギリシャとアルメニアが離れている．中心のヨーロッパはラテン系とドイツ・オーストリア系が第2次元目で分けられる傾向が見いだされる．

【段階6】　前の結果から，ほかの民族との距離を考えると，ヨーロッパ系14民族は一つにまとめた方がよいことがわかる．そこで，これらの14民族の HLA 抗原の分布を統合して%を算出し直し，残りの各民族との距離を計算した．その距離をクラス分けして MDA-OR で分析した結果，ヨーロッパ民族としてさらにギリシャ，アルメニア，メキシコも加えて一つの民族と考えた方がよく，改めて17民族をまとめてヨーロッパ民族とすることにした．

【段階7】　17民族をまとめてつくったヨーロッパ民族と残りの22民族の相互距離を計算し，クラス分けしたマトリックスに基づいて MDA-OR 分析した結果，図5.8に概略を示す形となった．

イヌイットが離れ，ブッシュマンが逆の位置に離れている．第2次元目ではコルニッシュ，アフリカンニグロ（南），ジンバブエと，その対極に台湾アボリジニがある．残りの中心部分は，台湾に近いほうに，漢（南），日本，韓国，満州などが位置する．コルニッシュとアフリカンニグロは直接には距離があるが，それぞれと他との距離が似ていることから同じ所に布置されると考えられる．

【段階8】　段階7のマトリックスをみると，北米ニグロ，南米ニグロ，南アフリカニグロは他民族との距離がよく似ているため統合した．また，前段階の分析結果で明らかに分かれているアフリカンニグロ，ブッシュマン，ジンバブエ，コルニッシュ，台湾アボリジニ，イヌイットと，第3次元目で離れたオーストラリアアボリジニを除いて，距離をクラス分けし直し MDA-OR 分析した結果が図5.9 である．

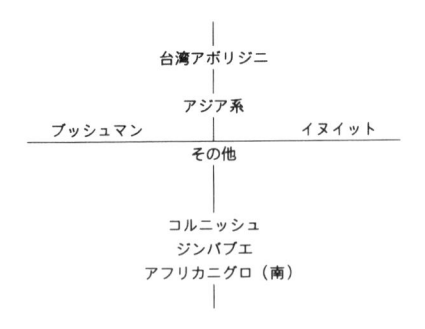

図 5.8 世界 23 民族の布置（MDA-OR, 概略図），ヨーロッパを一まとめにしたもの．

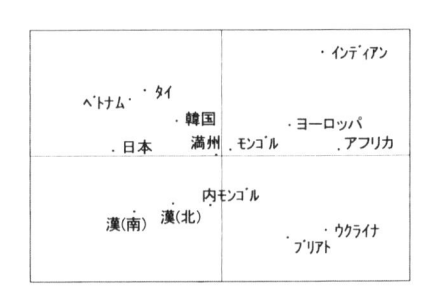

図 5.9 世界の 14 民族の布置 ヨーロッパとアフリカ民族をそれぞれ一つにまとめ，飛び離れた民族を除いたもの．

【段階 9】 ここでのアジア諸民族の位置は，その他との関係で出てきたものなので，アジアの中だけの相互関係から MDA-OR 分析を行ってみた．アジア諸民族間の距離マトリックスを作ると，イヌイットは全民族の距離マトリックスでも特別に他民族と離れていることがわかり，段階 7 の図 (図 5.8) でも非常に離れた位置にあるので，アジアからも除いた．さらに台湾アボリジニとオーストラリアアボリジニも他の 10 民族のどれとも離れていることがわかるので，これらも除いた 10 民族の距離をクラス分けした．MDA-OR 分析の結果，モンゴル，漢，満州を中心にタイ，ベトナムと日本，ブリアトが分かれる形となった．韓国は満州と日本の間にあって満州に近い．

【MDA-OR 分析のまとめ】 図 5.7 のヨーロッパ，段階 7 で明らかに離れていることが示された 6 民族と段階 8 で分析された 14 民族の布置 (図 5.9) は，世界の民族的集団の「HLA 抗原の分布の差異に基づく距離関係」を表すものといえる．明らかに離れているとされた民族は，アフリカの原住民とアジアの原住民であり，それぞれ他民族との遺伝的交流が少ないものと考えられる．逆に，ヨーロッパ内では各民族の差が非常に小さい．つまり遺伝的にかなり混ざりあっていることを示すと考えられる．これに対して，アジアの各民族間の HLA の分布の差は，ヨーロッパとアジアの差と同程度でかなり大きい．つまり民族的にヨーロッパ各民族相互間よりもずっと離れていることが示されているといえよう．

(iv) HLA 抗原遺伝子と民族についての総合的知見

HLA 抗原の出現頻度は民族の間で大きく異なっている．日本は出現する抗原の種類が少なく単純である．出現の関連性については，ある程度の共通の頻度を示すものについて，大局的な共通性を見いだしたが，相対頻度の差があまりに大きなものの関連性の国際比較は意味があるとは考えにくい．

その出現相対頻度の差に基づく世界の民族の距離を計算したところ，ヨーロッパ系の諸民族間の距離は小さく，世界の比較ではまとめて扱うべき程度のものとなっていた．世界の民族間の距離を表す布置は段階的な選択・統合・削除の過程を通して図5.7, 5.9にほぼ表せた．ここには示さなかったが，沖縄のデータの分析を加えたところ，日本に非常に近いことが示されている．

なお，以上の例に取り上げた研究は，科学研究費補助金「人文科学とコンピュータ」1996年度の報告として「データ構造把握のための数量化と分類の統一化に関する研究—QOLとHLA抗原に関連して—」(研究代表者 林 文，研究分担者 林知己夫，山岡和枝，生越喬二（東海大学・医学部），辻 公美（東海大学・医学部），重久 剛（東京家政学院短期大学），No. 7207115 B 03) としてまとめたものに加筆したものである．

5.1.4 中国上海調査における内部集団比較と国際比較
(i) 上海調査データの質の検討

中国調査として上海の浦東地域の調査については，1.2.2項に詳しく述べた．これに引き続き，上海の企業10社の従業員を対象にした工場従業員調査も行われた．この調査で用いた質問は，1987年の上海住民調査（集合調査で行われた）の質問項目から選択されたものと新たな質問からなる．台湾では1987年調査とほぼ同内容の調査が行われている．いずれもハワイ大学イーストウェストセンターのゴドウィン・チュー (Chu, G.) らによる．また，日本では1990年に1987年上海調査との比較のため，質問項目を選択して，首都圏で調査を行った (Chu et al., 1995)．ここで扱うことにした集団は，これらの1987年上海調査，台湾調査，東京調査，1996年浦東8地区調査，上海企業従業員調査（国有企業，集体企業，中外合資企業）である．上の例と同様に各集団ごとの調査質問回答肢の単純集計表について数量化III類の分析を行った．

ここで，工場従業員調査についても概略を示しておく．工場従業員調査の対象とする工場を選択するにあたって，その経済形態によって三つの層に層別し，各層からいくつかの工場を選択，合計で各層同人数となるように計画した．中国の工場は，国有の企業のほか，いくつかの経済形態の種類がある．集体企業，株式企業，外国資本企業，中外合資企業，などである．集体企業は，地方の組織（区や郷や鎮など）の集団所有企業で，経済改革以前から国営とともにあった公有の形態である．規模は様々で，農民が農業のかたわら工場労働に従事している場合が多い．1978年の改革開放以降，国有と改められた国営企業は，企業の数も従業員数も減少してきており，経営状態も思わしくない状況が続いている．これに対して，個人企業や外資系企業が増加している．上海市は1980年代半ばに経済特別区として開放され，1990年頃から浦東地区を中心に，外国資本や中外合資企業が多数設立された．

これらの経済形態の種類により，その従業員の待遇，意識も異なることが予想され，従業員調査は工場の種類による層別サンプリングの計画をたてた．しかし，純然たる外国資本の企業は調査を依頼することが困難なことから，国有企業，集体企業，中外合資企業の三つの種類を対象とすることになった．この三つの層からそれぞれほぼ同数のサンプルを選ぶこととした．それぞれの中から適当な企業を複数選び，種別にほぼ350人ずつ，合計1050人を計画したが，企業の選択と調査実施は上海共同研究者にまかせられた．上海の研究者が調査を依頼することができた工場は，国有企業として2社，集体企業は1社，合資企業は6社である．対象個人は，それぞれ社員名簿から抽出された．対象人数は，調査協力の度合いによって，国有企業2社は200人と154人，集体企業は350人となり，合資企業は企業規模に基づいて標本数を定め，合計1054人となっている．

調査は企業内で行われ，面接法と自記式の二つの方法が使い分けられた．つまり，対象者の学歴が低く年配者の場合は面接法で行い（全体の約1/4），学歴が高く読み書きに不自由のない場合は調査員の指導のもとに自記式で行われた．自記式の後も監督指導員がチェックして疑問点は訂正させるなどし，回収率は100％ということであった．

このように，工場のサンプリングについては，結果から考察すると，完全な人的コネクションによるもので，かなり偏っていると考えざるを得ない．中外合資企業には，台湾やマカオの華僑との合弁もある程度含まれ，母集団としてどこまで含んでいるかはっきりしていない．個別にどの企業からのサンプルであるかの記録もないため，国有企業や中外合資の中では企業の差について考察をすることもできないのが残念である．調査方法については，面接法と自記式が混ざっているが，自記式の後も監督指導員のチェックによって疑問点を訂正させている点で，両方法は近い結果を導いているとも考えられる．

企業経済形態別の調査対象サンプルの基本属性についてもふれておかねばならない．年齢別では，いずれも20歳代が多いが，国有企業のサンプルは半数近くが20歳代であり，集体企業のサンプルは40歳代も多い．性別と年齢の関係でみると，国有と合資のサンプルはそれぞれ男女の年齢構成がほぼ同じである．集体のサンプルは女性が圧倒的に多く，とくに40歳代の割合がこの集体の女性サンプルでは多い．

学歴はこの性別年齢別や職種と関連がある．集体のサンプルは7割が中学校卒業，2割強が小学校卒業である．国有のサンプルは半数が中学校卒業である．合資企業のサンプルは高等学校と大学以上の学歴をもつ者が3割ずつある．職業上の地位は，国有と集体では，一般労働者が過半数を占め，普通職員が1/4である．合資では一般労働者と普通職員とその他（部課長・専門技術者）が1/3ずつとなっている．これらとの関連もあると思われるが，収入は，集体のサンプルが最も低く平均収入約380元，国

5.1 単純集計の比較から何がいえるか

有のサンプルの平均収入は約 630 元,合資のサンプルでは平均収入約 1200 元と,その差は非常に大きい.この違いは合資のサンプルが年齢が高く学歴が高いためばかりではない.年齢別に収入を比較すると,どの年代でも,集体,国有,合資の順に収入が多くなっている.また,年齢別に学歴別の収入をみても,どの学歴層でも,企業の経済形態による同様の収入の違いが見られる.

これらの属性分布をみてくると,それぞれの経済形態別の層から工場を選び,そこから個人を抽出しているが,そうして調査されたサンプルは,その経済形態を代表するものとは考えにくい.経済形態も調査対象サンプルの属する企業の一つの属性として見たほうがよさそうである.

ここで,浦東住民調査の地区ごと,工場従業員調査の経済形態別における回答選択率比較のために属性分布の違いを考慮したウェイトづけをすることも考えられ,これについての考え方を述べておく.

浦東調査の 8 地域の比較は,それぞれの地域のサンプルの属性別分布がそれほどは違わないので,そのまま比較することとした.

工場調査は三つの経済形態種類別で属性分布に大きな違いがある.とくに性別では,集体企業は女性が 85 % を占め,年齢分布や学歴の分布が異なり,収入もかなり異なることは前述のとおりである.様々な意識は性別や年齢別によって異なるので,各質問回答選択肢への回答率を比較するためには,それらの属性分布を揃えるウェイトづけ集計が必要と考えられる.

集体企業の性別分布は大変偏っているので,種類別に性別のウェイトづけをし,すべての質問回答選択肢についての集計結果をみたところ,国有企業の結果はさほど変化せず,集体企業では男性のデータを 8 倍にもしたため,かなりの差が出た.ほかの属性によるウェイトづけも考えるべきであろうが,これは簡単にはいかない.様々な属性によって意見の違い方も様々で,複雑なウェイトづけをすれば,かえって誤差を膨らませることとなり,かといって簡単なウェイトづけは意味がない.したがって,工場種類別の比較をするにも,属性分布の違いはあるが,あえてウェイトづけせず,常に属性分布の異なることを念頭に置いて,分析結果をみていくこととした.

工場調査と浦東調査の比較については,工場種類間の比較以上に属性分布が異なっているため,安易な比較はできない.属性分布もかなり異なる.とくに異なるのは年齢分布である.浦東調査では 30 歳代と 40 歳代が多いが,工場調査では圧倒的に 20 歳代が多い.しかし,年齢分布によるウェイトづけをしても,ほかの要因(ほかの属性分布の違いや,質問文の微妙な違い,調査の仕方の違い,工場という集団内調査の特殊性など)による違いが大きく,あえてウェイトづけをしないこととした.

浦東住民調査も工場従業員調査も,どちらも調査対象者の母集団がはっきりせず,

ランダムサンプルとは言い難い．このようなデータを，詳細に分析することは，あまり意味がないと考えなくてはならない．しかし，これが中国の現状では限界と考えられるので，調査された属性分布の様子などを考慮しながら，細かなところにとらわれずに分析結果を理解していく必要がある．

（ii） その他のデータ

さて，浦東住民調査および工場調査の質問項目は，旧上海調査から台湾調査，日本（首都圏）調査と続けられてきた質問項目と，その他の研究で用いられてきた質問，新たに作成された質問で構成されている．旧上海調査の質問票はそのまま用いたものもあるが，変更されたものもある．小さな変更のほか，実施を担当した中国研究者によって変更されてしまったものもある．

1987年の上海調査は政府を通して行われたもので，集合調査で行われている．台湾調査とともに，調査の精度についての評価は不可能である．

（iii） 単純集計の比較からする集団間の距離の表現

これらの回答選択率の総合的な比較について述べよう．個々の質問の回答について細かな違いを解釈すると，理解できないこともある．しかし，大きな差については前節のHLA抗原遺伝子の出現頻度の場合と同様に，集団間の特徴が現れているのではないだろうか．

浦東調査の8地域，工場調査の三つの種類別，1986年の上海調査，1987年の台湾調査，1990年の日本（首都圏）調査間の回答選択率の差異に基づくそれら集団間の遠近の関係を表してみた．比較に用いる質問の内容領域によっても，その関係は異なってくることが予想されるが，これらの集団すべてに共通して用いられ，回答選択肢もほぼ同じと判断されたものはそう多くはなく，その範囲の内容について比較した．

まず，浦東調査の8地域の関係は図5.10のようになる．比較に用いた回答肢は，地域としての属性的な特性を表すものを除き，考え方に関する回答である．地域A，B，F，Hが一つのクラスター，C，D，Eが一つのクラスターを形成しており，地域Gだけが離れている．この関係は，比較する質問を少しずつ変えてもほとんど変わらない．この8地域は地域としての属性の違いが大きく，住宅の構造や浦東転入前の身分などそれぞれに地域差が異なっているが，それらから同様の分析をしたところ，B，E，Fが一つのクラスター，A，C，Dが一つのクラスター，G，Hが一つのクラスターをなし，地域としての属性的特性による地域の遠近の様子と，回答特性からみた地域の遠近の様子が異なっている．

工場調査の三つの種類別を比較してみたところ，合資がとくに離れていることが示された．

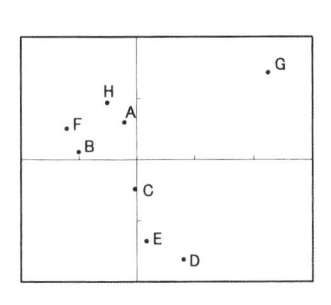

5.1 単純集計の比較から何がいえるか   157

図 5.10 中国上海浦東 8 地区の布置（単純集計を用いた関連表の数量化による）

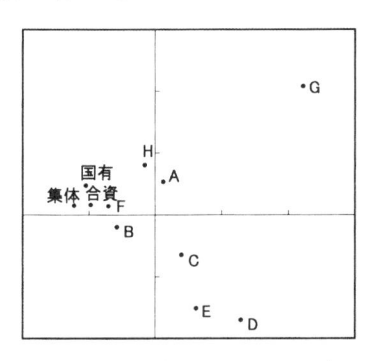

図 5.11 工場調査の 3 種類を加えた布置

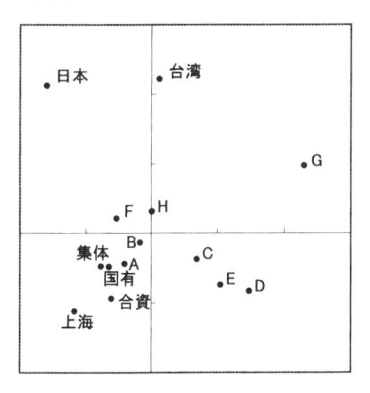

図 5.12 上海，台湾，日本調査を加えた布置

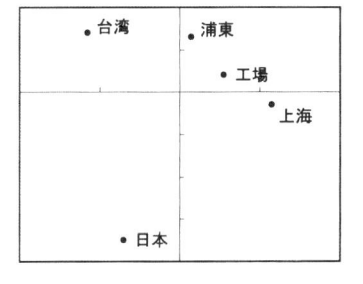

図 5.13 浦東，工場，上海，台湾，日本の布置

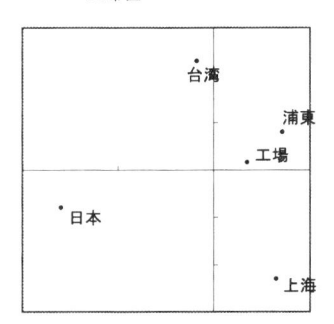

図 5.14 数量化Ⅱ類の外的基準とした 5 集団の個人得点の平均値による布置

次に，浦東住民調査と工場従業員調査の共通質問を用いて，浦東の8地域と工場調査の種類別とを一緒に比較した．その結果は図5.11のようになった．工場調査は三つの種類とも浦東調査のA, B, G, Hグループの外側近くの位置になった．浦東住民調査のうち職業が工人（工場従業員）であるもののみを一つの集団として比較に加えてみたところ，工場調査の3種類とは別に，やはり，浦東調査の中に位置している．

さらに，1986年の上海，台湾と日本との関連に広げてみた．共通質問があまり多くなく，用いたのは，離婚，トラブル，転職の判断基準，よい上司の条件，伝統価値観の質問の回答である．それらの中でも，浦東の8地域は前の例と同様の所に位置し，その近くに1986年上海，離れたところに台湾，1990年日本（首都圏）が位置するかたちとなった（図5.12）．台湾や日本などまったく別の調査の違いと，浦東の地域内や工場の種類別などのいわば内部の違いとを，一緒に扱うのは適切でないと考えられるので，浦東調査を一本に，工場調査を一本にまとめたものと，1987年上海，台湾，1990年日本の五つの地域（種類）として，同様に関係を分析したところ，図5.13のような結果となった．大きな調査集団の差を見ると，東京と旧上海調査が最も離れており，台湾が少し東京寄りにあり，1996年浦東住民と工場従業員は互いに近く，旧上海と台湾の間に位置している．

こうしてみると，大きくみれば，1986年上海調査と今回の工場調査の近いこと，日本が最も離れていることなど，大変興味深く納得のいく結果であるといえる．結果をみると常識的ともいえる関係表示が，回答選択率の比較から表されたことは興味深い．

（iv）ミクロデータとしての分析

これらの調査で共通した項目として，働く意味とリーダーシップの質問がある．1987年の上海調査と1991年の日本の首都圏調査との比較で，興味ある日中の違いとして見いだされていた問題である（林ら，1994）．1996年の上海工場調査を用いて分析したところ，まったく同様の結果であった．これらの質問に関して，数量化II類の分析によって，個人の回答構造から所属集団を予測してみた．常識的ともいえる差が見いだされた．これは，多少取り上げる問題を変えても変わらない．このことは重要な情報である．(iii)と同様の大きな五つの集団の分類を予測した結果を2次元でみると，まったく同様の関係が示されている（図5.14）．

（v）総合的な見方の重要性

大きな差のあるところをつなぎ合わせて，総合的な見方をしていったところ，伝統的文化に対する回答が，1987年上海調査よりも今回の浦東調査は台湾や日本に近くなっており，ここ10年間で，紅衛兵時代の思想の影響で否定されていた伝統的文化価値

が，ある意味で伝統回帰している様相がうかがえた．一方，新しい価値意識が若い世代に現れていることも見いだされた．

異なる分析方法によって，同様の結果が得られたことは，多少厳密でないデータであっても，このような大局的な見方に，意味ある情報が得られることを示している．

国際比較では，まったく同じ条件で調査を行うことが重要であることはもちろんであるが，国の事情や，研究者相互の意志疎通の問題があり，表面的に同じであっても，内容は異なっていたり，完全に同じ土台での調査は大変困難であり，厳密に言えば不可能ということになってしまう．大変困難であることを踏まえた上で，最大の努力をし，その結果をまた様々な状況を踏まえて論じたい．

5.2 データ構造の把握

5.2.1 データ構造の例

対象と項目の関連の最も単純な例は，ガットマンスケール（2.3.1項参照）をなす構造である．実際に完全なガットマンスケールをなす例はないだろうが，集団のかなりの部分がその構造形に吸収される場合がある．すでに2.3節の調査票の簡略化においても詳しく述べられているが，ここでは簡単な例として，ガンの告知に関する学生意識調査における例を示す．もう一つ，より複雑な構造の中に単純な構造を見いだした例として，日本人の国民性調査における例をあげる．

（i） ガットマンスケール構造の例

1.2.1項で述べた学生調査のデータである．集団の間で回答に違いがあることは述べたとおりであるが，ここではすべてを単純に加えた．全体の回答率については意味がないが，集まった回答者全体の回答構造として捉えてみる．

質問は次のとおりである．まず，

> Q1 あなたは，「ガンの告知」という問題に対してどう考えますか？ あなたの家族や近い親戚がガンにかかった場合を想定して，医師が患者に対して，どうしてほしいか，次の中からいくつでも選んで下さい．
> 1. どんな場合でも本当のことを告知する
> 2. 治癒の可能性の程度によって告知するかどうか決める
> 3. 本人の精神的条件によって告知するかどうか決める
> 4. 本人以外の条件によって告知するかどうか決める
> 5. どんな場合も告知しない

とし，次に，

> Q2　本人の条件によって告知するかどうか決めるとすると，どんな条件によると考えられますか？
> 1. いかなる条件にもよらない
> 2. 本人が告知を望んでいるかどうかによる
> 3. 本人の性格による
> 4. 治癒の可能性の程度による
> 5. 本人の年齢による

とし，続いて「治癒の可能性の程度を考えてみるとすると，どの程度でどうしたらよいでしょうか？」とした．

> Q3　アからキのそれぞれの程度について，知らせたほうがよいか，しないほうがよいかお答えください．
>
> | | | | 告知する
ほうがよい | 告知しない
ほうがよい |
> |---|---|---|---|---|
> | ア． | ほとんど治る場合 | （治癒率99％以上） | 1 | 2 |
> | イ． | まず治る場合 | （9割程度） | 1 | 2 |
> | ウ． | 大体は治る場合 | （7～8割程度） | 1 | 2 |
> | エ． | 半々の場合 | （4～6割程度） | 1 | 2 |
> | オ． | なかなか難しい場合 | （2～3割程度） | 1 | 2 |
> | カ． | かなり難しい場合 | （1割程度） | 1 | 2 |
> | キ． | ほとんど治る見込みがない場合 | （治癒率1％以下） | 1 | 2 |

　ア～キで考えが変わらない回答の人は41％（すべて1の回答40％，すべて2の回答1％）である．それらを除いた381人の中で，それぞれの程度についての回答をみると，ほとんど治る場合については「告知するほうがよい」とする人が87％（治癒の可能性の程度によらず告知を望む人も合わせれば全体の91％）ある．治癒の可能性を次第に低く想定していくと，治癒率7～8割まではほとんど変わらないが，4～5割，2～3割になると告知賛成が減少し，治癒率1割程度の場合になると，ほとんど治る見込みがない場合とほぼ同じ20％に激減する（治癒の可能性の程度によらず告知を望む人も合わせれば全体の51％）．4～5割を「半々」，2～3割を「なかなか難しい」としたために，そこでの区別がとくに大きく感じられたかもしれないが，この間で告知賛成率の変化が大きい．

　個人の変化に注目すると，多くの人は治癒率が低く想定されるにつれて「告知する

ほうがよい」から「しないほうがよい」の方向に回答が変化するが，5％の人が逆に治癒率が低いほど告知するとしている．また，治癒率中程度のときだけ知らせてほしいと考える人もわずかではあるがいる．

次に，まったく同様に，今度は本人がガンにかかった場合を想定してもらって，治癒の可能性の程度によってガンであることを知らせてほしいかどうかを尋ねている．「どんな場合でも告げてほしい」という選択をした人が62％と高率で，「治癒の可能性の程度による」は33％である．しかし，次にQ3と同様の七つの段階設定の質問（Q11）に一つ一つ答えると，「どんな場合でも」と言っていた人の18％が程度によって意見を変えている．「どんな場合でも告知しないでほしい」と言った人は少ないが，その半分が程度によって意見を変えている．いずれにしても，本当に「治癒の可能性の程度によらず告げてほしい」人は52％であり，近親者がガンにかかった場合の告知希望40％よりも多い．やはり，治癒の可能性の程度を低くしていくに従って，知らせてほしくない人が増える．治癒率7〜8割以上はほとんど治るとして認識に差がないこと，治癒率1割程度ではほとんど治る見込みがないと同様に受け止められることも，家族の場合と同様である．個人単位の変化も，やはり，多くは段々と知らせてほしくない方向に動く．

ここで，Q3の場合と比較してみよう．程度によらないというものも含めて，程度の段階を4段階にまとめたパターンをつくってみる．A：治癒率7割以上，B：治癒率4〜6割程度，C：治癒率2〜3割程度，D：治癒率1割以下とし，左から順に告知するほうがいいという回答を‘1’，しないほうがよいという回答を‘2’として並べると，表5.3のようになる（％の欄の［　］内の数字は，集団別％の最小値と最大値）．

1111（どの場合も告知するほうがよい）から2222（どの場合も告知しないほうがよい）の回答パターンができる．1(-2-)1は最初と最後が‘1’で中間に‘2’があるもの，2(-1-)2はその逆に両端が‘2’で中間に‘1’のあるパターンである．1111から2222までは，治癒の可能性の程度が低くなるほど告知しないほうがよいという人が増えていく，という回答パターンでQ3では45％，Q11では32％と自分の場合には程度によらない告知希望が多い．これと逆の方向，すなわち，治癒の可能性の程度が悪くなるほど告知するほうがよいというタイプが，家族の場合も自分の場合もあり，その中間のパターンだけを取り出すと，Q3，Q11ともに5％程度である．また，非常に軽いときと非常に悪い時は知らせてほしいが，中程度の治癒の可能性のときは知らせてほしくないというタイプも4〜5％程度ある．

では，家族の場合と自分の場合の告知希望がどれほど異なるか．治癒の可能性の程度によるパターンを比較したのが表5.4である．治癒の可能性の程度によることを考える人は，自分の場合は家族の場合に比べて治癒の可能性の程度の高いほうに「告知

表 5.3 治癒の程度による「告知してほしい」パターンの回答分布

A	B	C	D	家族の場合 (Q3)		自分の場合 (Q11)	
				人	%	人	%
1	1	1	1	261	40 [33, 52]	335	52 [40, 64]
1	1	1	2	76	12 [7, 19]	52	8 [4, 14]
1	1	2	2	123	19 [13, 31]	80	12 [10, 17]
1	2	2	2	93	14 [8, 26]	80	12 [9, 18]
2	2	2	2	6	1 [0, 2]	13	2 [0, 7]
2	2	2	1	6	1 [0, 4]	6	1 [0, 4]
2	2	1	1	7	1 [1, 2]	8	1 [0, 4]
2	1	1	1	22	3 [0, 6]	28	4 [1, 8]
1	(- 2 -)		1	34	5 [1, 7]	25	4 [2, 6]
2	(- 1 -)		2	11	2 [0, 4]	5	1 [0, 2]
その他				9	1 [0, 4]	6	1 [0, 2]
無回答				0	0 [0, 0]	10	2 [0, 4]

表 5.4 告知「してほしい」パターンの「家族の場合」と「自分の場合」の関係 (実数)

家族＼自分	1111	1112	1122	1222	2222	2221〜2111	1(-2-)1	その他	計
1 1 1 1	195	6	10	7	11	14	7	11	261
1 1 1 2	38	23	7	4	0	1	0	3	76
1 1 2 2	42	15	45	15	1	2	2	1	123
1 2 2 2	18	6	15	46	1	2	5	0	93
2 2 2 2	4	0	0	1	0	1	0	0	6
2 2 2 1 など	13	0	2	0	0	17	1	2	35
1(-2-)1	19	1	1	3	0	0	10	2	34
その他	6	1	0	4	0	5	1	2	20
計	335	52	80	80	13	42	25	21	648

してほしい」が移動しているばかりでなく，複雑な思いがある様子がうかがえる．

　全体的には，治癒の可能性の程度は，告知してほしいかどうかについて，ガットマンスケールをなしているといえるのである．

(ⅱ) より複雑な構造にひそむ単純な構造

　質問への回答から意識構造をつかむため，数量化Ⅲ類の分析を行うが，その結果は第1軸と第2軸の平面に表して読み取ることが多い．大きくみればそれが情報を最もよく表すので，常道といえる．ガットマンスケール構造は1次元構造の例であった．2次元構造としての構造を理解できる例として，日本人の自然観の構造を示した（4.3.3項参照）．また，日本人の国民性調査で使われてきた義理人情に関する回答の構

表 5.5 第8次日本人の国民性調査 (1988年) の構造分析に用いた質問と選択肢

記号	#	質問	1	2	3	4	5	6
1	#4.4	先生が悪いことをした	○肯定する	×否定する				
2	#5.1	恩人がキトクのとき	○故郷に帰る	×会議に出る				
3	#5.1b	親がキトクのとき	○故郷に帰る	×会議に出る				
4	#5.1c1	入社試験(親戚)	×親戚を採用	○一番を採用				
5	#5.1c2	入社試験(恩人の子)	×恩人の子を採用	○一番を採用				
6	#5.6	めんどうみる課長	○規則課長	×人情課長				
7	#5.1d1	大切な道徳(親孝行)	○(選択)	×(選択)				
7	#5.1d2	大切な道徳(恩返し)	○(選択)	×(選択)				
7	#5.1d3	大切な道徳(権利尊重)	○(選択)	×(選択)				
7	#5.1d4	大切な道徳(自由尊重)	○(選択)	×(選択)				
E	#4.10	他人の子供を養子にするか	1 つかせない	2 つかせる	3 場合による			
F	#2.1	しきたりに従うか	1 おし通せ	2 従え	3 場合による			
G	#2.5	自然と人間の関係	1 従う	2 利用	3 征服			
X	#7.4	日本と個人の幸福	1 個人から	2 日本から	3 同じ			
Y	#8.1b	政治家にまかせるか	1 賛成	2 反対				
Z	#4.5	子供に「金は大切」と教えるか	1 賛成	2 反対				
B	#2.2b	スジをまるくか	1 スジをとおす	2 まるくおさめる				
H	#2.3d	暮らしに満足か	1 満足	2 やや満足	3 やや不満	4 不満		
I	#2.3h	暮らし向きに満足か	1 満足	2 やや満足	3 やや不満	4 不満		
J	#2.4	くらし方	1 金持ち働く	2 名をあげる	3 趣味	4 のんきに	5 清く正しく	6 社会につくす
K	#2.8	一生働くか	1 ずっと働く	2 やめる				
L	#2.11	好きなくらし方か人のためか	1 自分のすきな	2 人のため				
M	#2.13	将来に備えるか楽しむか	1 将来に備える	2 楽しむ				
N	#3.1	宗教を信じるか	1 信じている	2 なし				
O	#3.2	「宗教心」は大切か	1 大切	2 大切でない				
P	#3.9	首相の伊勢参り	1 行かねばならぬ	2 行った方が	3 本人の自由	4 行かぬ方が	5 行くべきでない	
Q	#4.11	先祖を尊ぶか	1 尊ぶ方	2 普通	3 尊ばない方			
R	#7.1	人間らしさをはへるか	1 へる	2 一概にいえぬ	3 へらない			
S	#7.2	心の豊かさをはへらないか	1 へる	2 一概にいえぬ	3 へらない			
T	#7.24	就職の第1条件	1 よい給料	2 失業の恐れのない	3 気の合った人と	4 達成感		
U	#7.25	お金と仕事	1 仕事がなければつまらない	2 仕事がなくてもよい				
V	#8.6	選挙への関心	1 必ず投票	2 なるべく投票	3 あまり	4 ほとんど投票しない		

注:#は「日本人の国民性」調査の共通番号.

造も2次元構造として理解される(5.2.4項参照). また2.2.1項にも述べたように，第1軸の意味するものが当然すぎる内容である場合には，それを知った上で，第2軸以下から意味ある情報を読み取ることができることがある．また，ガットマンスケール構造をなす質問群も，ほかの質問群とともに数量化III類の分析をして総合的な構造を探ると，第1軸と第2軸の平面ではU字型を示さないが，第3軸以下の次元でU字構造がみられる場合もある．

ここでは，「日本人の国民性」調査による日本人の意識構造についての例を挙げる．日本人の国民性調査は1953年から5年ごとに統計数理研究所が行ってきた全国調査である．個人的態度，身近な生活上の考えや，一般の社会的態度，政治的態度などに関する質問が調査されてきたが，継続された質問は十数問ほどである．義理人情に関する質問も継続調査の重要なものであり，国際比較調査にも使われている．次に示す

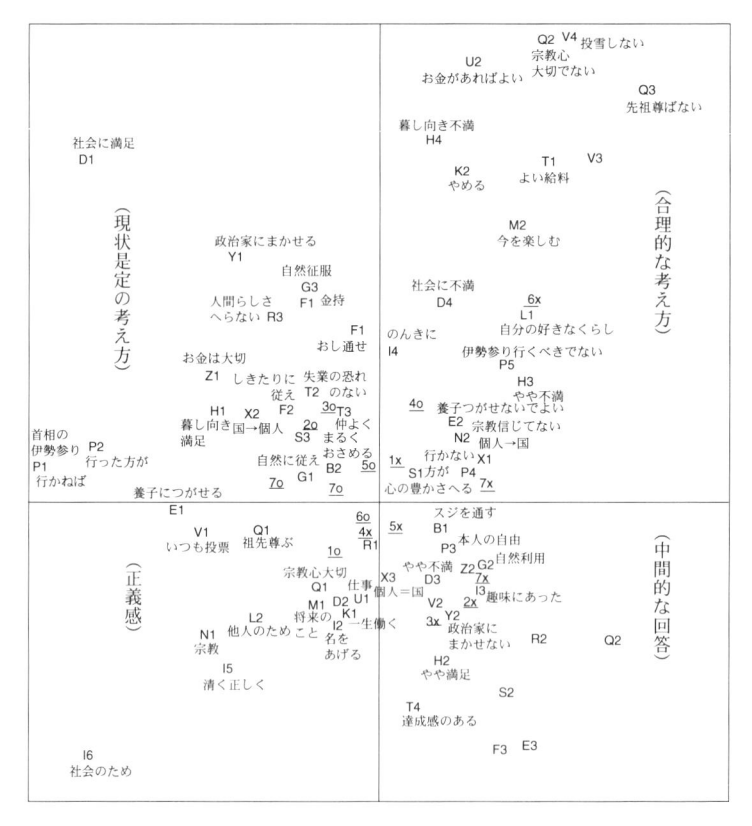

図5.15 第8次日本人の国民性調査における回答構造（第1軸×第2軸）

のは1983年調査について，この義理人情に関する質問を含む質問群（表5.5）に対する回答の意識構造を数量化III類で分析した結果である（Hayashi, C. and Kuroda, Y., 1997）．義理人情に関する回答構造は1998年調査の結果を5.2.4項に示すが，1953年調査からほぼ同一の構造を示し，安定した回答構造であることがわかっている．

第1軸と第2軸の平面図（図5.15）を見ると，第4象限には中間的な回答，第1象限には合理的な考え方，第2象限には比較的受身な現状肯定の考え方，第3象限には正しいことを守ろうという積極的な考え方が布置している．これが最も大局的にみた場合の考え方の構造ということができる．さて，以下の次元についても組み合わせて読み取っていくと，別の考え方の筋道が見える．その一つとして，義理人情についての回答構造が挙げられる．第3軸と第4軸による平面図（図5.16）を見ると，義理人情に関する質問群の回答構造として，それだけの関係から見られた図（図5.17）と同様の形が見いだされる．つまり，大きな構造の中に，義理人情についての回答構造が存在することを示している．義理人情の構造が時代を超えて安定していると同時に，多くの意識構造の中でも比較的強い構造として存在するといえるのである．

ここでは，あらかじめわかっている部分的な構造が，多くの質問の回答構造の中で現れる例を示したが，新たな構造を発見することもできるだろう．単純ではない様々な回答間の構造を探るには，まず第1軸と第2軸で全体的構造を読み取り，さらに，第5軸くらいまでみる必要がある．その際，例えば第3軸と第4軸の図では，第1軸と第2軸の図で読み取れた項目カテゴリーを消してみると，残りの質問回答の意味を

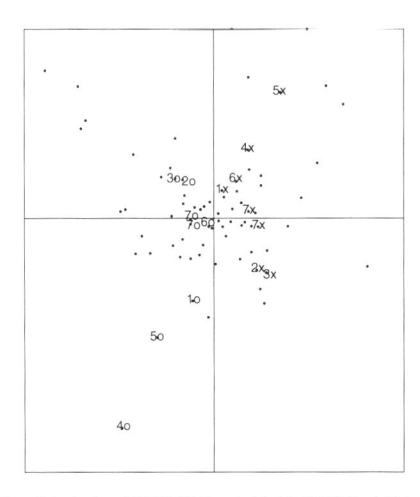

図 5.16 第8次日本人の国民性調査における回答構造（第3軸×第4軸）
義理人情の項目の回答構造が見られる．

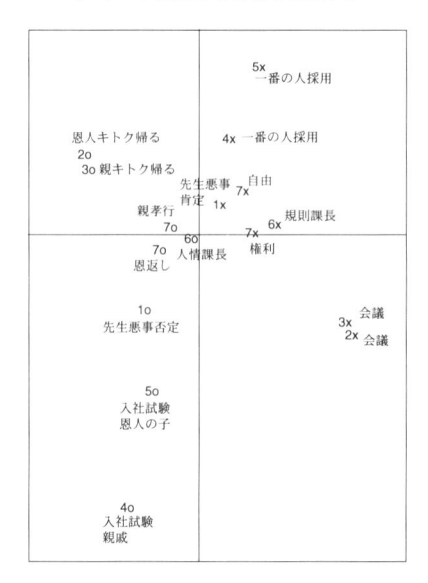

図 5.17 義理人情の回答の構造

読み取るのが容易になる．しかし，わかってしまえば簡単な構造も，それを見いだすには，とくに国民性（文化）の国際比較のような例では，分析の積み重ねとともに深い知識と洞察が必要である．

5.2.2 パターン分類の数量化による型分類の意味

パターン分類の数量化によって回答者のタイプ分けを試みることについて述べる．一つは，4.3.3項で挙げた日本人の自然観に関する調査の例を挙げ，タイプ分けの内容の詳細な検討について示す．もう一つ，HLA抗原遺伝子のデータ分析を5.1.3項で国際比較データについて示したが，ここでは，日本における別の調査データで，胃ガン手術後の合併治療法との関連を研究するためのHLAによる型分類の例を挙げる．

（i） 自然観の構造による型分類について

日本人の自然観についての回答者の分類の分析例である．調査は4.3.3項でも用いた1993年の全国調査である．4.3.3項では，素朴な宗教的な感情に関する質問，森に人手を加えることに対する意識，経済的発展と自然環境保護の問題，人間関係の信頼感などに関する13問の質問を取り上げ，数量化III類（パターン分類の数量化）によって，自然観の考え方の構造を捉えた．各質問カテゴリーの分類は4.3.3項に示したと

おりであるが，もう一度群別の特徴を示しておく．
　第1群a　人間よりも自然が大切
　　　　　　ありのままの自然が好き，人手を加えるべきでない
　　　　b　森林などに対する素朴な感情あり
　　　　　　人間同士の信頼感あり
　第2群a　自然よりも人間の生活が大切
　　　　　　人手の加わった自然が好き，人手を加えるべき
　　　　b　素朴な感情なし，人間不信頼

この個人に与えられた得点（個人得点）による人の分類についても4.3.3項で述べた．

タイプ別を，それぞれの内容に沿った質問群への回答個数との関連という形で示してみたい．自然と人間の関係に関する質問群では人間重視のほうの回答，神秘感の質問群で神秘的なほうの回答，人間関係の信頼感の質問群では信頼感ありの回答，を取り上げた．それぞれの個人がそれぞれの質問群の回答に答えた個数を数えて，人間重視スケール，神秘感スケール，信頼感スケールとし，これとタイプ分けとの関連をみたのである．まず，それぞれのスケールと年齢別との関係を表5.6に示す．また，これらスケール値の相互関係と年齢との関連をみると表5.7ようになる．

数量化III類に基づく四つのタイプとこれらのスケール値との関連をみたのが表5.8である．全体に比べてそのタイプに属する比率の高いところ，（　）で次に高いところを示してある．「・」は少ないグループと多いグループの両方を同程度含むことを示す．対応する回答カテゴリーの布置の特徴をそれぞれの意味内容をまとめた特徴として捉えると，
　タイプ1　神秘感をもち自然を大切にする
　タイプ2　神秘感をもつが人為も大切にし，人間関係の信頼感もどちらかといえば高い

表 5.6 それぞれのスケール値の年齢分布（数字は％）

			20歳代	30歳代	40歳代	50歳代	60歳以上	合計	（人数）
人間重視	少ない	(0〜2)	37	37	40	39	38	38	(943)
スケール	多い	(3, 4)	63	63	62	61	62	62	(534)
神秘感	少ない	(0, 1)	22	18	13	7	12	14	(207)
スケール	中間	(2, 3)	51	38	35	40	32	37	(543)
	多い	(4, 5)	35	44	52	52	56	49	(727)
信頼感	少ない	(0, 1)	59	60	52	55	53	55	(815)
スケール	多い	(2, 3)	41	40	48	45	47	45	(662)

表 5.7 スケール値の相互関係グループの年齢分布

スケール			年齢層 (%)			合計(人数)
人重視	神秘感	信頼感	20〜39	40〜59	60〜	
少	少	少	48	32	20	100(92)
少	中	少	36	42	21	100(201)
少	多	少	27	43	29	100(238)
多	少	少	53	26	22	100(51)
多	中	少	34	38	28	100(125)
多	多	少	30	42	29	100(108)
少	少	多	54	29	17	100(35)
少	中	多	34	48	18	100(127)
少	多	多	30	40	30	100(250)
多	少	多	21	41	38	100(29)
多	中	多	37	34	29	100(90)
多	多	多	15	50	35	100(131)

表 5.8 数量化Ⅲ類に基づくタイプと各スケール値との関連

	人間重視	神秘感	信頼感
タイプ1	少ない	多い	・
タイプ2	・	多い	多い (少ない)
タイプ3	多い	中間 (多い)	・
タイプ4	少ない (多い)	少ない 中間	少ない (多い)

　タイプ3　人間重視，神秘感は低め
　タイプ4　自然を大切にするが神秘感は低めで，人間関係の信頼感は低め
ということになる．
　また，タイプ分けの定義に用いた以外の質問について，タイプ別によってどのような回答傾向があるかをみた．タイプ1，タイプ2は新緑や紅葉など自然のもので，タイプ3，タイプ4は気温の変化といった物理的な面で季節感を感じる．餌づけの問題については，タイプ4は餌づけが自然でないので良くないという傾向がある．動物の保護の問題では，保護したい動物を多く挙げる傾向を示すのは，タイプ1である．
　宗教との関連は表5.9に示した．神秘感が高いタイプ2に，信じている人が多い傾向がある．これはタイプ2の年齢が高いことにもよる．タイプ3とタイプ4は信じて

表 5.9 タイプ別の宗教・宗教的な心 (%)

	宗教		宗教的な心		神社・寺・教会で	
	持っている	なし	大切	大切でない	改まった気持ち	なし
タイプ 1	30	67	75	14	87	11
タイプ 2	39	58	86	6	91	6
タイプ 3	19	77	67	15	82	14
タイプ 4	20	78	64	22	67	27
全体	28	70	74	14	82	14

いる人が少ない傾向がある．既存の宗教に限らない宗教心については，どのタイプも2/3以上は大切だと答えているが，とくにタイプ2は宗教をもっている人が多いと同時に宗教的心が大切と答える人が多い．神社・寺・教会で改まった気持ちになるのは，タイプ4だけが少ないが，それでも2/3はある．

数量化III類の結果から，このように意味内容が明らかに似ている項目を集めてみたが，どの項目が近いかを厳密に取り扱ったわけではない．内容から考えて，似ているものがほかとそれほど入り混じらずに近くに位置するならば，それらは近いものとして了解できたことになる．このところが数量化III類の捉え方の特徴であり，個人得点によるタイプ分けも，明確に特徴づけられるものではない．実際のデータに基づいたあいまいな部分を含んだタイプ分けとして考えていくことに意味がある．

(ii) **HLAの型分類と治療法との関連**

HLA抗原遺伝子の分布は民族により異なり(5.1.3項参照)，また，病気に対する抵抗力に特徴があるのではないかと言われている．胃ガンの切除手術後の合併治療の効き方がHLAの型により異なるのではないかとの見方で集められたデータがある(Ogoshi, 1993)．HLA抗原遺伝子と病気との関連について，それまでの報告は，HLA抗原遺伝子の種類の何を，あるいは何と何を持っている人が，これこれの病気にかかりやすい，あるいはこれこれの病気に対して抵抗力がある，などを示すものであった．ここでは，HLAを単体あるいは，2, 3個の組み合わせとして見るのではなく，全体の構造からタイプ分けして，そのタイプとの関連をみていくことを提案した．そのために，数量化III類を用いたタイプ分けと，さらに新たなデータに対して，簡単にタイプ分けができるように，それぞれのタイプの特徴とされるHLAの組を取り出し，それに該当する個数の関連をもって，簡易的なタイプ分けを試みた (Hayashi, F. et al., 1994)．

調査対象は各種ガン患者3552人である．調査されたHLA抗原遺伝子の種類は103であるが，まったく観察されないものもあり，また非常に頻度の低いものもある．これらは分析から除外し，分析に用いたHLA抗原は，A座の6種，B座の18種，C座

図 5.18 HLA 抗原遺伝子の布置

の4種, DR座の7種, DQ座の3種, 計38種である. 数量化III類の結果得られたHLA抗原の布置は図5.18に示す. この図から, 中心部と三つの足の部分の計四つの領域が考えられる. 個人得点の布置は図5.19のようになる. これを図5.18のb, c, d領域と, それ以外の中心部a領域に対応した領域で区切り, I, II, III, IVの四つのタイプとした. この境界線の式は表5.10に示したとおりで, 中心を円で囲んだ部分と, 外側を放射状に三つに区切った4領域となる.

このタイプ分けが, ほかの要因とともに, ガンの手術後の合併治療と生存日数と関係があるかもしれないというわけである. この分析には数量化II類を用いるのも一つの方法である. データ数が700余りの段階で行った分析では, 術後5年生存か否かの

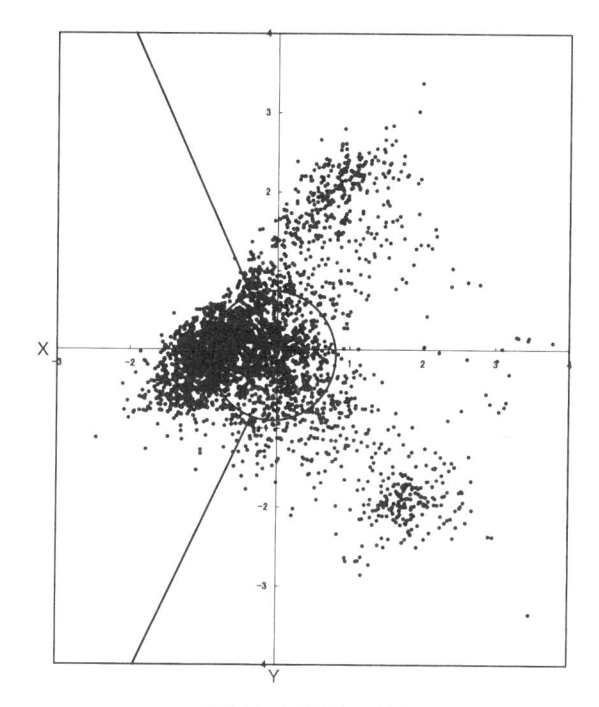

図 5.19 個人得点の布置

表 5.10 四つの領域をわける境界線

タイプ I	$X^2+Y^2<0.7$
タイプ II	$X^2+Y^2\geqq0.7$ and $Y\geqq0$ and $Y\geqq-2X$
タイプ III	$X^2+Y^2\geqq0.7$ and $Y>2X$ and $Y<-2X$
タイプ IV	$X^2+Y^2\geqq0.7$ and $Y<0$ and $Y\leqq2X$

表 5.11 それぞれの領域の特徴となる HLA 抗原遺伝子

b	A 33, B 12, B 17, DR 6
c	B 15, B 54, B 55, B 56, B 59, Cw 1, Cw 4, DR 4, DQ 4
d	B 7, B 16, Cw 7, DR 1

2グループを外的基準とし，説明要因として，ガンの進行段階，年齢，HLA タイプ×治療の型とした．治療の型は，合併治療として，化学療法，免疫療法＋化学療法，なし，の三つである．この結果，何がしかの傾向が見られたが，十分なデータ数ではなく，安定したものではないと判断されている．その後の分析では，それぞれのタイプ

表 5.12　HLA の領域によるタイプ分け

(a)

T(b)	b 領域で2個以上をもつ人の組
N(b)	それ以外
T(c)	c 領域で2個以上をもつ人の組
N(c)	それ以外
T(d)	d 領域で2個以上をもつ人の組
N(d)	それ以外

(b)

タイプII′	{T(b)&N(c)&N(d)} or {T(b)&T(c)&N(d)}
タイプIII′	{N(b)&T(c)&N(d)} or {N(b)&T(c)&T(d)}
タイプIV′	{N(b)&N(c)&T(d)} or {T(b)&N(c)&T(d)}
タイプI′	その他

表 5.13　タイプ分け I, II, III, IV と簡便法タイプ分け I′, II′, III′, IV′ との関連

		数量化個人得点によるタイプ分け				
		タイプI 実数（%）	タイプII 実数（%）	タイプIII 実数（%）	タイプIV 実数（%）	計 実数（%）
簡便法	タイプI′	768 (75.7)	48 (4.7)	169 (16.7)	29 (2.9)	1014 (100)
	タイプII′	169 (23.2)	543 (74.4)	18 (2.5)	0 (0.0)	730 (100)
	タイプIII′	319 (29.0)	6 (0.5)	718 (65.3)	56 (5.1)	1099 (100)
	タイプIV′	213 (30.0)	19 (2.7)	6 (0.8)	471 (66.4)	709 (100)
	計	1469	616	911	556	3552

について，またほかの要因で分けた中で，生存曲線を描く方法で分析されている．

　いずれにしても，この四つのタイプに分ける必要がある．多くの医者のデータを収集するため，簡便な型の分け方を考案した．構成要素の組に対する反応個数の関連の型である．構成要素の組は，HLA の布置の中心を除く三つの領域の特徴として，それぞれの領域で原点から遠い HLA を取り出した（表 5.11）．

　これらの HLA をそれぞれの領域でいくつもっているかを個人ごとに数えて，それぞれについて T(b)，T(c)，T(d) の組を作成（表 5.12(a)），その関連から表 5.12(b) に示すようなタイプ分けを行った．数量化III類による個人得点の値から作成したタイプ分け I, II, III, IV と区別するため，タイプを I′, II′, III′, IV′ とした．つまり，より少ない HLA の計測によって，それらをもっているかどうかの数だけ数えた簡便法としてのタイプ分けで，数量化によるタイプ分けに近いものができないかというものである．多くの医者が比較的簡単にタイプ分けをすることが可能になる．これら二つの分類の間でどの程度の一致がみられるかは表 5.13 に示したが，およそ 70% 程

度で，あまり良いとはいえない．しかし，それぞれ特徴として挙げた17種のHLAに限定したという意味ではよりわかりやすい分類ともいえ，別の視点を与えるものとなった．

5.2.3　7カ国国際比較調査における単純構造と構造間構造

先にも挙げた7カ国国際比較調査では，調査された質問項目は生活にかかわる様々な領域に及んでいる．課題を絞った調査とは違い，より大きな視点で重要な点が見いだされる．各国のものの考え方，見方，感じ方のどこが違い，また同じであるのかを探る一つの分析例として，ここでは各領域ごとの比較と，それらの相互関係の上での比較を見てみたい．

調査に用いた質問から，日本の特徴を明らかに示すことがわかった日本人的人間関係に関する質問および，個別に取り扱ったほうがよいと思われる質問などを除いて，残りの全質問を9領域に分類した（表5.14）．

これらの領域ごとにみると，「c 政治的主義主張」を除いて，どの国でもほとんど同様の1次元構造であることが，国別の数量化III類によって明らかになった．つまり，領域に分ければ，これらの7カ国の間では，ポジティブ―ネガティブ，あるいは，近代―伝統などという同じ考え方で話が通じるということである．一つの例として，「e 不安感」についての日本における構造を4.3.3項の例として示した（p.124）．国によって，不安の五つの項目の位置は多少異なるが，「非常に感じる」，「かなり感じる」，「少しは感じる」，「感じない」がU字型となることはどこの国でも同じである．

構造が似ているならば，これらの国のデータをすべて加えたボンドサンプルでも同じ構造となる．数量化III類では，各国多少異なっていたところが平均値化された形になる．ボンドサンプルは，国ごとの人数が異なると，平均値化さ

表 5.14　7カ国国際比較の質問項目の9領域

a　お金に対する態度（8項目）
b　信頼感（3項目）
c　政治的主義主張（3項目）
d　経済に対する態度と経済の見通し（7項目）
e　不安感（5項目）
f　家庭に対する近代・伝統（5項目）
j　先祖，家族，宗教（8項目）
k　健康観と生活満足（14項目）
n　科学文明観（9項目）

れるときにサンプル数の多い国の影響が強くなってしまうため，ここで調整が必要である．サンプル数は日本が2265人，アメリカが1563人以外はほぼ1000人なので，日本は1/2にアメリカは2/3に減らして，およその数を揃えた．つまり，国としての重みを同等に考えることになる（ちなみにボンドとは複数の調査を統合することである．それぞれの調査のサンプル数をそのまま統合するとサンプル数の多い集団の性質が強く分析される．母集団の大きさの比にあわせて調整する場合や，この例のように同数にする場合がある）．こうして，ボンドサンプルでの構造の中で，個人の得点を，各個人が属する国によってまとめ，国別平均値を求めた．図5.20(a)，(b)に，「f 家庭に対する近代・伝統」の例を挙げる．第1次元目の値により，近代―伝統の位置づけが示され，この場合，左が近代，右が伝統であり，左からドイツ，オランダ，フランス，イギリス，アメリカ，イタリア，日本の順になっている．つまり，どの国でも，家庭に対する近代・伝統（この調査で取り上げた質問の範囲）に関して考え方の筋道が同じであり，その筋道での国の順序ができることを示す．同様に，ほかの各領域についても，ほぼ1次元でスケールとして扱うことができることがわかり，ボンドサンプルの構造の中に，国の順序を決めることができた．

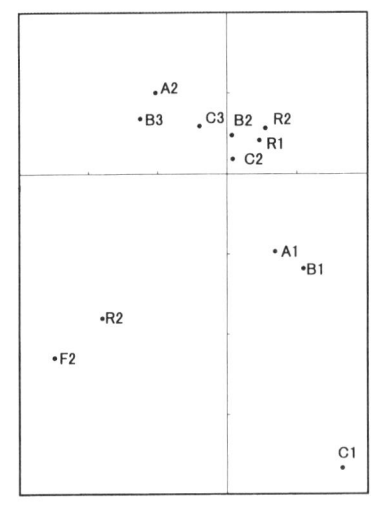

(a) 家庭に関する近代・伝統の構造
(7カ国ボンドサンプル)

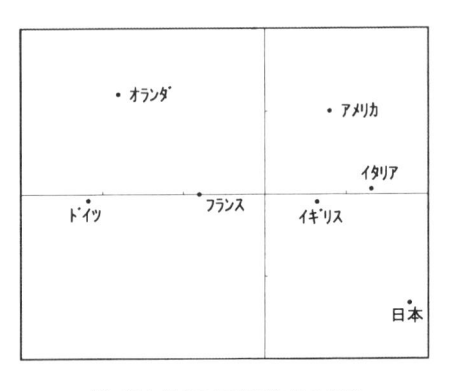

(b) 個人得点の国別平均値の布置

図 5.20 家庭に対する近代・伝統（5項目）の例

表 5.15　各領域における各国の順位

		日本	アメリカ	イギリス	オランダ	ドイツ	フランス	イタリア
a	お金に対する態度（非金志向）	7	2	4	1	6	5	3
b	信頼感（信頼）	4	1	3	5	2	6	7
d	経済に対する態度と経済の見通し（ポジティブ）	1	2	4	6	3	7	5
e	不安感（不安なし）	3	5	4	1	2	6	7
f	家庭に対する近代・伝統（伝統的）	1	3	4	6	7	5	2
j	先祖，家族，宗教（先祖を重んじる）	3	1	5	6	7	4	2
k	健康観と生活満足（ポジティブ）	4	3	2	1	5	6	7
n	科学文明観（ポジティブ）	4	1	5	6	7	3	2

注：（　）内は順位の高いほうの意味．

この順位をまとめて示すと表5.15のようになっている．この順位は，領域間で様々である．例えば，「a お金に対する態度」と，「d 経済に対する態度と経済の見通し」は似ているようだが，様子の異なることがわかる．アメリカとフランス以外はaで金志向でないほど経済の見通しが明るいという関係にあるが，アメリカは金志向ではないが経済の見通しは明るく，フランスは経済の見通しはネガティブであるが，どちらかというと金志向である．アメリカやフランスがほかの国々とは違う様相をみせているのである．

これは，国を一つの単位としてしまった比較であり，また，7カ国間の相対的比較の問題であるが，領域間の関連の異なる様子を示すものといえる．この総合的見方として APM の方法があるが，4.3.7項の例として示したので，それを参照していただきたい（p.139）．

そこで，今度は，それぞれ個人がそれぞれの領域においてどのあたりに位置しているのかを情報として分析した．個人単位でのスケール間の関連の分析である．1次元目でスケールをなす八つの領域については，個人得点の1次元目の値を用いて，1：2：1となるように3区分に分類した．政治的主義主張については，2次元を用いて，民主主義・資本主義好み―中間―社会主義好み，の3区分に分類した．表5.15に対応したスケールの内容を，表5.16に示した．こうして，各個人に九つの領域における3カテゴリーへの反応データが得られ，国別に数量化III類で分析した．

日本の結果を図5.21に示す．図中の記号は表5.16のカテゴリーの記号で，●印は＊を示す．その対極のカテゴリーの記号には■印で，中間は▲印で記した．明らかに，

表 5.16 9つの領域と3段階のカテゴリー

各スケールの内容	3段階のカテゴリー					
A 金志向スケール	A1	金志向	A2	中間	A3*	非金志向
B 信頼感スケール	B1*	あり	B2	中間	B3	なし
C 政治上の主義スケール	C1	民主主義・資本主義好み	C2	中間	C3	社会主義好み
D 経済観スケール	D1*	ネガティブ	D2	中間	D3	ポジティブ
E 不安感スケール	E1	不安あり	E2	中間	E3*	不安なし
F 家庭観スケール	F1	近代的	F2	中間	F3*	伝統的
J 先祖観スケール	J1*	重んじる伝統を重視	J2	中間	J3	重んじない伝統重視せず
K 健康観スケール	K1*	ポジティブ	K2	中間	K3	ネガティブ
N 化学文明観スケール	N1*	ポジティブ	N2	中間	N3	ネガティブ

注：＊は結果からつけたのではなく，あらかじめ日本の常識的な見方からみて明るく伝統的な方向につけたもの．結果を見やすくするために妥当であったことが結果の分析を通してわかってくる．

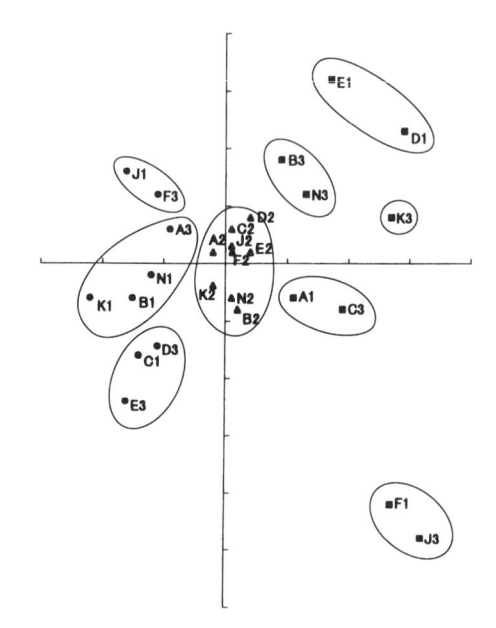

図 5.21 9領域間の構造（日本）

●印と■印が第1軸上の左一右に，▲印は中央に固まっているという明快な形をしていることがわかる．表中であらかじめつけておいた＊が，日本においては一つの方向を示すものであり，＊印の妥当なことがわかったのである．第2軸の方向にみると，

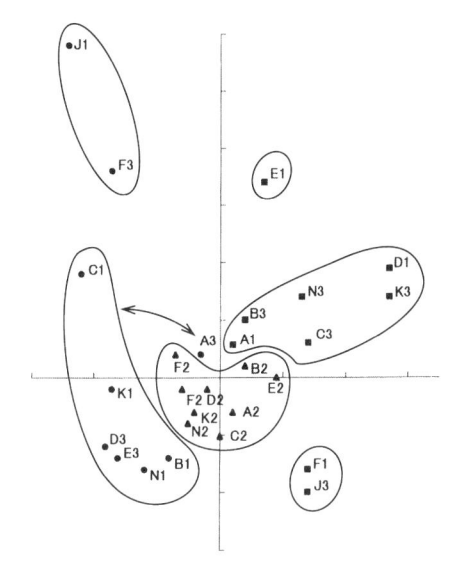

図 5.22 9領域間の構造（ドイツ）

ネガティブ側は，ポジティブ側に比べて広がっており，その内容は，D1（経済観ネガティブ）およびE1（不安感不安あり）と，F1（家庭観近代的）およびJ3（先祖観重んじない）とが離れている．すべての領域の中間が中心に小さくまとまってポジティブ—ネガティブの両端とは混じりあわないのは，日本人の中間回答好みの様相を表している．

次にドイツの結果は図5.22のとおりである．左右に●印（ポジティブ）と■印（ネガティブ）が分かれることは，日本と同様である．日本と比べると，中間が広がっており，第1軸では●印や■印と分かれない．A金志向は金志向も非金志向も，この領域間関連の中ではあまり違いがない．B信頼感もこれに近い．逆にいうと，中間は，領域によってポジティブ寄りネガティブ寄りのものがあることを示している．また，第2軸でF1とJ3がほかの■印と少し離れているのは日本と同じであるが，日本においてポジティブ側の上下が広がっていなかったのと比べ，ドイツにおける広がりが大きい．細かな点での違いが指摘できるものの，大局的な構造は近いものであることがわかる．

ここに図は載せていないが，アメリカについてみると，ポジティブ—ネガティブが第1軸上の左右で分かれるのではなく，分割線を引くとすれば斜めの線になる．数量化III類では，軸の回転の意味はあまりないので，この形は日本における形と似ている

ということができる．イギリスはアメリカとよく似ている．中間回答が中心部に集中している点は日本に近い．フランスの場合は，ポジティブ―ネガティブは上下で分けられる．イタリアはフランスと大変似ている．オランダはポジティブ―ネガティブは左右で分けられる．中間とネガティブが入り混じるところがあり，社会主義好みは中間に近く，中間は民主主義・資本主義好みと近い．また，科学文明観のネガティブは中間のかたまりの中にあり，ほかのポジティブ群とは異なっている．

これらの結果をまとめると，9領域間の関係は，同じようであり，異なっているようでもある．小さな差異は実はそれぞれの国でそれとなく感じられる社会の様子を表していることがある．これらの図からだけ論じるのではなく，この知見を土台にして，慎重に考えていく必要がある．

まず大局的には，ポジティブ―ネガティブが分離するという点はすべての国で一致する．しかし，アメリカとイギリスでは，家庭観や先祖についての伝統―近代（E，J）が第2軸上で分かれ，第1軸とは独立であることは，重要な相違点である．またフランス，イタリアは，第1軸上では，家庭観と先祖の近代的なほうがほかのポジティブな考えと結びつく点が異なっている．これらの領域に関して，アメリカとイギリス，日本とドイツ，フランスとイタリア，オランダというクラスターをなすと考えられる．

さらに，より細かく，ポジティブクラスター，ネガティブクラスターを構成するものを取りまとめていくと，微妙な結びつき方の差が見いだされ，重要な視点を与えている．

この詳細な見方は文献（統計数理研究所国民性国際調査委員会，1998）の第II部第1章（pp. 252-292）に詳しいので参照していただきたい．

5.2.4 日系人調査結果における回答構造とスケールの意味

ここでは，1.2.3項で述べたアメリカ西海岸日系人調査と，5.1.2項および5.2.3項で述べた7カ国国際比較調査から，日本，アメリカ，ハワイ在住日系人を取り上げて行った比較分析について述べる．分析の着眼点として，これまでの国際比較調査から得られた日本とアメリカおよびハワイ日系人の結果との関連（同，1998）で，とくに各国の特徴の認められたものの一部として，人間関係に関する態度（人情，義理人情），ものの考え方（中間的態度），などの質問を取り上げてみる．そして，日本人，日系人，アメリカ人の特徴について，グループごとに数量化III類によるパターン分類あるいは単純集計の比較により検討した結果である．

一度の調査結果のみではなかなかつかみがたい特徴が，国民性研究，国際比

較研究という積み重ねにより，個別の特徴が浮き彫りにされ，その姿が見えてくる．これもデータの科学の立場に立った分析であり情報の捉え方の一つである．

(i) 人情・義理人情に関する態度

〈人情スケール〉　人情的特徴を測るスケールとして，関連する8項目の質問の人情的な回答カテゴリーへの反応個数，すなわち，人情的と見なされるカテゴリーに1，その他のカテゴリーに0を与えて合計した値を用いている．したがって，0点(まったく人情的でない)から8点(最も人情的である)の間の値をとる．人情スケールに用いた8質問の回答の構造を数量化III類によるパターン分類でみると図5.23のようになった．図中では上記の1を与えたカテゴリーを●印で表してあるが，ほぼ第1軸上

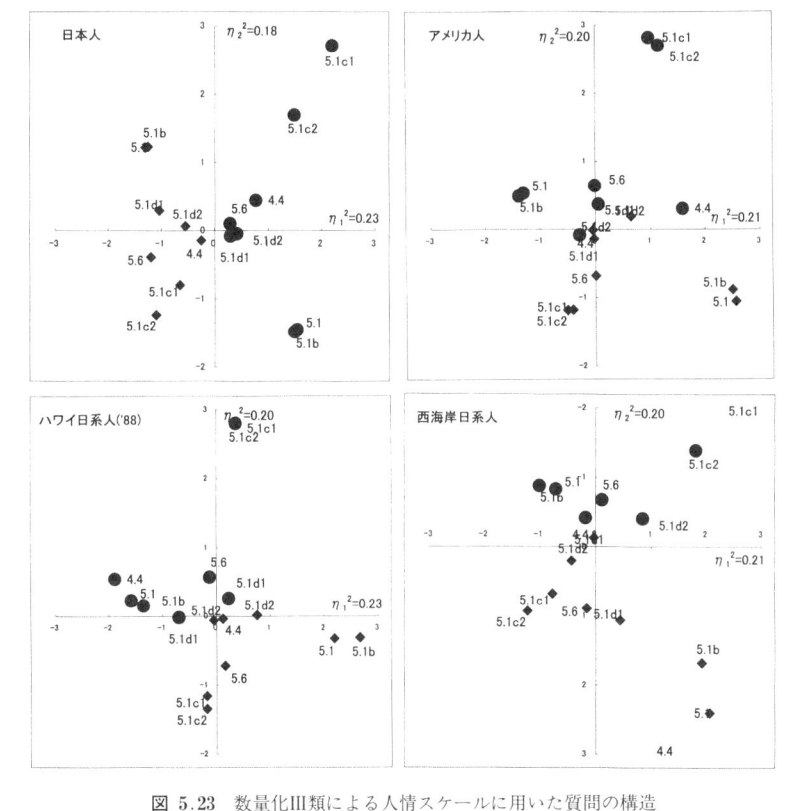

図 5.23 数量化III類による人情スケールに用いた質問の構造
●は人情的態度を示すカテゴリー．アメリカ西海岸日系人のQ4.4 (2) は人数が少ないため不安定になっているので図から除いてある．

の一定方向に固まって布置されており，相対的位置関係が各国ともほぼ類似したパターンをもっていることが読み取れる．それらの●をつけた回答が各国で共通した意味をもつと判断でき，したがって，これらを数え上げてスケール値とした意味があるといえる．なお，これらの構造はブラジル在住日系人や他の7カ国との比較でもほぼ同様の結果が得られている（Yamaoka, 2000）．

〈義理人情スケール〉　義理人情的とは，義理と人情を対立する柱として取り上げることではなく，義理人情を一つの言葉として理解し，義理人情を考慮するという軸において考えるものである．意識的・無意識的を問わず，義理とか人情とかに絡む「考えの筋道」が，何か人間関係に関する行動をとるとき，「心に引っ掛かる」ものになるかどうか，ということに関係している．義理を立てれば，あとで人情に手当をし，人情に従えば，あとで義理に手当をする．義理といい人情といい，いかにも対立するようであるが，これはコップの中の嵐であって，こういうものを配慮の中に入れるか否かが日本人にとって重要な意味をもつという立場から，考えを進めたものである．義理人情的な問題は，この35年間の変化の様相を見ても変化がないことがこれまでの「日本人の国民性調査」により示されている（林，2001）．ここで用いる質問群は人情スケールとも共通する5問であるが，義理と人情の絡みを質問の交互作用のカテゴリーを利用してスケールを構成している．これはきわめて日本的考え方に立つものである．

義理人情スケールとは，これらの質問を統合して，義理人情的傾向を測る「ものさし（尺度）」を作ってみたものである．義理人情的あるいは義理人情と関連性の強いと見なされるカテゴリーに1を，その他のカテゴリーに0を与え，その数値の個別的合計をもって義理人情度を測る「ものさし」とした．どんなカテゴリーが1であるかを表5.17に示す．この尺度値は0から5の値をとるはずである．尺度値5は，すべてに義理人情的な回答をしたものであって最も義理人情的，0は義理人情的回答を一つもしないもので最も義理人情的でないことを示す．この尺度に用いた交互作用のカテゴ

表 5.17 義理人情スケールの構成法

質	問		義理人情回答	スケール値
第1問	#4.4	先生が悪いことをした	1 そんなことはないという	1
第2問	#5.1	恩人がキトクのとき	1 故郷へ帰る	1
第3問	#5.1b	親がキトクのとき	2 会議に出る	
第4問	#5.1c-1	入社試験（親戚）	1 1番の人	1
第5問	#5.1c-2	入社試験（恩人の子）	2 恩人の子	
第6問	#5.6	使われたい課長	2 めんどうみる課長	1
第7問	#5.1d	大切な道徳	1 親孝行	1
			2 恩返し	

5.2 データ構造の把握

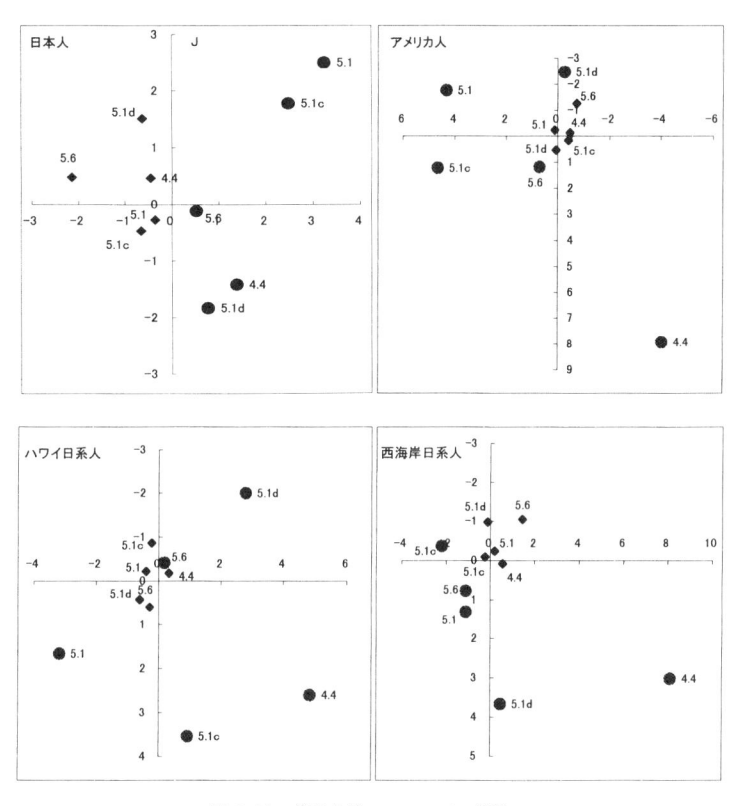

図 5.24 義理人情スケールでの構造
● は義理人情的態度を示すカテゴリー.

リーを数量化III類で分析した結果が図 5.24 であり，グループによりその構造が異なっていることがわかる．義理人情という考え方の筋道は，日本人の場合には，経年的にみて安定したパターンが見られており，いわゆる義理人情的考えの筋道が最も強い第1軸として析出されているのがわかる．しかし，日系人ではその関係が崩れてきており，アメリカ人ではさらに構造が異なってきている．概当するカテゴリーのサンプル数が少ないことも考慮して読まれなければならないが，明らかに先の人情スケールの場合とは異なり，日本人とは異なっていることが推察される．すなわち日本以外では義理人情スケール値は尺度の意味をなさないといえよう．しかし，スケール値0の，まったく義理人情的でないところに着目してみれば，何がしかの義理人情的考え方の有無を示し，その集団差をみることは意味がある．

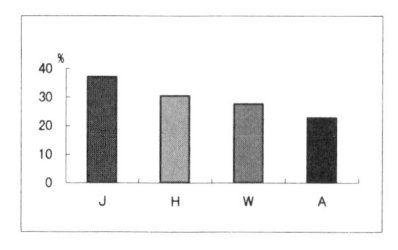

(a) 人情スケール
5ポイント以上.

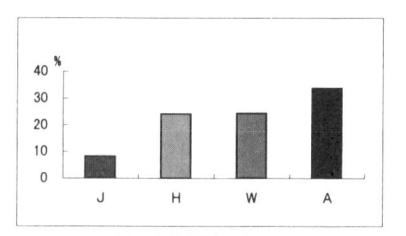

(b) 義理人情スケール
0ポイント (非義理人情の分布).

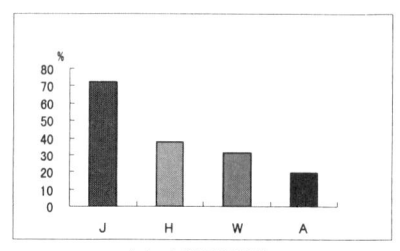

(c) 中間回答傾向
3ポイント以上.

図 5.25 スケール値の分布の比較
J：日本人，H：ハワイ日系人，W：アメリカ西海岸日系人，A：アメリカ人.

(ii) ものの考え方の特徴

ものの考え方のうち，これまでの研究で日本人に特徴的とみられている，はっきりした態度を示さないという中間回答傾向については，パターン分類を行うのでなく，意味に基づいた定義による．つまり，中間的回答が回答肢として用意されていた10問について，中間的回答の回答した個数を中間回答スケール（0〜10）としてある．

(iii) スケール値の分布の比較

以上のような日本人の特徴的なスケールについて，日本人，アメリカ人，ハワイ日系人，アメリカ西海岸日系人の間で，その分布を比較してみよう．人情スケール（0〜8）については，スケール値3点以上という人情的態度の強さについて観察すると，西海岸およびハワイの日系人は，人情的態度の強い日本とそれが弱いアメリカの中間に位置づけられたが，西海岸の日系人の方がアメリカ人の回答傾向にやや近かった（図5.25(a)）．また，義理人情スケール（0〜5）の0点（義理人情的態度がない）の分布図5.25(b)では，最もそれが低く義理人情的態度が強い日本と，逆にそれが高く義理人情的態度が弱いアメリカとの中間に，西海岸およびハワイの日系人は位置づけられている．

さらに中間回答傾向について，中間回答スケール3点以上の比率でみると，四つのグループの間には，図5.25(c)に示すように人情スケールとほぼ同様な傾向が認められた．

　以上のような結果から，日本人的な態度に関連する質問群からみて，日本人，アメリカ人，その中間に位置づけられる日系人という関係が見いだされた．このような調査の積み重ねや国際比較から，単独の分析ではつかみがたい，国民としての相異，日系人という特徴の一端を明らかにすることが可能となるのである（吉野ら，2001）．

6

データの特性に基づいた解析

6.1 調査データと調査法の特性をつかむ

　新たな調査法を導入したり，方法を変更したりした場合には，それに影響を与える内容の特性について把握しておくことにより問題の解釈が可能となり，さらなる発展へとつながる．本節では調査法の特徴として，電話調査にかかわる話題である電話帳記載者・非記載者の特徴と，具体的な調査結果を述べる．調査内容の特徴として，主観的な内容を含む調査票とそれに及ぼす性格特性の影響について，新たな調査法を導入したり調査票を作成した場合，そのものの性格について十分検討することが大切である．

6.1.1 電話帳記載者の特徴

　最近，電話調査ではRDDも利用されはじめているが，日本の電話番号の特性をランダム性という面から見ると，無作為抽出でサンプルを抽出し，電話調査を行うという手段が日本ではやや一般的である．調査データを取り扱う場合にも，結果の解析を行う場合にその調査法の特性といったものを把握しておくことが大切である．そこで本項では，電話調査対象の特徴を把握する目的で行った，電話帳記載者の特徴と性格特性について，首都圏調査の分析結果（山岡・林，1999）に基づいて述べる．

（ⅰ）　世論調査と電話調査

　近年，調査環境の変遷に伴い世論調査をはじめ様々な分野で面接調査にかえて電話調査を行うことが多くなってきた．マスコミ最大規模の世論調査である選挙予測などにおいても，選挙制度の変更に伴い電話調査への移行が著しい．電話調査が疑問視される理由の一つとして，電話所有率は高いものの電話番号判明率の低さ（加藤，1996；谷口，1994）があるといえよう．電話調査では面接調査に比べ電話番号の判明者（RDDによるものは別であるが，多くは電話帳記載者のみ）という限定がつきまとい，無作

為性を保つことは困難である．したがって，電話調査の際に，対象者の抽出を従来の面接法と同様に選挙人名簿や住民基本台帳から抽出しても，電話番号判明率が低いため，性，年齢，居住地域の特性などの問題により様々なバイアスのかかった結果となることは避けられない．電話調査結果と面接調査結果との比較もいくつかなされているものの，問題によって傾向は様々であり，とくに一定した見解は得られていない(加藤，1996；林・田中，1996)．しかしながら，その簡便さから，今後も RDD を含む電話調査が増加の途をたどることは予想に難くない．

電話帳の記載情報に基づく電話調査では，前述のとおり面接調査に比べ電話番号の判明者（多くは電話帳記載者のみ）という限定がつきまとうため，無作為性を保つことは困難である．そのため電話帳の非掲載者を無視することはできない．このような電話調査の限界に対して，電話帳記載・非記載者をめぐる諸問題を整理し，その特性の相違を検討しておくことは，電話調査結果を解釈する上で意味をもつ．

(ii) 情報に関するアンケート調査の概要

本項で紹介する電話調査結果は，新 AOR 研究会（朝日新聞社広報部）で行った「情報に関するアンケート」調査（林，1997）から得られた情報とその後行った実際の電話帳記載の有無に関する追跡調査結果に基づき，電話帳記載・非記載者の相違を検討した結果である(山岡・林，1999)．調査対象は首都圏の 18 歳から 69 歳までの男女個人であり，住民基本台帳人口の 2 段階無作為抽出法（抽出地点数 200，抽出人数 1600人）でサンプリングを行い，質問紙留置法（訪問留置，訪問回収）によって行ったものである．調査期間は 1996 年 12 月 6 日から 22 日まで，回収率は 64.1 ％（有効回答1026 人）である．電話帳記載情報は有効回答 1026 人中で電話帳記載の有無に関する質問に回答のあった者 950 人（解析利用率 92.6 ％；男性 481 人，女性 469 人）に基づいている．質問紙の調査項目は多岐にわたっており，属性（性別，年齢，婚姻，学歴）をはじめとし，メディア別接触頻度(情報人間度)，海外事情・政治・経済・文化への関心，性格・ライフスタイル特性(外向性，情緒不安定性，開放性，誠実性，調和性，援助的責任規範，非関与規範，賞賛獲得欲求，拒否回避欲求，地位上昇欲求，革新度)，回答者特性（神秘・超常現象の信じる個数）に関する項目などがある．これらの意味づけについては後述する．

(iii) 電話帳記載・非記載にかかわるデータ

電話帳記載情報は表 6.1 に示すように有効回答 1026 人中，記載ありと回答した者は 675 人（65.8 ％；男性 335 人，女性 340 人），記載なしと回答した者は 275 人(26.8％；男性 146 人，女性 129 人)，その他（知らない，わからない，無回答，電話なし）は 76 人（7.4 ％）であった．

表 6.1　電話帳記載に関する質問紙回答と実際の記載との関連（数字は実数，（　）内は％）

実際の記載	質問紙回答での記載				
	あり	なし	小計	その他	計
あり	538 (52.4)	51 (5.0)	589 (57.4)	42 (4.1)	631 (61.5)
なし	137 (13.4)	224 (21.8)	361 (35.2)	34 (3.3)	395 (38.5)
計	675 (65.8)	275 (26.8)	950 (92.6)	76 (7.4)	1026 (100.0)

注：その他は，わからない・無回答・電話なしを含む．

解析対象は，質問紙調査での有効回答1026人中で電話帳記載の有無に関する質問に回答のあった者950人（解析利用率92.6％；男性481人，女性469人）であるが，比率および関連性に大きな差異は認められなかったため，男女あわせた形で検討してある．

> お宅ではご自宅の電話番号を電話帳に載せておられますか．（○はひとつ）
> 　1．のせている
> 　2．のせていない
> 　3．知らない，わからない
> 　4．自宅に電話はない

さらに，同一対象に対して実際の電話帳記載の有無（各個人の世帯電話番号の電話帳への記載）について実際に電話帳を確認するという補足調査を行い，その結果も加えて検討してある．したがって，電話帳記載に関する情報は，

・質問紙回答での電話帳記載・非記載
・実際の（補足調査に基づく）電話帳記載・非記載

の二つである．しかし，これらをそのまま電話帳記載・非記載の情報として捉えるには少々問題がある（図6.1）．例えば質問紙回答の場合，記載されているのを非記載と回答することには単純な間違え，うそをついた，などの理由が考えられる．他方，記載されていないにもかかわらず記載していると回答するのには，携帯電話など実際に使用している電話があるため記載と回答したなどの単純な間違え，あるいはうそをつ

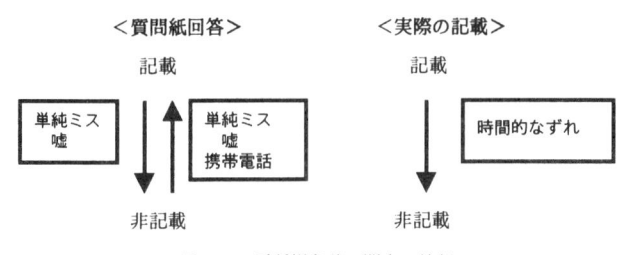

図 6.1　電話帳記載に関する情報

いた，などが含まれてしまう可能性がある．実際の電話帳への記載の場合には，記載者を非記載と見なしてしまうことに関して最近電話を入れ記載には間に合わないという時間的なずれの可能性がある，などの問題点が考えられる．

そこで，より確実な情報を得るために，補足調査した実際の電話帳記載の有無という客観的な情報から表6.1のように質問紙調査での電話帳記載の有無とのクロスを行い，電話帳記載状況を次の四つに区分してみた．

・質問紙調査ありかつ実際にも記載あり（質有実有）
・質問紙調査なしかつ実際には記載あり（質無実有）
・質問紙調査ありかつ実際には記載なし（質有実無）
・質問紙調査なしかつ実際にも記載なし（質無実無）

このうち「質有実有」538人と「質無実無」224人計762人（有効回答1026人中74.3％）はあいまいな者が除かれており，さらに携帯電話などによる勘違いや時間的なずれなども除かれており，電話帳記載に対する「確実な情報」であるといえる．これを用いて電話帳記載・非記載の特色を検討することにすれば，先の単純に質問紙調査あるいは実際の記載情報を用いた場合の問題点の影響をより少なくできよう．電話帳記載・非記載の特色の解析ではこの「確実な情報」を基準変数として用いるのが妥当と考えたのである．

（iv）　心理的特色と社会関心に関する項目

心理的特徴としては，以下に示すように，性格特性として5項目，対人関係に関連する意識や欲求の度合いに関する5尺度，革新度，および神秘・超常現象に関する関心度を用いた．

性格特性 [6～24点]：外向性，情緒不安定性，開放性，誠実性，調和性に関する5項目への反応を得点化（松井，1997）

援助責任規範 [5～20点]：ほかの人に対しては親切に振る舞うべきであるという意識で5項目への反応を得点化（松井，1992）

非関与規範 [5～20点]：人のことにはかかわらないほうがよいという意識で5項目への反応を得点化（0～20点）（松井，1992）

賞賛獲得欲求 [5～20点]：人と接するときに人から注目されたり評価されることを望む度合いで5項目への反応を得点化（0～20点）（菅原，1986）

拒否回避欲求 [4～16点]：人から嫌われたくないと望む度合いで4項目への反応を得点化（0～16点）（菅原，1986）

地位上昇欲求 [5～20点]：社会的に高い地位につきたいという欲求で5項目への反応を得点化（5～20点）（山本，1994）

革新度（イノベータースケール）：革新的度合いを測定するスケールで3項目への反応から3段階に分類（飽戸，1987）

神秘・超常現象に関する関心度［0〜12点］：UFO，占い，神仏，霊など12項目についてその存在を信じる個数を合計して得点化．得点の高いほうが神秘・超常現象を信じる傾向があることを示す

このほか，社会関心関連項目のうち，情報人間度としては情報に関連する11項目（情報行動の個数，見るテレビチャンネルの個数，よく読む新聞の個数，日頃読む雑誌の個数，使用するオーディオ・通信機器の個数，諸情報源との接触個数，情報や案内への関心のある個数，情報や案内の見聞きする個数：出来事，生活，趣味，総数）への反応からグレードをつけたものであり(林・山岡，1998)，情報に対する関心の度合いを低・中・高の3段階に区分して用いた．

(ⅴ) 電話帳記載情報と要因項目間の相対的関連性

要因分析に先立ち，電話帳記載情報と要因項目間の相対的関連性を把握し概要をつかんでおくことは情報の理解に役に立つ．そこで数量化Ⅲ類によりパターン分類を行った結果得られた第1軸と第2軸の布置図を図6.2に示す．図の第1軸（横軸）は「社会・情報への関心度」といったものを示し，第2軸（縦軸）は，「性格・対人関係」を示す軸と解釈した．「年齢」，「婚姻状況」，「学歴」といった属性は第2軸上に並び，「若い」，「未婚」と「革新的」，「対人欲求度」の高さ，「神秘・超常現象への関心」の高さなどが関連しており，現代若者の特徴を表しているとも受け取れる．

(ⅵ) 記載者と非記載者に及ぼす要因の分析

電話帳非記載者の特色について，記載者と非記載者の人数が異なるため，それらが等ウェイトになるように重みづけを行ってから数量化Ⅱ類で分析した．非世帯主を含めた場合でもそれを除いた場合でも同じように，非記載と強く関連していた要因として，「若い世代」，「低学歴」，「情報人間度」の高さ，「援助責任規範」の低さ，「非革新」，「神秘・超常現象への関心」の高さなどが浮き上がってきた．

「若い世代」，「既婚」，「神秘・超常現象への関心」の高さはいずれの場合も関連が認められ，非記載者の共通した強い特徴と考えられる．「神秘・超常現象への関心」の高さは若い層の特徴でもあり(林ら，1996)，若さが電話帳非記載という現象に深く関連している可能性があろう．これには携帯電話保持による影響が少なくないものと思われる．また，「拒否回避欲求」の低さは他人の思惑を気にしないという点が「非記載」という行動にも現れていると受け取れよう．「情報人間度」が高いこともその特色の一つとして現れていたが，これが高い者は情報のもつマイナス面といったようなものを危惧し，非記載という行動に出たのであろうか．ここでは「確実な情報」を用いてお

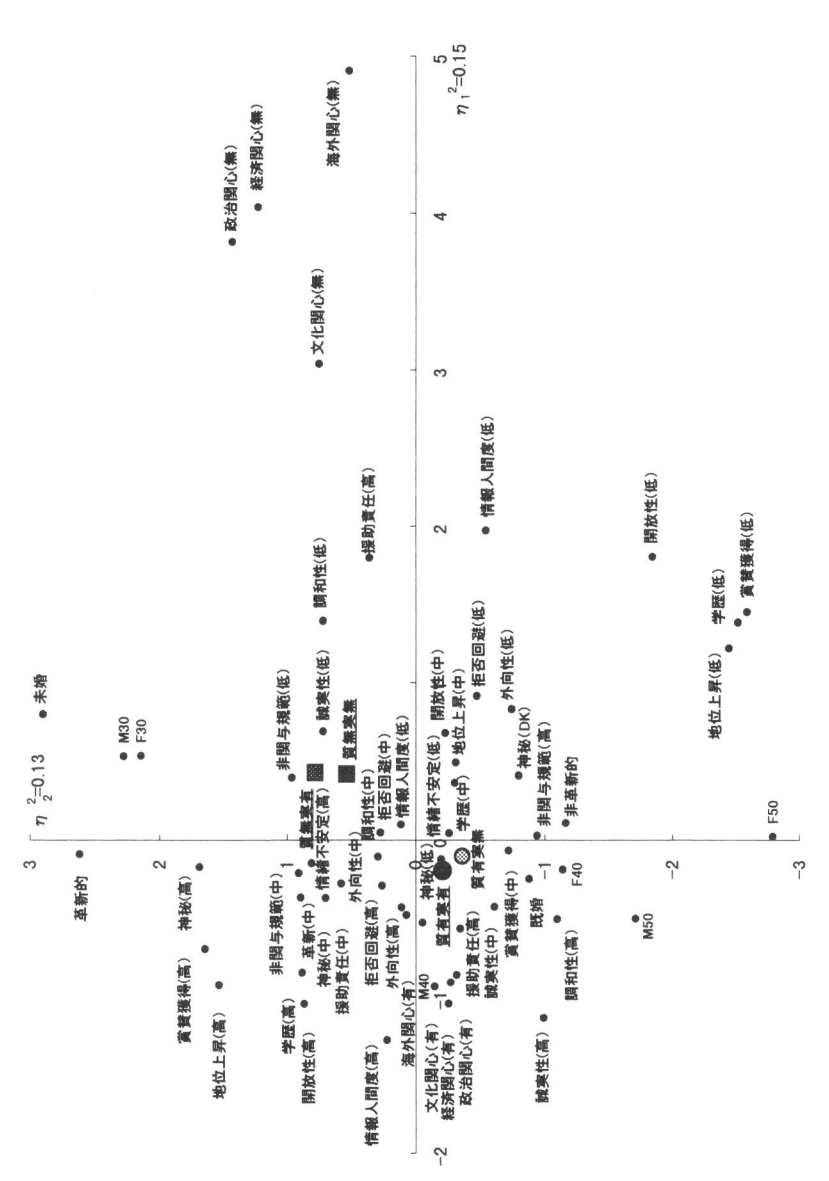

図 6.2 数量化III類によるパターン分類項目間の関連性

り，記載情報に関していいかげんに回答した者は除かれていると考えられる．したがって，「援助責任規範」や「情緒不安定性」は「拒否回避欲求」と同様，非記載者の心理的特徴ともいえよう．

（vii）「虚偽回答」者とその特色

次に虚偽回答とその特色について見てみる．表6.1の質問紙回答と実際の電話帳記載情報とのクロスをみると，有効回答1026人の中で「質無実有」51人（有効回答1026人中5％）の者は，明らかに記載があるものをないとうそをついて回答している．もちろん電話帳記載情報に関しては世帯のことでもありわからない者もあろうが，その場合にはわからないと回答することが期待される．したがってこれを「虚偽回答」として取り扱うことにした．なお，「質無実有」の場合でも「電話が家に複数あり，回答者が個人で使っている電話は電話帳に記載されていないが，世帯内の別の電話は載っている」という場合も考えられる．これは「お宅ではご自宅の」という部分を見逃した単純なミスである可能性も否定できない．しかし，このようなケースは少ないと考えられるため，「質無実有」を「虚偽回答」と見なして取り扱った．一方，「質有実無」137人（同13.4％）も不一致ではあるが，この場合には，実際には記載されていないものの，携帯電話など自分が利用できる電話がある，あるいは記載情報の後に電話を入手した，通名（戸籍名以外の名前）で記載しているなどの理由が考えらる．したがって本当のことを言っているつもりの者も含まれてしまう可能性があり，「虚偽回答」とは言い切れず，いわば「怪しいうそつき」といったところである．さらに質問紙回答でのその他と回答した76人については，どちらとも判断できない．したがって，ここでは「虚偽回答」に着目する．「虚偽回答」は，電話帳記載・非記載の問題と異質ではあるが，重要な問題でもある．なぜならば，電話調査では電話帳で電話番号が判明できなかった場合に手紙などで本人に問い合わせ電話番号を尋ねる場合がある．このような場合に「虚偽回答」者に一定の特徴があった場合には問題によってはバイアスのかかった調査結果となってしまう場合があるからである．他方，単純ミスの場合にはとくに方向性はなくバラツキとして取り扱うことになろう．そのためもあり，ここではあえて「虚偽回答」を取り上げたのである．

両群では人数が異なるため，これが等しくなるように重みづけをした数量化II類の結果では，関連する項目として12項目が選択された．このうち記載無しに関連するカテゴリーとして，「男性30歳代」，「既婚」，「高学歴」，「情報人間度」が高い，「開放性」，「調和性」，「賞賛獲得欲求」，「拒否回避欲求」などが低い，「誠実性」，「地位上昇欲求」が高い，「革新的」，「神秘・超常現象への関心」が高いという特色が認められた．「虚偽回答」者のほうがより多くの心理的特徴と関連すると受け取れた．

（viii）電話帳非記載者の特徴

電話調査法による調査はスピード，即時性，費用が安価というメリットに，さらに調査環境の悪化に伴い面接調査がより困難になってきたという理由が加わり，今後ますます増加していくことが予想される．しかし，電話調査ではバイアスがかかる可能性は否定できず，実際にどのように対処していけばよいかが問題になる．バイアスの問題はとくに無作為抽出の行えない調査において大きな問題となる．このような場合に調査対象の特徴をよく把握し，結果の解釈に役立てることは重要な取り組みの一つである．ここではその一例として電話調査での非記載者が除かれるというバイアスに対処するために，非記載者の特徴を分析する試みを行った結果を示した．この結果では政党支持などに関しては言及していないが，若い層で特徴的な神秘・超常現象への関心の高さなどが電話帳非記載という現象に深く関連している可能性など，非記載者の社会関心や心理的特徴の一端が明らかとなったと考えられよう．

最後に，電話帳記載状況と政党支持に関して調査した結果を紹介しておく．これは「科学技術の発達 電気と私たちの暮らし」として原子力安全システム・社会調査研究所により 2000 年 10 月に行われた関西地区ランダムサンプル調査の結果である（表6.2）．この結果を見る限り，質問紙と実際ともに一致して掲載で自民党支持が，非掲載で支持政党なしが多い傾向がみられるが，これは前者に比較的高齢者が多く，後者に若者が多いことと関連していよう．虚偽回答に高学歴が多く，30 歳代が多いという点は一致しているが，この調査結果によれば特定の政党支持の傾向は認められないようである．

6.1.2 主観的な内容の調査票への性格特性の影響を読む

調査研究を行う場合に，属性などとともに性格特性が結果に影響を及ぼす要因となることがある．とくに主観的な内容を及ぼす調査票の場合にはその回答傾向は性格特性によって異なることも考えられる．そこで，このような性格特性の影響について検討した例を示す．

健康関連クオリティ・オブ・ライフ（HRQOL）は，多様な要素をもつ概念であり，主観的判断に基づいてなされることが多く，そんな場合，性格特性による影響を受けやすい．ここでは 2.3.1 項で紹介した日本人の患者の一般的 HRQOL を測るために開発した 20 項目からなる HRQOL 20 調査票を例にとり，性格特性の影響を検討した例（Yamaoka *et al.*, 1998）を示す．ここでは性格特性をアイゼンクのパーソナリティ質問票（Eysenck personality questionnaire：EPQ）により外向性（E），情動性（N），タフ性（P），偽装性（L）

表 6.2 ほかの調査結果での電話帳記載所状況と政党支持

A：総数，B：掲載と回答×掲載している，C：掲載と回答×掲載していない，
D：掲載していないと回答×掲載している，E：掲載していないと回答×掲載していない，
F：その他（わからない，無回答）．数字は実数，（ ）内は％．

	A	B	C	D	E	F
総数	1056 (100.0)	639 (100.0)	70 (100.0)	66 (100.0)	188 (100.0)	94 (100.0)
F1 あなたの性別をお聞かせ下さい						
男性	507 (48.0)	312 (48.8)	35 (50.0)	29 (43.9)	83 (44.4)	48 (51.5)
女性	549 (52.0)	327 (51.2)	35 (50.0)	37 (56.1)	104 (55.6)	46 (48.9)
F2 あなたのお生まれと年齢をお聞かせ下さい						
18〜29歳	227 (21.5)	105 (16.4)	13 (18.6)	14 (21.2)	57 (30.3)	38 (40.4)
30〜39歳	190 (18.0)	89 (13.9)	12 (17.1)	20 (30.3)	58 (30.9)	11 (11.7)
40〜49歳	189 (17.9)	109 (17.1)	13 (18.6)	13 (19.7)	35 (18.6)	9 (9.6)
50〜59歳	208 (19.7)	151 (23.6)	15 (21.4)	8 (12.1)	22 (11.7)	12 (12.8)
60〜69歳	188 (17.8)	135 (21.1)	12 (17.1)	9 (13.6)	12 (6.4)	20 (21.3)
70歳以上	54 (5.1)	40 (6.3)	5 (7.1)	2 (3.0)	3 (1.6)	4 (4.3)
問54 あなたは何党を支持しますか						
自民党	162 (15.3)	119 (18.6)	11 (15.7)	7 (10.6)	12 (6.4)	13 (13.8)
民主党	102 (9.7)	67 (10.5)	3 (4.3)	7 (10.6)	18 (9.6)	7 (7.4)
公明党	64 (6.1)	36 (5.6)	6 (8.6)	6 (9.1)	12 (6.4)	4 (4.3)
自由党	24 (2.3)	19 (3.0)	—	—	4 (2.1)	1 (1.1)
共産党	42 (4.0)	26 (4.1)	2 (2.9)	3 (4.5)	6 (3.2)	5 (5.3)
社民党	22 (2.1)	15 (2.3)	1 (1.4)	1 (1.5)	4 (2.1)	1 (1.1)
支持政党なし	589 (55.8)	326 (51.0)	44 (62.9)	42 (63.6)	126 (67.4)	51 (54.3)
無回答	40 (3.8)	22 (3.4)	2 (2.9)	—	5 (2.7)	11 (11.7)
F3 あなたが最後に卒業された学校はどちらですか						
小学校・中学校卒，旧小・旧高小卒	130 (12.3)	84 (13.1)	9 (12.9)	7 (10.6)	13 (7.0)	17 (18.1)
高校卒，旧制中学校卒	448 (42.4)	281 (44.0)	25 (35.7)	27 (40.9)	80 (42.8)	35 (37.2)
専修学校（通称専門学校）卒	95 (9.0)	53 (8.3)	8 (11.4)	3 (4.5)	21 (11.2)	10 (10.6)
大学院・大学・短大・高等専門学校卒	359 (34.0)	212 (33.2)	26 (37.1)	27 (40.9)	66 (35.3)	28 (29.8)
無回答	24 (2.3)	9 (1.4)	2 (2.9)	2 (3.0)	7 (3.7)	4 (4.3)

原子力安全システム・社会調査研究所による 2000 年 10 月関西地区ランダムサンプル調査「科学技術の発達 電気と私たちの暮らし」の結果による．

の四つの次元を測定して,これに基づいて耐性型(E+, N−, P+),非耐性型(E−, N+, P−),中間型(その他)の三つの性格タイプに分類し,HRQOL 20 得点(プラス側およびマイナス側)の相違を検討し,HRQOL の表意に性格特性の影響があるかについて検討している.

(ⅰ) 研究の対象

調査対象は次の三つのグループである.これらの調査対象はランダムサンプルで得られたものではなく,調査可能な集団として取り上げられたものである.したがって様々なバイアスが混在している可能性が否定できない.しかし,社会調査のように全体の代表としての比率等を推定することが目的ではなく,HRQOL と性格特性との関連性を分析することが目的であるので,両者の関連性に対してとくに大きなバイアスがもたらされていなければ,一つの情報として意味があると考えられよう.ただし,このような場合にはいくつかのグループで外的一貫性があるかなどのバイアスの検討は必要である.そこで,ここでは調査対象を次に示す三つの異なったグループとして,それぞれのグループでの性格特性の影響を分析した.

〈ガン患者〉 外来患者(男性 140 人,女性 67 人),大学病院で胃ガンの手術を受けた患者のうち再発などの所見のない患者および術前の 20 人を含む.調査は 1996 年 7 月から 12 月に術後(術前)受診に訪れた際に,受診の際に自記式の HRQOL 20 に記入を受けた.術後日数は 34 日から 7239 日(中央値 739 日)である.平均年齢(標準偏差)は男性 58.9(11.8),女性 56.1(10.9)である.

〈非ガン患者(鍼灸治療)〉 外来患者(男性 59 人,女性 129 人)で,慢性リューマチ,膝関節炎,肩こりなどの,とくにひどい痛みの伴わないあるいは身体的制約のない患者で 1995 年 8 月から 1996 年 12 月の間に他の大学病院に鍼灸治療のために来院した患者である.平均年齢(標準偏差)は男性 65.4(13.0),女性 60.8(15.3)である.

〈健常者〉 健康なボランティア(男性 200 人,女性 233 人)で,学生の父母で治療や投薬を受けていない者である.平均年齢(標準偏差)は男性 50.4(3.7),女性 47.2(3.3)である.

(ⅱ) 性格特性

性格特性のタイプは,EPQ 質問票を用いて類型し,そのタイプによる HRQOL 20 得点の相違を検討した.この EPQ 質問票は,アイゼンクらの EPQ (Eysenck and Eysenck, 1993) の短縮版 (short scale) であり,ここで用いるのは重久によるその翻訳版である (Shigehisa, 1993, 図 6.3).4 段階の選択肢 (Likert scale) をもつ計 25 質問文で構成されており,それぞれの質問項目は外向性 (extroversion: E),情動性

```
            下の1〜25までの文章をよく読んで，それぞれの文章がどの程度普段の日
           常生活での自分にあてはまるかを，1・2・3・4の番号に○をつけて答えて下さい．（正しい答え，誤った答えというも
           のはありません．あまり時間をかけずに，全般的にみて，自分がそう思うものを答えて下さい．）

                                        ほとんどない たまにある しばしばある ほとんど
                                                                            いつもある
    E    1 いろいろなことをたくさんする．       1      2      3      4
    E-   2 何かする時には，まずよく考えてから始める． 1      2      3      4
    N    3 機嫌がよくなったり悪くなったりする．    1      2      3      4
    L-   4 ちょっと間違っても，知らん顔している．   1      2      3      4
    E    5 よくしゃべる．                1      2      3      4
    N    6 人に何か借りていると，気になる．       1      2      3      4
    P-   7 「自分はかわいそうな人間だ」と思う．    1      2      3      4
    E-   8 物事を悲観的に考える．            1      2      3      4
    L-   9 欲張って，たくさん取ってしまう．       1      2      3      4
    N   10 食事の前によく手を洗う．           1      2      3      4
    E   11 人に対して積極的にふるまう．         1      2      3      4
    P-  12 人や動物がひどいめにあっていると，かわい 1      2      3      4
         そうでたまらなくなる．
    N   13 間違ったり，悪いことをしたりすると，いつ 1      2      3      4
         までも気にする．
    L   14 約束したことは，必ず守る．          1      2      3      4
    N-  15 あんがい落ち着いていて，のんきである．   1      2      3      4
    E   16 みんなと，すぐに楽しく話したりする．    1      2      3      4
    N   17 気が短い．                   1      2      3      4
    L-  18 自分が悪いかもしれないのに，人のせいにす 1      2      3      4
         る．
    P   19 知らない人たちに，初めて会うのは楽しい． 1      2      3      4
    P   20 好きな人をわざといじめたりして，楽しんだ 1      2      3      4
         りする．
    P-  21 心が傷つく．                  1      2      3      4
    L   22 自分の癖は，いいものばかりである．     1      2      3      4
    P   23 自分の母親は悪い人間だと思う．       1      2      3      4
    E   24 おおっぴらで，おおげさなところがある．   1      2      3      4
    N-  25 穏やかで，物事をゆっくりやる．        1      2      3      4
```

E，P，N，L得点はプラス項目(無印)はそのままで，マイナス項目（−印）は逆転してそれぞれの合計を出す．

<外向性>   E＋：外向（E得点が19以上）   E−：内向（E得点が18以下）
<情動性>   N＋：不安定（N得点が19以上）   N−：安定（N得点が18以下）
<タフ性>   P＋：タフ（P得点が13以上）   P−：ソフト（P得点が12以下）
<偽装性>   L＋：社会適応（L得点が15以上） L−：自己適応（L得点が14以下）

<tolerable：耐性あり>（E＋，N−，P＋），　<intolerable：耐性なし>（E−，N＋，P−）

図 6.3　EPQ調査

(neuroticism：N)，タフ性（psychoticism：P），偽装性（dissimulation：L）の4次元（dimension）に属し，この反応得点でそれぞれの次元での平均値より大を（＋）型，小を（−）型として四つの特性項目が分類される．それぞれの次元での平均値より大を（＋）型，小を（−）型と分類することができる．

E特性：extroversion（7項目）　「思ったとおりに感じていることをそのまま表現する傾向：外向性」外向（E＋：19点以上），内向（E−：18点以下）

N特性：neuroticism（7項目）　「心の動揺，不安，怒り，落ち込みなどの傾向：

情動性」不安定（N＋：19 点以上），安定（N－：18 点以下）

　P 特性：psychoticism（6 項目）　「外的刺激に対する抵抗，あるいは精神的に傷つきやすい傾向：タフ性」タフ（P＋：13 点以上），ソフト（P－：12 点以下）

　L 特性：dissimulation（5 項目）　「感情や意思を偽り隠す傾向：偽装性」社会適応（本心を見せない）（L＋：15 点以上），自己適応（本心を出す）（L－：14 点以下）

　上記のうち，E，N，P の三つの特性を用いて対象群を次の三つの耐性に関する性格タイプに分類した．

　「E＋，N－，P＋」：耐性型（tolerable）（外向・安定・タフ型）

　「E－，N＋，P－」：非耐性型（intolerable）（内向・不安定・ソフト型）

　その他：中間型（両者いずれにも属さないもの）

　EPQ 質問票短縮版の信頼性に関しては，クロンバックの α 係数は E，N，P，L それぞれ 0.84，0.85，0.68，0.79 という値が得られており，またオリジナル版（long scale）との間に，0.80（E），0.84（N），0.72（P），0.78（L）の相関がみられている（Eysenck *et al*., 1975, Shigehisa *et al*., 1995）．

（iii）　関連性の解析と結果

　上記のような形でデータが得られたとき，次は性格特性と HRQOL 20 の得点との間に何らかの一定の関連性があるかどうかを見ることになる．ここでは EPQ の次元ごとの性格特性により HRQOL 20 への反応が異なることがあるかどうか，とくに様々な出来事に対して耐性がある（tolerable）といわれる耐性型（E＋，N－，P＋）と，それが困難である（intolerable）といわれる非耐性型（E－，N＋，P－）との間で HRQOL 20 の得点に差があるものかどうかを探ることが目的である．まず，はじめに HRQOL 20 は数量化III類による構造分析の結果で一次元構造であることを土台に尺度構成を行っているため，構造を確認する必要がある．そのために数量化III類（SAS CORRESP プロシージャー）を各グループごとに行ってその構造の確認をした．これで同じような構造であることがわかれば，次は，相関と得点の大きさの比較という二つの点についての検討である．HRQOL 20 の得点と EPQ の各特性との相関はデータの分布状況が左右対称の釣り鐘型というガウス分布をなしていないのでスピアマンの順位相関を用いて求めた．また，性格特性間での HRQOL 20 の得点の相違ではウィルコクソンの順位和検定とクラスカル-ウォリス検定を行ってみた（有意水準は両側 5 ％）．こういった比較の際，HRQOL はグループ間で年齢や性別，疾患の種類の割合が異なっているので，見かけの相違を見てしまう可能性がある．そこで，多変量解析を利用して，こういった 3 要因の調整を行った．多変量解析は HRQOL 20 の得点を対数変換後，一般線形モデル（SAS GLM プロシージャー）により，調整要因としては年

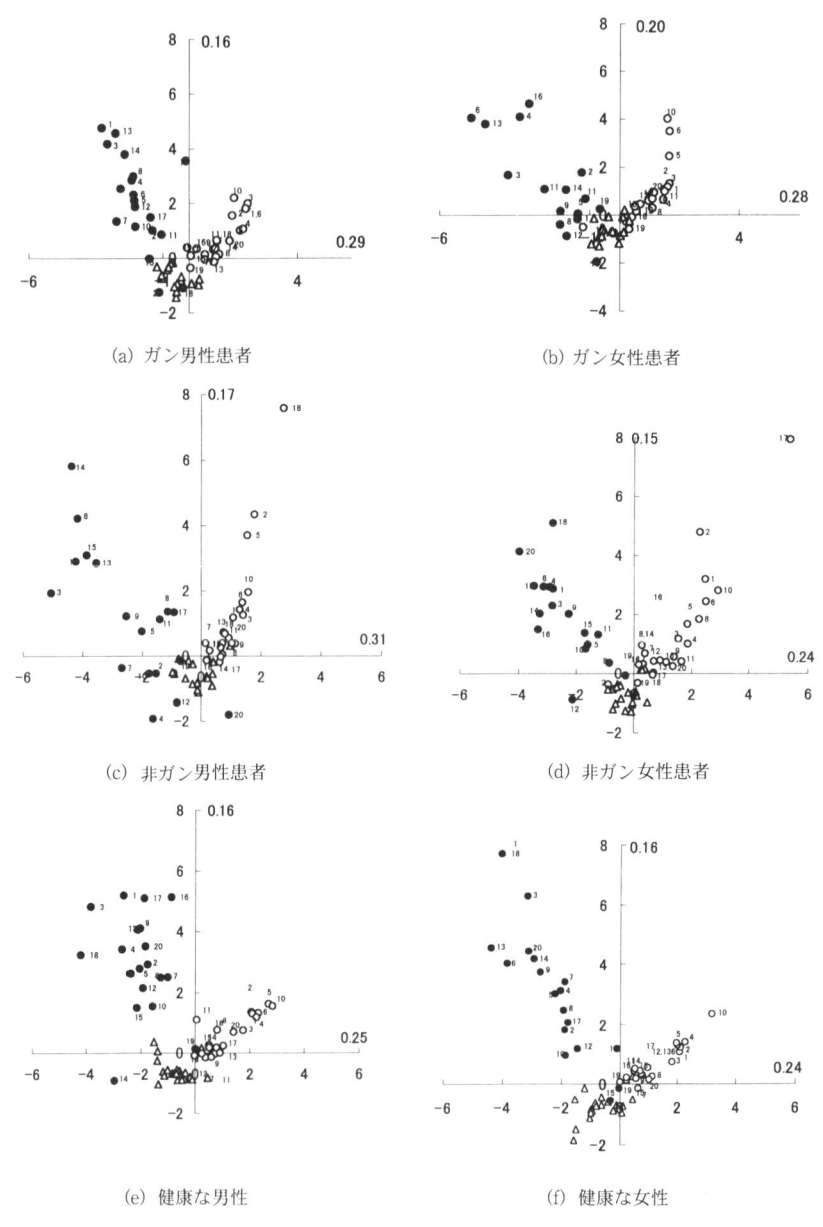

196   6 データの特性に基づいた解析

(a) ガン男性患者

(b) ガン女性患者

(c) 非ガン男性患者

(d) 非ガン女性患者

(e) 健康な男性

(f) 健康な女性

図 6.4 数量化III類による構造分析結果

齢（10歳階級），性別，疾患の種類（三つの対象グループ）を取り上げて性格特性の影響を検討した．

（1）数量化III類による構造の確認

HRQOL 20 の質問項目の関連性は，図 6.4(a)～(f) に示すように三つのグループ間でよく似た構造を呈しており，いずれも U 字型構造であった．これにより得点法が妥当であることがわかった．そこで，プラス側得点，マイナス側得点を算出し，以下の解析を行った．

（2）相関でみた性格特性の影響

解析では，回答の欠損のある対象はすべて取り除くという方式を採択した．一般に調査研究を行うときには，できる限りバイアスが入り込まないような調査研究デザインを考えることが望ましい．とくに欠損の影響に関しては慎重に取り扱う必要がある．欠損値の取り扱いについては，4.1.3 項に述べたように，欠損が生じないようにすることは現実にはなかなか困難である．ここでは EQP 質問票への回答の欠損値があったため，解析はガン患者では男性 92 人（66％），女性 44 人（66％），非ガン患者（鍼灸治療）では男性 49 人（83％），女性 90 人（70％）となったが，EPQ の回答の有無の間で，HRQOL 20 の得点には有意な差は認められなかった．したがってこのようなバイアスの可能性は低いものと考えてよい．そこで，以下の解析では EPQ の回答の得られた者のみを解析対象とした．また，結果は術前の 20 人を除いた場合でも変わらな

表 6.3 HRQOL 20 と EPQ の各次元とのスピアマン順位相関係数（グループ別，性別）

	人　数		HRQOL 20 プラス側 マイナス側	EPQ の次元 E	N	P
男性	ガン患者	92	プラス側	0.23*	−0.04	0.18
			マイナス側	0.25*	−0.18	0.27**
	非ガン患者	49	プラス側	0.12	−0.20	0.39**
			マイナス側	0.00	−0.35**	0.22
	健常者	200	プラス側	0.25**	−0.20**	0.16*
			マイナス側	0.08	−0.32***	0.23**
女性	ガン患者	44	プラス側	0.37**	−0.30*	0.30*
			マイナス側	0.25	−0.38**	0.44**
	非ガン患者	90	プラス側	0.40***	−0.32***	0.23*
			マイナス側	0.30**	−0.27**	0.24*
	健常者	233	プラス側	0.17**	−0.10	0.14*
			マイナス側	0.10	−0.22**	0.14*

E：extroversion, N：neuroticism, P：psychoticism.
*** $p<0.05$, ** $p<0.01$, * $p<0.001$.

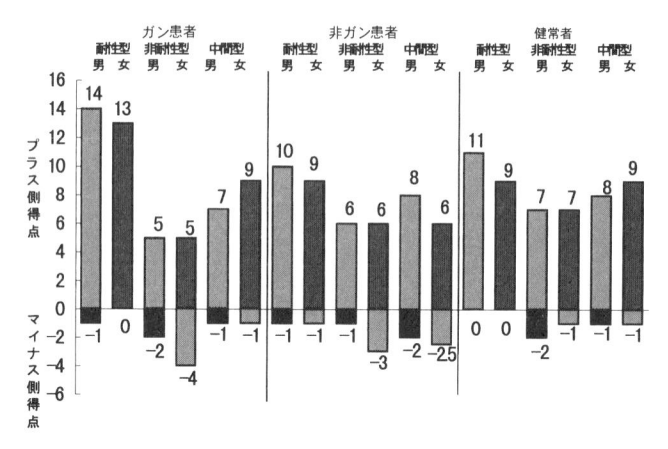

図 6.5 グループ別 HRQOL 20 得点

かったため，解析にはこの 20 人を含めてある．

EPQ の各特性と HRQOL 20 の得点との関連をスピアマンの順位相関で求めた結果が表 6.3 である．いずれのグループとも男女間で大きな相違は認められず，HRQOL 20 のプラス側およびマイナス側得点ともに E 特性，P 特性とは正の，N 特性とは負の相関関係を示していた．しかし，男性のガン患者の N 特性と非ガン患者の E 特性の場合ではプラス側およびマイナス側得点とも有意ではなかった．なお，L 特性（偽装性）とは有意な相関は認められなかった．

（3） 性格タイプによる HRQOL 20 の得点の違い

相関により関連性が認められても，あくまで相対的な関連だけであり，実際の得点に相違があるかについて検討するする必要がある．そこで，性別に各グループごとの性格タイプ（耐性型/非耐性型）との相違を検討した．その結果が図 6.5 である．非耐性型が男女，疾患の種類を問わず HRQOL が低い傾向を示しており，性格特性により HRQOL の表明が異なっていることがわかった．性別，年齢階級別を調整変数として含めた多変量解析の結果でも，男女ともプラス側得点，マイナス側得点とも性格特性の影響は耐性型で高く，非耐性型で低く，中間型は両者の間の値をとり（それぞれ $p<0.0001$），男性のプラス側得点を除きマイナス群ではグループ間による相違も認められた（$p<0.0001$）．しかし，性別，年齢の影響はとくに認められなかった．

（iv） HRQOL の用い方

以上のように，EPQ による性格タイプ（耐性型，非耐性型，中間型）別 HRQOL 20 の得点の相違については，男女とも耐性型で得点が高く，非耐性型で低いという傾向

が認められ，この傾向はいずれのグループとも同様であった．したがって，EPQによる性格特性の違いは，HRQOL 20の得点，すなわち，アウトカムとしてのHRQOLに影響を及ぼしうる要因であると見なせよう．

HRQOLは多様な要素をもつ概念であり，様々な形で測定されている．HRQOLの定義や評価方法についても論議されているが，その定義は研究者により様々であることが問題を複雑にしている．一般には身体的，心理的な質がHRQOLの基本的な要素となっているといえよう．患者の一般的なHRQOLが主観的判断に基づいてなされるため，性格特性による影響を受けやすい（Yamaoka *et al.*, 1998；山岡ら，1996）．よって，生存率などが診断の評価に用いられることが多いが，同じようにHRQOLを評価指標として診断の評価に用いる場合には，性格特性を考慮せずに用いることは適切ではないであろう．なお，我々が問題とすべきなのは患者によって表明されたHRQOLなのか真のHRQOLなのか，そしてそのときの耐性型との関連のもつ意味について，さらに議論の余地は残る．

6.2 不完全・不確実な調査データから情報を読み取る

6.2.1 不完全・不確実な調査データ

調査によって得たい情報を完璧な形で得ることが難しいという事実は，データから情報を読み取ろうとする上で，実は最も心得ておかねばならない重要なことである．これまで述べてきたように，調査データは，現象をそのまま正しく写すものではなく，調査項目やその質問の仕方などある操作によって得るものである．その操作の過程において，欠落があったり，不確実であったり，あるいは調査の精度の悪さなどから論理的には矛盾ととれるようなデータが得られることがある．これまで例に挙げてきたような個人の意識や考え方の調査においては，本来ランダムサンプルとして計画された対象者の一部が欠ける調査不能，回答はあっても調査する側の意図からはずれた回答をすることによって起きる項目単位の欠損データ，そのほか，様々な非標本誤差があり，不完全な調査データとなる．それぞれの調査については，例えば欠損に対する扱いをどうするか（4.1節），またランダムとはいえない対象の調査からどう意味ある情報を見いだすかについて述べてきた．一方，それらのいわば不完全データセットとして得られた不確実な情報でもいくつも集めることによって，より確かな情報を得ることができる．5.1節で示したような単純集計の比較による集団の比較は，比較的確実な調査データの比較ばかりでなく，それぞれは不確実な，

ある意味では偏っているかもしれない調査の単純集計どうしの比較から，それらを総合して大局的にみることによって意味ある情報を得ることができる例である．

研究の目的のために，自分で調査ができない場合には，既存のデータを活用することになるが，データアーカイブに登録され利用できるデータばかりとは限らず，発表された単純集計や部分的クロス集計を集めて，議論をすることがある．その場合，データがどのような調査によって得られたかを知ることが大切であるが，必ずしも納得できる等質のデータばかりではない．その結果を単純に比較することは意味がない．総合的な大局的な見方を心がけたい．

さて，データによって現象を理解しようとする研究は，当然社会調査などによる人間の行動理解に関するものばかりではない．経済データ，医学データ，自然現象についてのデータなど，あらゆる分野で，データは重要な情報を与え，現象理解とその対策に使われている．しかし，それらのデータはまさに不完全・不確実なものが多いのである．

そういったデータを不完全なゆえに価値のないものとして破棄してしまうのではなく，そこからも何らかの情報を読み取ることができないかを考えてみよう．不完全・不確実なデータを扱った一つの例として，これまでの人間行動を扱った調査の例とは趣を異にするが，野生動物の生息数推定法の研究の例を示したい．実際のフィールドの生息数推定調査と行政データのいずれも不完全なデータしか得られないという状況から，当たらずといえども遠からずという推定を試みたものである．

6.2.2 カモシカ生息数推定における不確実なデータの例

野生動物の生息数を推定するにはフィールド調査による方法と，行政データによる推定がある．ここで述べる長野県下伊那地方でのカモシカの生息数推定は，その両方ともに完全なデータを得ることは不可能であり，それらの両方から詰めていって妥当な結論を導いたものである．

まず，フィールド調査による生息数指定方法として，広地域に対するヘリコプターによる観察調査を用いた方法がある．これは，ビュッフォンの針の確率原理を応用した足跡交差法である．ビュッフォンの針の確率原理は，d：等間隔に引かれた平行線の間隔，r：針の長さ（d より短いとする），P：針をランダムに落としたとき針が平行線に交わる確率とすると

$$P = \frac{2r}{\pi d}$$

となる．

これを用いて，実際の調査では，d：ヘリコプターによる調査線（平行線）の間隔（1 km），r：カモシカ1頭が1日に歩く距離（足跡長），n：調査線と交差するカモシカの足跡の数，N：地域内のカモシカの生息数とすると

$$P = \frac{n}{N} = \frac{2r}{\pi d}$$

であり，生息数が

$$N = \frac{n\pi d}{2r}$$

で推定される．

調査は，設定された調査線上をヘリコプターで飛行し，調査線と交差するカモシカの足跡数を調査すると同時に，視野範囲内の個体発見調査を行う．

長野県飯田市の例では調査範囲は 160 km²（20 km×8 km），1 km 間隔で9本，対地飛行高度平均 150 m で飛行した．肉眼観察と直下写真の両方から結果を検討する．カモシカ1頭が1日に歩く距離がわかれば，調査線に交差する足跡本数を写真判読して，ビュッフォンの針の確率原理を用いることができるが，カモシカではそれがわかっていない．そこで，発見個体数と視野の面積から，逆にまず全域の生息数を推定し，ビュッフォンの針の確率原理により1頭1日の足跡長を推定しておく．この推定生息数は，観察確率を無視したものなので本当の推定値とはなり得ないが，1頭1日の走行距離は推定される．それを用いて，信頼性の高い写真判読による交差足跡数を使って，再び全域の生息数をビュッフォンの針の確率原理で推定する．これらを検討して，妥当な生息数を知ることができる．

（i） 1頭の1日の走行距離（r）の推定

まず，ヘリコプターからの肉眼観察結果に基づいた生息数推定数 $N(\mathrm{o})$ と1頭1日の走行距離 r を推定する．肉眼観察は視角20度で飛行高度から調査幅 53 m と推定される．全飛行調査での発見個体数 $n(\mathrm{o})$ は7頭であり，これを飛行調査線の間隔 $d=1000$ m に広げた全調査域の視索に基づく生息数 $N(\mathrm{o})$ を推定すると132頭となる．この値を $n/N = 2r/\pi d$ に代入し，走行距離 r が 892.5 m と計算される．

観察個体数に基づく全調査域の推定頭数 132 というのも一つの推定であるが，発見確率を無視したものであって，このまま推定生息数と考えるには無理がある．しかし，直下足跡発見数も同様の発見確率であると仮定すれば，$n/N = 2r/\pi d$ の n/N のかわりに $n(\mathrm{o})/N(\mathrm{o})$ を用いた P の値は発見確率に無関係となる．そこでここでは1日の

走行距離の推定としてのみ肉眼観察の結果を用いる．

カモシカ1頭の1日の走行距離892.5mという値は，聞き取り調査で得た500～1000mという値の範囲内にあることからも妥当なものであることがわかる．

(ii) 写真判読による生息数の推定

ヘリコプターの飛行直下写真を一定間隔で撮影する．このフィルム上に写った実際の撮影範囲（飛行線上の長さ）は飛行高度から計算できる．飯田市の場合，撮影範囲と全体の比率は256/50＝5.12であった．全フィルムで判読できた足跡数は46本であったので，全体の飛行線に交わる足跡本数 $n=46\times 5.12=235.5$（本）であり，(i) で求めた $r=892.5$ (m) を用いて，ビュッフォンの針の確率原理を用いると，推定生息数は $N=nrd/2r=414.5$ となる．

この値は肉眼観察による推定生息数とかなり大きな隔たりがあるが，これが肉眼判定における発見確率といったものと考えられ，写真判読による推定の方が正確度が高いものであることに留意しなければならない．

(iii) 行政データによる方法

もう一方の行政データによる方法を示す．カモシカの残す痕跡を調査する痕跡法であるが，今現在の生息数を今の痕跡から推定するのではなく，生息数に何らかの操作を加えたことによる痕跡量の変化に注目した除去投入法という方法である．すなわち，一定数を捕獲したり，放したりしたときに，カモシカの残す痕跡量の変化に注目して，生息数を推定する方法である．カモシカは植林した杉や桧の先端や樹皮を食べてしまうため，有害鳥獣として毎年決まった数が捕獲される．これが行政データとして存在する．捕獲した数がわかっているので，捕獲前と捕獲後とに一定の方法で痕跡量を調査すれば，その変化分は捕獲した頭数の変化分に相当し，捕獲前の痕跡量からもとの生息数も推定できるというのが，おおよその考え方である．痕跡として，植林木の食害の被害量，食痕，糞粒，あるいは足跡，観察頭数など，生息数と比例するような量であれば，何でも応用できる．ここでは被害量も行政データとして存在する．

基本的な考え方を示す．ある一定地域のある時期における動物の生息数を N_1 とする．これが知りたい未知の数である．ある一定の短い期間に残した痕跡の量を何らかの方法で調査し，S_1 を得たとする．1頭がその期間に残す痕跡の量を a とすれば，痕跡量と生息数と a の間の関係は

$$S_1 = a \times N_1$$

であるから $N_1=S_1/a$ として生息数がわかるかというと，そうはいかない．a はわからないのが普通だからである．そこで次のように考える．有害鳥獣駆除等で m_1 の個体を捕獲したとすると，捕獲後の生息数は $N_2=N_1-m_1$ となる．前と同じ期間の痕跡量 S_2

を調査して，1頭がその期間に食する量を前と同じく a とすると，
$$S_2 = a \times N_2 = a \times (N_1 - m_1)$$
であり，この捕獲前と捕獲後の二つの式を辺々除すると
$$\frac{S_1}{S_2} = \frac{N_1}{N_1 - m_1}$$
となって，わからなかった a が消去される．S_1 と S_2 すなわち捕獲前後の一定期間の痕跡量の比 S_1/S_2 を K_{12} とすると，K_{12} と m_1 がわかっていて N_1 を知りたいのだから，N_1 について解くと
$$N_1 = \frac{m_1}{1 - K_{12}}$$
となり，捕獲前の生息数 N_1 が計算できる．これから，捕獲後の生息数や1頭の個体による痕跡量 a も計算される．$K_{12}=1$ の場合は解けないが，これは $S_1=S_2$, 生息数を増やしても被害量が変化しないことを示し，この考え方が実状に合っていないことを表すので，別のことを考えなければならない．

長野県下伊那地方では，1975年頃から，カモシカの植林木への食害が問題になり，有害鳥獣駆除が1979年から毎年行われてきた．その捕獲頭数は計画された範囲で行われ，また，地域別に実際の捕獲頭数が報告されている．一方，森林に対する被害量は，被害に対する補償の問題のため被害面積として報告されまとめられていることから，この両方のデータを合わせ，生息数推定を試みたのである．

基本的な考えは上に示した方法であるが，ここでのデータにあわせて考えなければならないことがいくつかある．一つは，捕獲は年に1回，2月頃に行われるということで，次の捕獲までに，出産や自然死による自然増減があることである．これについては，改めて推定の式から構築する必要があり，以下に示すのも一つの考え方である．

t 年度，$t+1$ 年度の初めの生息数を N_1, N_2, それぞれの年度の終わりに行う有害鳥獣駆除の捕獲頭数を m_1, m_2 とし，t 年度，$t+1$ 年度の被害量を S_1, S_2, 1年間の自然増減率を共通として a とすると，t 年度と $t+1$ 年度の被害量の関係は
$$\frac{S_2}{S_1} = \frac{N_1(1+a) - m_1}{N_1} \tag{6.1}$$
と考えられる．a がわかれば，t 年度と $t+1$ 年度の被害量と t 年度の捕獲頭数のデータによって，t 年度の初めの生息数 N_1 を推定できる．一般に a はわからないが，3年のデータを用いれば，推定が可能である．つまり
$$\frac{S_3}{S_2} = \frac{N_2(1+a) - m_2}{N_2} = \frac{\{N_1(1+a) - m_1\}(1+a) - m_2}{N_1(1+a) - m_1}$$
と上の式から

$$N_1 = \frac{\dfrac{S_1}{S_2}m_2 - m_1}{\dfrac{S_2}{S_1} - \dfrac{S_3}{S_2}} = \frac{m_2 - K_{12}m_1}{K_{12}{}^2 - K_{12}K_{23}} \tag{6.2}$$

とできる．

ここで，N_1 は t 年の生息数，m_1，m_2 は t，$t+1$ 年度の捕獲頭数，S_1，S_2，S_3 は t，$t+1$，$t+2$ 年度の被害量，

$$K_{12} = \frac{S_2}{S_1}, \qquad K_{23} = \frac{S_3}{S_2}$$

である．

式 (6.2) の真ん中の表現から被害量の比として表されることがはっきりみられよう．右はこの分子分母に S_2/S_1 をかけた表現で，被害量の比を値として扱った場合の実用上の式である．

$K_{12} = K_{23}$ のときは式 (6.2) の分母が 0 になるので，この方法は使えない．そうでなければ，これで N_1 が求められる．このとき，自然増減率 a は

$$a = K_{12} + \frac{m_1}{N_1} - 1$$

である．$K_{12} = K_{23}$ は $m_2/m_1 = K_{12} = K_{23}$ としたときにだけ起こることなので，こうならないように m_2（2 回目の捕獲する数）を計画すればよい．

こうして，もし生息数と被害量が比例し，自然増減率も年々一定であると仮定すれば，被害量と捕獲したカモシカの頭数をきちんと把握していくと，それで生息数が推定できる．この仮定はそう無理なものではないだろう．式 (6.2) の示す通り，被害量の変化率が生息数の推定に大きく影響していて，変化率が小さいときは誤差に大きく響く．しかし，変化率が小さいならば，捕獲が生息数にそう影響していないのであるから，生息数をそれほど問題にしないでよいことを示していると考えるべきだろう．これが大きく変化したとき，深刻に生息個体数へのコントロールが必要となってくる．

被害量の把握については，現実には残念ながら下伊那地方の例でも，被害量が被害補償の問題として報告されたものであるため，前年度までに報告された被害区域が未処理の場合，今年度の被害が追加されても報告されていない．これらのこともあり，一定期間の一定条件の被害量にはなっておらず，この点の補正も行なって，生息数に見合う（比例すると考えることのできる）ような被害面積データに補正する必要がある．必ずしも一般化はできないが，そこでの考え方を示そう．

（1） 被害対象面積

カモシカの被害対象となる樹齢の植林地面積を算出する必要があり，造林実績のデ

ータから算出して，累積植栽面積 T とする．

（2） 1年間の発生被害と現存被害の考え方

報告されている被害面積は，その年度に新たに発生した発生被害面積 S' であって，前年までに被害面積として報告され未処理の面積 R（現存被害量）は別に記載されている．現存被害量は，すでに報告された被害に対しては何らかの対策処理（被害補償金や植え替え）がなされるべきものとして行政上では報告済み扱いとなり，同じ場所をさらにカモシカが食採しても被害として報告しない面積である．しかし，カモシカ生息数の推定にはここでの採食も考慮しなければならない．そこで，この報告済みの部分でも同様に新たな被害が加わったと仮定して，カモシカの採食した量に見合う1年間の被害面積として，発生被害面積に加える必要がある．

（3） 防護柵で保護された面積の考え方

さらに，植栽面積の一部は防護柵が設けられるので，これに対する補正も必要である．防護柵内では被害が発生しないが，もし防護柵がなければほかと同じ被害率で被害があると仮定する．防護柵設置面積は年々積み上げた累積の防護柵設置面積 F とする．6年生以下の植栽面積 T から累積防護柵設置面積 F を除いて，見かけ上の被害率 P' は $P'=S'/(T-F)$ である．

（4） 被害率の補正

（2）および（3）を考えると，被害面積は $(T-F+R)\times P'$ である．全面積に対する理論上の本来の被害率 P によると，この被害面積は $(T+R)\times P$ と表すことができる．そこで，$(T-F+R)\times P'=(T+R)\times P$ の P が本来の被害率となる．すなわち，被害率 P は，$P=\{1-F/(T+R)\}\times P'$ によって補正する．

こうして生息数に見合う被害面積は，報告されたその年の発生被害面積と，報告されていない予想被害面積の和で表される．すなわち，$S=S'+(R+F)\times P$ である．

この修正されたデータを用いて生息数と自然増減率の推定を行う．まず，生息数推定を試みたところ，1982～84年のデータから求めた1982年の推定生息数，1983～85年のデータから求めた1983年の推定生息数，同様に1984年と1985年の推定生息数を計算できる．しかし，この値は大きく変化し，マイナスの値さえ出てしまう．したがって，自然増減率 α を計算しても，非現実的な値となってしまった．行政上で報告された被害量は，補正はしたものの，そのほかの様々な性質の問題があり，そこからの推定結果をそのまま受け入れることができなかったのだが，その結果から妥当な情報が得られないか考え直してみることとした．

ちなみに，自然増減率 α は，2時点のデータを使うと，

$$\frac{S_2}{S_1}=K_{12}=\frac{N_1(1+\alpha)-m_1}{N_1} \tag{6.3}$$

であり，したがって $a=K_{12}+m_1/N_1-1$ である．

どのように考えていったかを示そう．被害面積の一応安定している1985年度から3年間の数値を平均し，その3年間の被害面積が一定としてみる．a を適当に定めると，逆に，式(6.3)の N_1 をわからないものとして，N_1 について書き直した次式で計算できる．

$$N_1 = \frac{m_1}{1+a-K_{12}}$$

被害量を一定と仮定したので，K_{12} は常に1となって，この式は分母が a だけとなる．つまり推定生息数は，捕獲数と仮定した自然増減率だけから計算される．

$a=0.2$ として，1984年度と1985年度のデータから1984年度の頭数を計算すると，$N(84)=232/0.2=1160$ である．すると次年度の生息数は自然増減率によって $(1+a)$ 倍になり1984年度末に捕獲されるので，$N(85)=1160\times1.2-232=1160$，その次は $N(86)=1160\times1.2-172=1220$，などとなる．

また，1985年度と1986年度のデータから始めても同様に各年の推定生息数などを計算できる．

1984年度1985年度のデータからの推定
　　$a=0.2$ のとき　$N(84)=N(85)=1160$　となり，
　　　　このとき　$N(86)=1220$，$N(87)=1279$，$N(88)=1337$
　　$a=0.1$ のとき　$N(84)=N(85)=2320$　となり，
　　　　このとき　$N(86)=2380$，$N(87)=2433$，$N(88)=2478$
　　$a=0.05$ のとき　$N(84)=N(85)=4640$　となり，
　　　　このとき　$N(86)=4700$，$N(87)=4750$，$N(88)=4790$

1985年度と1986年度のデータからの推定
　　$a=0.2$ のとき　$N(85)=N(86)=860$　となり，
　　　　このとき　$N(87)=847$，$N(88)=818$
　　$a=0.1$ のとき　$N(85)=N(86)=1720$　となり，
　　　　このとき　$N(87)=1707$，$N(88)=1680$
　　$a=0.05$ のとき　$N(85)=N(86)=3440$　となり，
　　　　このとき　$N(87)=3427$，$N(88)=3400$

1986年度と1987年度のデータからの推定
　　$a=0.2$ のとき　$N(86)=N(87)=925$　となり，
　　　　このとき　$N(88)=912$
　　$a=0.1$ のとき　$N(86)=N(87)=1850$　となり，
　　　　このとき　$N(88)=1837$

$\alpha=0.05$ のとき　　$N(86)=N(87)=3700$　　となり，

このとき　　$N(88)=3687$

(iv) これらを総合して情報を読み取る

ここで，フィールド調査から得られている推定生息頭数と合わせてみる．まず，前述の1986年度のヘリコプター調査による推定頭数と合わせてみよう．そのときの調査範囲16000 ha における生息数が414.5頭と推定されているが，下伊那地方全体に拡張すると，現存被害量や捕獲頭数の割合から約2倍と考え，829頭と推定される．これと見合う自然増減率は $\alpha=0.2$ 強となる．$\alpha=0.2$ というのは，人手をまったく加えなければ，5年間で2倍，10年で5倍，14年で10倍に増加する値であり，被害が急激に問題になるほどに増加したことを考えても少し大きすぎるようである．

ヘリコプター調査の調査範囲についての聞き取り調査で得られた推定頭数は785頭で，これを用いれば下伊那地方全体では，1570頭であり，$\alpha=0.1$ としたときの推定生息数と近い．したがって $\alpha=0.1$ と考えられる．

また，ヘリコプター調査は1987年にも行われ，このときは，積雪が少なく，写真から足跡を読み取ることができたのはわずかであったが，このデータから推定した下伊那全域の生息数は，1700～2900頭となる．1700頭ならば $\alpha=0.1$，2900頭ならば $\alpha=0.05$ より少し大きく 0.06 程度となる．

こうして，様々な調査から得られた推定頭数といろいろな α の値に対して算出される頭数とを比較して探りだした結果，α は 0.06 程度から 0.1 強程度の間にあり，その中間の $\alpha=0.08$ 位が妥当なものと考えられるに至った．この自然増減率は，人手を加えなければ30年間で10倍に増える値であり，この面からも妥当なものであろう．

このように調査結果のどれも確実でない場合も，比較し調節していくと，妥当な結果が得られることもあることを示した．この例では，報告された被害量が突然に減少したのが不自然であり，モデルに合わなかったのだが，被害量を科学的に調査することができれば，より適切に適用されるはずのことである．

参考文献

第1章
1) 飽戸 弘ほか：浦東地区開発計画に伴う価値意識の変化に関する研究—日本・中国の国民性比較のための基礎研究—, 平成7年度～9年度文部省科学研究費補助金国際学術研究研究成果報告書 (1998)
2) 飽戸 弘編：社会調査ハンドブック, 日本経済新聞社 (1987)
3) 林 文：意識調査から見た日本人の自然観—自然観の意識構造と若者の意識—, 東洋英和女学院大学人文・社会科学論集, **15**, 31-49 (1999)
4) 林知己夫編：社会調査ハンドブック, 朝倉書店 (近刊)
5) 林知己夫：日本人の心とガン告知—アンケート調査の分析結果—, 日本癌病態治療研究会 (1996)
6) Hayashi, C.: *Cultural Link Analysis (CLA) for Comparative Quantitative Social Research and It Application*, Leske+Budrich, 209-229 (1996)
7) 林知己夫・鈴木達三：社会調査と数量化（増補版）, 岩波書店 (1997)
8) 林知己夫編：日本人論—日本とハワイの調査から—, 中公新書, p.333 (1978)
9) 日本人の読み書き能力調査委員会：日本人の読み書き能力, 東京大学出版会 (1950)
10) 西平重喜：統計調査法（改訂版）, 培風館 (1980)
11) QOL研究班：癌告知について—大学生の意識—, 日本癌病態治療研究会平成5年度班報告集, 23-40, 日本病態治療研究会 (1994)
12) 佐藤武嗣：新聞社の選挙予測調査, 輿論科学協会創立55周年研究討論会「選挙予測調査をめぐる諸問題」, 市場調査, 5-11 (2001)
13) 杉山明子：社会調査の基本, 朝倉書店 (1980)
14) 鈴木達三・高橋宏一：標本調査法, 朝倉書店 (1998)
15) 統計数理研究所国民性国際調査委員会：国民性7カ国比較, 出光書店 (1998)
16) 林 文・田中愛治：面接調査と電話調査の比較の一断面—読売新聞世論調査室の比較実験調査から—, 行動計量学, **23**(1), 10-19 (1996)
17) 吉村 宰：インターネット調査にみられる回答者像・その特徴, 公開講演会要旨, 統計数理, **49**(1), 223-229 (2001)
18) 吉野諒三ほか：国民性に関する意識調査データに基づく文化の伝播変容のダイナミズムの統計科学的解析, 平成10年～12年度科学研究費補助金（基盤研究A(2)）研究成果報告書 (2001)

第2章
1) Allison, P. J. *et al.*: Quality of life: a dynamic construct, *Soc. Sci. Med.*, **45**, 221-230 (1997)
2) Calman, K. C.: Definitions and dimensions of quality of life, *The Quality of Life of Cancer-patients*, Raven Press, New York (1987)

3) Fleiss, J. L. and Cohen, A.: The equivalence of weighted kappa and the intraclass correlation coefficient as measure of reliability, *Educational and Psychological Measurement*, **33**, 613-619 (1973)
4) Cox, D. R., Fletcher, A. E., Gore, S. M., Spiegelhalter, D. J. and Jones, D. R.: Quality-of-life assessment: Can we keep it simple?, *J. R. Statist. Soc. A*, **155**, Part 3, 353-393 (1992)
5) Cronback, L. J.: Coefficient alpha at the interval structure of tents, *Psychometrika*, **16**, 297-334 (1951)
6) Eysenck, H. J. and Eysenck, S. B. G.: *Manual of the Eysenck Personality Questionnaire-Revised*, EdITS, San Diego (1993)
7) Guttman, L.: The quantification of a class of attributes: A theory and method of scale construction. In: Horst, P. ed., *The Pre-Diction of Personal Adjustment*, Social Science Research Council, New York (1941)
8) Guttman, L.: A basis for scaling quantitative data, *American Sociological Review*, **9**, 139-150 (1944)
9) Guttman, L.: The basis for scalogram analysis, In: Stouffer, S. A., *et al*. ed., *Measurement and Prediction*, Prinston University Press, New Jersey (1950)
10) 林 文ほか：日本人の自然観(2)，森林野生動物研究会誌，**21**，44-52（1996）
11) Howard, G. S. *et al.*: Internal invalidity in pretest-posstest self reporting evaluation and a reevaluation of retrospective pretests, *Applied Psychological Measured*, **3**, 1-23 (1979)
12) 林知己夫・宇川伸一：原子力発電に対する態度構造と発電側の対応のあり方—国民性とコミュニケーション—, *JNSS*, May 1, 93-158（1994）
13) 林知己夫：日本人の国民性研究，南窓社（2001）
14) 林知己夫編：社会調査ハンドブック，朝倉書店（近刊）
15) 林知己夫：調査の科学，講談社（1984）
16) 林知己夫・鈴木達三：社会調査と数量化（増補版），岩波書店（1997）
17) Kuder, G. F. and Richardson, M. W.: The theory of the estimation of test reliability, *Psychometrika*, **2**, 151-160 (1937)
18) カーマイン，E. G.，ツェラー，R. A.（水野欽司・野嶋栄一郎訳）：テストの信頼性と妥当性，朝倉書店（1983）
19) 池田 央：現代テスト理論，朝倉書店（1994）
20) Schwartz, C. E. *et al.*: Methodological approaches for assessing response shift in longitudinal health-related quality-of-life research, *Social Science and Medicine*, **48**, 1531-1548 (1999)
21) 芝 祐順：項目反応理論，東京大学出版会（1991）
22) Staquet, M. J. *et al.*: *Quality of Life Assessment in Clinical Trials*, Oxford University Press, Oxford (1988)
23) 統計数理研究所国民性調査委員会：国民性の研究 第10次全国調査—1998年全国調査—，統計数理研究所研究リポート，No. 83（1999）
24) 統計数理研究所国民性国際調査委員会：国民性7カ国比較，出光書店（1998）
25) 統計数理研究所国民性調査委員会：第5 日本人の国民性，出光書店（1992）

26) 統計数理研究所国民性調査委員会:第2 日本人の国民性,至誠堂 (1970)
27) Yamaoka, K. *et al.*: Influence of personality on quality of life measurement, *QOLR*, **7**, 535-544 (1998 a)
28) Yamaoka, K. *et al.*: Validity of the Japanese version of the questionnaire for quality of life measurement (QOL 20), *IMD*, **5**, 23-29 (1998 b)
29) Yamaoka, K. *et al.*: A Japanese version of the questionnaire for quality of life measurement, *Ann. Cancer Res. Ther.*, **3**, 45-53 (1994)
30) 山岡和枝・小林廉毅:医療と社会の計量学,朝倉書店 (1994)
31) 吉野諒三:心を測る―個と集団の意識の科学―,朝倉書店 (2001)

第3章

1) 林知己夫:行動計量学序説,朝倉書店 (1993)
2) 林知己夫:調査の科学,講談社 (1984)
3) 林 文ほか:日本人の自然観 (2),森林野生動物研究会誌,21 (1995)
4) 内閣総理大臣官房広報室編:世論調査の調査,平成10年度世論調査年鑑 (1999)
5) 北田淳子・林知己夫:回答変動の検討―回答のゆれ―,日本行動計量学会発表論文抄録集 (2001)
6) 内閣総理大臣官房広報室:世論調査一覧(昭和22年8月〜平成7年3月)
7) 統計数理研究所国民性調査委員会:日本人の国民性 第10次国民性研究―1998年全国調査―,統計数理研究所研究リポート,No. 83 (1999)
8) 統計数理研究所国民性調査委員会:統計数理研究所研究リポート,No. 5 (1959), No. 11(1964), No. 23(1969), No. 38(1974), No. 46(1979), No. 60(1984), No. 69(1989), No. 75 (1994)
9) 日本人の自然観研究会:日本人の自然観―自然環境破壊に対する意識の根底をなすもの―,原子力安全システム研究所ワークショップ報告書 (1996)
10) 杉山明子:社会調査の基本,朝倉書店 (1980)
11) 鈴木達三:調査不能の分析と郵便調査による検討,日本人の国民性,至誠堂,355-372 (1961)
12) 多賀保志:調査とサンプリング,同文書院 (1985)
13) 杉山明子ほか:特集 世論調査の精度,行動計量学,**23**(1), 1-62 (1996)
14) 統計数理研究所国民性調査委員会:日本人の国民性,至誠堂 (1961)

第4章

1) 穐山貞登:数量化のグラフィックス,朝倉書店 (1993)
2) Bénzecri, J. P.: *L'analyse des Dónnees*, II l'analysse des correspondence. Dunod, Paris (1973)
3) Early, D. F. and Nicholas, M.: Dissolution of the mental hospital: fifteen years on, *Brit. J. Psychiat.*, **130**, 117-122 (1977)
4) Guttman, L.: The principal component of scale analysis. In: Stouffer, S. A. ed., *Measurement and Prediction*, Prinston University Press, New Jersey (1950)
5) Guttman, L.: A general nonmetric technique for finding the smallest coordinate space for a configuration of points, *Psychometrika*, **33**, 469-506 (1968)
6) 林知己夫:日本人の心とガン告知―アンケート調査の分析結果―,日本ガン病態治療研

究会QOL班 (1996)
7) 林知己夫：医療・統計はこれでよいか，癌と化学療法，**19**(4), 143-159 (1993)
8) 林知己夫編著：確率と統計―基礎から応用まで―，旺文社 (1980)
9) Hayashi, C.: On the prediction of phenomena from qualitative data and the quantification of qualitative data from mathematico-statistical point of view, *Annals of the Institute of Statistical Mathematics*, **3**(2), 69-98 (1952)
10) 林知己夫・宇川伸一：原子力発電に対する態度構造と発電側の対応のあり方―国民性とコミュニケーション―，*JNSS*, May 1, 93-158 (1994)
11) 林知己夫：多変量解析と多次元データ解析―データの科学の中で見る―，*Estrela*, **79**, 2-9 (2000)
12) 林知己夫：数量化の方法，東洋経済新報社 (1974)
13) 林知己夫：数量化―理論と方法―，朝倉書店 (1993 a)
14) 林知己夫：行動計量学序説，朝倉書店 (1993 b)
15) 林知己夫・飽戸　弘編：多次元尺度解析法の実際，サイエンス社 (1976)
16) 統計数理研究所国民性調査委員会：国民性の研究 第10次全国調査―1998年全国調査―，統計数理研究所研究リポート，No. 83, p. 52 (1999)
17) 林知己夫：社会調査ハンドブック，朝倉書店 (近刊)
18) 林　文ほか：日本人の自然観 (3)―体験と自然観―，森林野生動物研究会誌，**24**, 37-48 (1998)
19) 林　文：年齢は心から測れるか，行動計量学，**8**(1), 66-79 (1981)
20) 林　文ほか：日本人の自然観―予備的考察―，*INSS Journal*, No. 1, 159-179 (1994)
21) 川喜田二郎：発想法 統―KJ法の展開と応用―(2)，中公新書，p. 210 (1970)
22) 駒沢　勉：数量化理論とデータ処理，朝倉書店 (1982)
23) 駒沢　勉・橋口捷久・石崎龍二：新版パソコン数量化分析，朝倉書店 (1998)
24) Little, R. J. A. and Rubin, D. B.: *Statistical Analysis with Missing Data*, John Wiley & Sons, New York (1987)
25) Lebart, L., Morineau, A. and Piron, M.: *Statistique Exploratoire Multidimensionnelle*, Dunod, Paris (1995)
26) McCullough, P. and Neldar, J. A.: *Generalized Linear Models*, Second ed., Chapner and Hull, London (1983)
27) Kleinbaum, D. G. et al.: *Epidemiologic Research*, Van Nostrand Reinhold, New York (1982)
28) 大隅　昇ほか：記述的多変量解析法，日科技連出版社 (1994)
29) Fisher, R. A.: *The Design of Experiments*, Reprinted by Arrangement, Hafner Publishing, New York (1971)
30) 佐伯　胖・松原　望編：実践としての統計学，東京大学出版会 (2000)
31) Simpson, E. H.: The interpretation of interaction in contingency tables, *J. R. Statist. Soc. B*, **13**, 238-241 (1951)
32) Stuart, A. et al.: *Kendall's Advanced Theory of Statistics*, sixth ed. vol. 2A: Classical inference and the linear model, Oxford University Press (1999)
33) 高根芳雄：多元尺度法，東京大学出版会 (1980)
34) 豊田秀樹：共分散構造分析 [入門編]―構造方程式モデリング―，朝倉書店 (1998)

35) 豊田秀樹：共分散構造分析［応用編］―構造方程式モデリング―，朝倉書店（2000）
36) 統計数理研究所国民性国際調査委員会：国民性7カ国比較，出光書店（1998）
37) 林知己夫ほか：ノンパラメトリック多次元尺度解析についての統計的接近，統計数理研究所研究リポート，No.44（1979）
38) 辻 新六・有馬昌宏：アンケート調査の方法―実践ノウハウとパソコン支援―，朝倉書店（1988）
39) 渡部 洋ほか：探索的データ解析入門―データの構造を探る―，朝倉書店（1985）
40) Yamaoka, K.: Beyond Simpson's paradox: A descriptive approach, *Data Analysis and Stochastic Models*, **12**, 239-253（1996）
41) Yamaoka, K.: Beyond Simpson's paradox: Stochastic approach by Monte Carlo method, *Student*, **3**(4), 255-272（2000）
42) 柳井晴夫：多変量データ解析法―理論と応用―，朝倉書店（1994）
43) Lehtonen, R. and Pahkinen, E. J.: *Practical Methods for Design and Analysis of Complex Surveys*, John Wiley & Sons（1995）
44) 岸野洋久：生のデータを料理する―統計科学における調査とモデル化―，日本評論社（1999）

第5章

1) 飽戸 弘ほか：浦東地区開発計画に伴う価値意識の変化に関する研究―日本・中国の国民性比較のための基礎研究―，平成7年度～9年度文部省科学研究費補助金国際学術研究研究成果報告書（1998）
2) Chu, G., Hayashi, C. and Akuto, H.: Comparative analysis of Chinese and Japanese cultural values, *Behaviormetrika*, **22**(1), 1-35（1995）
3) 林知己夫：日本人の国民性研究，南窓社（2001）
4) Hayashi, C. and Kuroda, Y: *Japanese Culture in Comparative Perspective*, Praeger（1997）
5) 林知己夫・林 文：国民性の国際比較，統計数理（1994）
6) 林 文：国際比較調査の問題点―中国調査から―，よろん，**83**，25-28（1999）
7) 林 文ほか：データ構造把握のための数量化と分類の統一化に関する研究―QOLとHAL抗原に関連して（科学研究費補助金「人文科学とコンピュータ」1996年度の報告），No.7207115，B 03（1997）
8) Hayashi, F. et al.: Classification of gastsic cancer patients based on HLA antigen expression using quantification method III, *Annals of Cancer Research and Therapy*, **3**(2), 117-120（1994）
9) 狩野恭一：免疫学入門―ABCから中心テーマへ―，東京大学出版会（1987）
10) Ogoshi, K. et al.: HLA antigen status and outcome of postoperative immunochemotherapy in gastric cancer, A multidimensional data analysis, *Annals of Cancer Research and Therapy*, **2**(1), 95-99（1993）
11) 統計数理研究所国民性国際調査委員会：国民性7カ国比較，出光書店（1998）
12) Yamaoka, K.: Variation in attitudes and values among Japanese Americans and Japanese Brazilians across generations, *Behaviometrika*, **27**, 125-151（2000）
13) 吉野諒三ほか：国民性に関する意識調査データに基づく文化の伝播変容のダイナミズ

ムの統計科学的解析，平成10年～12年度科学研究費補助金（基盤研究A(2)）研究成果報告書（2001）

第6章
1) 飽戸　弘編：社会調査ハンドブック，日本経済新聞社（1987）
2) Eysenck, H. J. and Eysenck, S. B. G.: *Manual of Eysenck Personality Questionnaire Revised*, EdITS, San Diego（1993）
3) Eysenck, H. J. and Eysenck, S. B. G.: *Manual of Eysenck Personality Questionnaire (Junior and Adult)*, EdITS, San Diego（1975）
4) 北田淳子・林知己夫：回答分布の検討―回答のゆれ―，行動計量学会第29回大会発表論文集，352-353（2001）
5) 加藤央子：朝日新聞社の電話調査について，行動計量学，**23**(1)，3-9（1996）
6) 松井　豊：大学生の援助に関する規範意識の検討(その3)，日本心理学会第61回大会発表論文集，196（1992）
7) 松井　豊：無作為抽出標本に基づくBig Five 尺度の検討 I，日本心理学会第61回大会発表論文集，33（1997）
8) 林知己夫：現代人と情報―新研究の意義と価値―，広告月報，**8**，48-52（1997）
9) 林知己夫・山岡和枝：情報に関するアンケート調査報告（7）情報人間はどこにいるか，広告月報，**3**，38-46（1998）
10) 林　文・田中愛治：面接調査と電話調査の比較の一断面―読売新聞世論調査室の比較実験調査から―，行動計量学，**23**(1)，10-19（1996）
11) 林　文ほか：日本人の自然観(2)，森林野生動物研究会誌，**21**，44-52（1996）
12) Shigehisa, T. and Oda, M.: Premorbid personality, anger and behavioral health: The multi-factorial approach to health and disease, *Jap. Health Psychol.*, **2**, 43-53（1993）
13) Shigehisa, T. *et al.*: Rationality-antiemotionality, harmony-seeking and related variables: An analysis of premorbid personality, *Tokyo Kasei Gakuin Univ. J.*, **35**, 421-436（1995）
14) 森林野生動物研究会編：森林野生動物の調査―生息数推定法と環境解析―，共立出版（1997）
15) 菅原健介：賞賛されたい欲求と拒否されたくない欲求―公的自意識の強い人に見られる2つの欲求について―，心理学研究，**57**，134-140（1986）
16) 谷口哲一郎：日本における電話世論調査の現状と課題，よろん，**74**，3-15（1994）
17) 渡邊久哲：JNNデータバンク調査の精度，行動計量学，**23**(1)，28-34（1996）
18) 山本真理子編：ソーシャルステイタスの社会心理学―日米データに見る地位イメージ―，新曜社（1994）
19) 山岡和枝・林知己夫：電話帳記載・非記載をめぐる諸問題―首都圏調査から―，行動計量学，**51**，114-124（1999）
20) Yamaoka, K., Shigehisa, T. *et al.*: Influence of personality on quality of life measurement, *QOLR*, **7**, 535-544（1998）
21) 山岡和枝ほか：性格特性のQOL特性への影響，健康心理学研究，**9**，11-20（1996）

索　引

ア　行

アイゼンクのパーソナリティ
　　質問票　59, 191
アイテム　132
アイテムカテゴリー　132
アイテムカテゴリー型　120
　　——の数量化Ⅲ類　114
アイテムカテゴリー値　38
足跡交差法　200
アメリカ西海岸日系人調査
　　20, 178
available-case methods
　　96
RDD（法）　29

意識の差　74
一次元構造　53, 123
一致性　55, 103
一般化線形モデル　112
一般化分散　121
一般線形モデル　112
e_{ij} の数量化　137
EPQ 質問票　193
因子分析　54, 113, 115
インターネット調査　34
imputation　97

ウィルコクソンの順位和検定
　　105
ウェイトづけ　155
ウェルドンの実験結果　109
"うそ"の回答　78

SA　84, 87
SSA　59, 137
SPSS　94
SPAD　130
HRQOL　47, 191
HRQOL 20　49, 195
HLA 抗原遺伝子　145
　　——の分布　169
APM　139
MAR　96
MA　84, 87
MCAR　96
MDA-OR　138
MDS　58, 111, 137

オムニバス調査　43

カ　行

回収標本　27, 67
回収率　25
外的基準　112, 118, 132
回答構造　178
回答誤差　8, 67, 78
回答者のタイプ分け　166
回答選択肢　84
街頭調査　33
回答のゆれ　78
回答分布　33
　　——の差　74
カイ2乗独立性検定　107
カイ2乗分布　107
学生調査　10
確認的因子分析　115
確率化　99

確率比例抽出　5
過誤
　　第1種の——　102
　　第2種の——　102
仮説検定　99
ガットマンスケール　55, 123
ガットマンスケール構造
　　159
ガットマンの1次元スケール
　　50
ガットマンのスケイログラム
　　分析　50, 59, 113
カテゴリー値　122
カモシカ生息数推定　200
簡易化　60
簡易質問票　62
間隔尺度　84
頑健　107
頑健性　103
観察調査　34
完全データ　97
観測変数　115
ガンの告知　10, 92, 159
関連性の解析　195
関連性の指標　97
関連表の数量化　120

基準関連妥当性　57
帰無仮説　101
carry foward method　97
共通因子　115
共分散構造分析　58, 115
虚偽回答　80, 190
拒否　27, 70

義理人情スケール 180

クォータサンプリング 143
区間推定 103
クラスターサンプリング 3
クロス集計 94
クロス表 97
　——の数量化 121
クロンバックの α 係数 55

計画標本 67
系統抽出 3
計量的方法 22
ケーススタディ 9, 35
欠損データ 94
限界値 104
健康関連クオリティ・オブ・
　ライフ 47, 191
顕在変数 115
検証的因子分析 115
原子力問題関連調査 36
検定統計量 101

交互作用 114
工場従業員調査 153
構成概念 36
構成概念妥当性 56
構造間構造 173
構造分析 62
構造方程式モデル 115
行動研究 35
項目数の削減 54
項目反応理論 58
交絡要因 114
国際比較調査 117
国勢調査の調査区 6
国民性調査 43, 70, 93, 133, 164
個人得点 38, 122
Cox の比例ハザードモデル 112
コーディング 84

——「N. A.」 88
——「その他」 86
——「D. K.」 67, 86, 88
個別記入法 68
個別面接聴取法 26
固有値問題 121
コレスポンデンスアナリシス 58, 111, 119, 130
complete data analysis 96

サ 行

再カテゴリー化 38
最小次元解析 59, 137
再翻訳 45
三段抽出 6
サンプリング台帳 22
サンプルサイズ 108
サンプルスコア 39, 122
サンプルリスト 24

CAPI 26
CLA 21, 143
自記式 28
時系列調査 34
事前調査 33
実験的調査 31
質的変数 84
質問票 36
　——の簡略化 47
　——の構成 43
　——の作成 36, 47
　——のスキーム 36
質問文の言葉遣い 43
質問文の前後の入れ替え 43
自動分類 91
社会調査 25
重回帰分析 112
自由回答 90
自由回答法 84
集合調査 30
重相関係数 133
収束的妥当性 57

集団間の距離 156
十分性 103
主成分分析 113, 114
順序尺度 84
順序相関係数 139
情報に関するアンケート調査 185
除去投入法 202
諸民族の分類 148
シンプソンのパラドックス 98, 114
信頼区間 103
信頼限界 103
信頼性の検討 55
心理的特徴 187

数量化 111
数量化 I 類 112, 132
数量化 II 類 112, 134
数量化 III 類 58, 113, 119, 195
数量化 IV 類 113, 137
数量化理論 118
スキーム 36, 50
　——相互の関連性 37
　——の構成 37
スケール化 47
スケール値 40
　——の分布 182
スチューデントの t 検定 101
スピアマンの順位相関係数 106

性格特性 191
正準判別分析 134
折半法 55
説明要因 133
選挙人名簿 2, 29
選挙人登録名簿 23
選挙予測調査 29
線形関係式 112
潜在構造分析 58

索　　引　　　　217

潜在変数　115
全数調査　9, 31
選択肢法　84

相関係数　132
相関比　134
双対尺度法　111
層別サンプリング　4
層別抽出　4
層別二段抽出　6
属性分布の歪み　72

タ　行

第1段抽出　5
第1種の過誤　102
対応分析　58, 111, 119, 130
対数線形モデル　112
第2種の過誤　102
第2段抽出　5
direct methods　97
多次元尺度解析　58, 111, 137
多次元尺度構成法　58, 111, 137
多次元データ解析　47, 111
多段抽出　6
妥当性の検討　48, 55
多変量解析　111
多変量正規分布　111
多変量データ解析　111
単一回答　84
探索的因子分析　115
探索的データ解析　106
探索的分析　106
単純構造　173
単純集計　94, 142
単純無作為抽出　2
単純ランダムサンプリング　2
誕生日法　7
端末入力方式　31
中間回答　45

中間的態度　178
中国上海調査　15, 153
調査
　――の限界　80
　――の再現性　79
抽出
　三段――　6
　層別――　4
　層別二段――　6
　第1段――　5
　第2段――　5
　多段――　5
　単純無作為――　2
　等間隔――　3
　二段――　5
調査員
　――による誤差　76
　――の思想的影響　77
　――の質　27
　――の不正　77
調査期間　76
調査時間帯　33
調査時期　76
調査実施対象　2
調査対象母集団　2
調査地点　33
調査手続き　24
調査不能　8, 67
　――の率　68
　――の理由　70
調査不能標本　27, 67

追跡調査　74, 76

定性的データ　84
適応型テスト　58
適合度検定　107
テキストデータ　91
出口調査　7, 33
データ構造　50, 159
データの種類　84
データのまとめ方　83

データマイニング　91
データライブラリー　86
デプスインタビュー　9
点推定　103
電話帳記載者　30, 184
電話帳非記載者　30, 188
電話調査（法）　29, 184
　――の回収率　69
電話番号判明率　70
電話番号判明者　29

等間隔抽出　3
統計的仮説検定　10, 99
統計的有意差検定　99
同時的妥当性　57
同時分類　117
投票行動　80
特異度　57
特殊因子　115
得点法　55
独立性検定　108
留め置き法　28

ナ　行

内的一貫性　55
内容的妥当性　56
7カ国国際比較調査　87, 124, 127, 135, 139, 143, 173

2群の平均値の差の検定　99
二段抽出　5
日系人調査　20
日本人の国民性調査　43, 70, 93, 133, 164
日本人の自然観　91, 125, 166
人間関係に関する態度　178
人情スケール　179

年齢構成比の差　74

ノンパラメトリック検定 105

ハ 行
バイアス 98
配布回収法 68
パターン分類の数量化 113, 119, 166
パネル調査 12, 78, 81
パラメータ 99
パラメトリック検定 105
ハワイ日系人調査 23
反応性 57
判別的妥当性 57
判別分析 112, 134

比較分析 178
比尺度 84
人の類型化 41
非標本誤差 7, 67
ビュッフォンの針の確率原理 200
評価者間一致性 55
評価尺度 49
評価尺度構成 54
標本誤差 2
標本調査 2
標本平均の分布 2
比例割当 5
敏感性 57

ファセット理論 59
フィドゥーシャル確率分布 104
フィドゥーシャル限界 104
不完全データ 95
不完全・不確実な調査データ 199

複数回答 84
複数カテゴリー選択型 119
浦東住民調査 16
不偏推定 2
不偏推定量 103
不偏性 103
プリコード回答 84
プリテスト 43
プロペンシティスコア 97
分布形によらない方法 105
分布の差異 148

併存的妥当性 57
偏相関係数 132

hot deck method 97
ポピュレーション 99
ポワソン回帰モデル 112
ボンドサンプル 173
翻訳の問題 45
翻訳版の同質性 61

マ 行
マージナル 12
multiple imputation 97

mean-method 97

名義尺度 84
メーキング 77
面接調査 26
面接場所 27
面前記入法 26
目的変数 30
ものの考え方 178

ヤ 行
郵送調査法 28
ゆがんだ回答 32
U字型 116
U字型構造 50
ユニヴァース 99

要因分析 188
予測効率 133
予備調査 12
読み書き能力調査 32
世論調査 184

ラ 行
ランダマイゼーション 99
ランダムサンプリング 2
ランダム抽出表 7
ランダムな動き 79
ランダム変動 45
ランダムルートサンプリング 7, 143

regression method 97
離散型データ 84
リスティング 6
領域 52
量的データ 84
臨床的に意味のある効果 57

レスポンスシフト 57
連鎖的比較調査分析法 21, 143
レンジ 133
連続型データ 84

ロジスティック回帰分析 112

著者略歴

林　文
はやし　ふみ

1943年　東京都に生まれる
1966年　日本女子大学家政学部卒業
現　在　東洋英和女学院大学人間科学部
　　　　教授

山岡和枝
やまおか　かずえ

1952年　東京都に生まれる
1975年　横浜市立大学文理学部卒業
現　在　国立保健医療科学院技術評価部
　　　　開発技術評価室室長
　　　　医学博士

シリーズ〈データの科学〉2
調査の実際
　不完全なデータから何を読みとるか──　　　　定価はカバーに表示

2002年5月15日　初版第1刷
2004年6月1日　　第2刷

著　者　林　　　　　文
　　　　山　岡　和　枝
発行者　朝　倉　邦　造
発行所　株式会社　朝　倉　書　店
　　　　東京都新宿区新小川町6-29
　　　　郵便番号　162-8707
　　　　電　話　03(3260)0141
　　　　ＦＡＸ　03(3260)0180
　　　　http://www.asakura.co.jp

〈検印省略〉

Ⓒ 2002〈無断複写・転載を禁ず〉　　　　中央印刷・渡辺製本

ISBN 4-254-12725-1　C 3341　　　　　　Printed in Japan

|||人や企業はどのように行動を決めるべきなのか————
|||多様な実例と数理的思考を基に，その本質を探るシリーズ

シリーズ意思決定の科学
全5巻
松原 望 編集

1
意思決定の基礎
松原 望 著
A5判　230頁　本体3400円

意思決定／確率／ベイズ意思決定／ベイズ統計学入門／リスクと不確実性／ゲーム理論の基礎／ゲーム理論の発展／情報量とエントロピー／集団の決定

2
戦略的意思決定
生天目 章 著
A5判　200頁　本体3200円

複雑系における意思決定／競争的な意思決定／戦略的操作／適応的な意思決定／倫理的な意思決定／集合的な意思決定／進化的な意思決定

3
組織と意思決定
桑嶋健一・高橋伸夫 著
A5判　180頁　本体3200円

決定理論と合理性／近代組織論と組織ルーティン／ゴミ箱モデルと「やり過ごし」／意思決定の分析モデル／研究開発と意思決定プロセス／研究開発戦略／戦略的提携と協調行動の進化

4
財務と意思決定
小山明宏 著
A5判　168頁　本体3200円

財務的意思決定の対象／ポートフォリオセレクション／資本市場理論／オプション価格理論／企業評価モデル／プリンシパルエージェントモデル

5
進化的意思決定
石原英樹・金井雅之 著
A5判　212頁　本体3200円

合理性とゲーム理論／非ジレンマ状況と囚人のジレンマ／保証ゲームとチキン・ゲーム／進化の論理と社会科学／進化とゲーム理論／レプリケータ・ダイナミクス／均衡の安定性／理解を深めるために

| 早大 豊田秀樹著 シリーズ〈調査の科学〉1
調 査 法 講 義
12731-6 C3341　　A 5 判 228頁 本体3400円	調査法を初めて学ぶ人のために，調査の実践と理論を簡明に解説。〔内容〕調査法を学ぶ意義／仮説・仕様の設定／項目作成／標本の抽出／調査の実施／集計／要約／クロス集計表／相関と共分散／報告書・研究発表／確率の基礎／推定／信頼性
前平成帝京大 鈴木達三・石巻専大 高橋宏一著 シリーズ〈調査の科学〉2
標　本　調　査　法
12732-4 C3341　　A 5 判 272頁 本体4500円 | 理論編では標本調査について基礎となる考え方と標準的な理論を，実際編ではこれらの方法を実際の問題に適用する場合を，豊富な実例に沿って具体的に説明。基礎から実際にわたる両面からの理解ができるようまとめられている |
| 流通科学大 辻　新六・神戸商大 有馬昌宏著
アンケート調査の方法
—実践ノウハウとパソコン支援—
12049-4 C3041　　A 5 判 272頁 本体4500円 | 各種のアンケート調査とデータ解析を有効に役立たせる好指針。〔内容〕データの収集／役立つ情報を引き出すために／調査の企画／調査票の作成／標本調査の考え方／標本調査の準備／本調査の準備と実施／調査データの解析／調査報告書の作成 |
| 前統数研 林知己夫編
統　計　学　の　基　本
12079-6 C3041　　A 5 判 232頁 本体3400円 | データをどう取り，どう解析するかという統計学の基本について，高校の数学程度で充分理解できるよう書かれている。統計的考え方，統計的方法を中心とする統計学の基本理解に力点を置き，形だけの方法でなく，方法の意味がわかるよう解説 |
| 東京女大 杉山明子著 現代人の統計 3
社　会　調　査　の　基　本
12503-8 C3341　　A 5 判 224頁 本体3700円 | 〔内容〕社会調査の概要／サンプリングの基礎理論／サンプリングの実際／調査方法／調査表の設計／調査実施（個人面接法の場合）／調査不能とサンプル精度／集計／推定・検定／調査実施計画（企画から報告まで）／他【ソフト別売】 |
| 県立長崎シーボルト大 武藤眞介著 統計ライブラリー
初　等　多　変　量　解　析
12659-X C3341　　A 5 判 152頁 本体2800円 | 難解といわれる多変量解析法を，永年の教育体験をもつ著者の練達の手により，統計的予備知識なしでも充分理解できるようまとめられた入門書。〔内容〕予備知識／回帰分析／主成分分析／因子分析／判別分析／正準相関分析／付録：偏相関係数 |
| 前統数研 林知己夫著 行動計量学シリーズ 1
行　動　計　量　学　序　説
12641-7 C3341　　A 5 判 208頁 本体3400円 | 人間や動物の行動をデータからどう読みとるか。行動計量学の考え方・技法・実例を初歩から解説〔内容〕データとは／確率の意味／統計の基本概念／グラフ化／測定値／スケーリング／分類／確率モデル／データによる現象解析／調査の科学／他 |
| 丹後俊郎・山岡和枝・高木晴良著 統計ライブラリー
ロジスティック回帰分析
—SASを利用した統計解析の実際—
12656-5 C3341　　A 5 判 256頁 本体5000円 | 具体的な問題を取り上げ，問題自体の理解から本分析の適用を示し，その結果・出力の理解の仕方を実践的にまとめた好著。〔内容〕歴史と応用分野／ロジスティック回帰モデル／SASを利用した解析例／他の関連した方法／統計的推測／付録 |
| 県立長崎シーボルト大 武藤眞介著
統計解析ハンドブック
12061-3 C3041　　A 5 判 648頁 本体22000円 | ひける・読める・わかる——。統計学の基本的事項302項目を具体的な数値例を用い，かつ可能なかぎり予備知識を必要としないで理解できるようやさしく解説。全項目が見開き 2 ページ読み切りのかたちで必要に応じてどこからでも読めるようにまとめられているのも特徴。実用的な統計の事典。〔内容〕記述統計（35項）／確率（37項）／統計理論（10項）／検定・推定の実際（112項）／ノンパラメトリック検定（39項）／多変量解析（47項）／数学的予備知識・統計数値表（28項） |

シリーズ〈データの科学〉全6巻
林 知己夫 編集

良いデータをどうやって集めるか？どのように分析して現象を解明するのか？
豊富な具体例を駆使し，データの闇のなかで出口を見いだすための指針を示す

1 データの科学
林 知己夫著
A5判 144頁 本体2600円

科学方法論としてのデータの科学／データをとる——計画と実施／データを分析する／他

2 調査の実際
不完全なデータから何を読みとるか——
林 文・山岡和枝著
A5判 232頁

データの収集（調査・質問票・精度）／データから情報を読む（特性に基づいた解析他）／他

3 複雑現象を量る
紙リサイクル社会の調査——
羽生和紀・岸野洋久著
A5判 176頁 本体2800円

背景／世界のリサイクル／業界紙に見る／インタビュー／消費者と生産者アンケート／他

4 心を測る
個と集団の意識の科学——
吉野諒三著
A5判 168頁 本体2800円

国際比較調査／標本抽出／実施／調査票の翻訳・再翻訳／分析の実施／調査票の洗練／他

5 文化を計る
文化計量学序説——
村上征勝著
A5判 148頁 本体2800円

文化を計る／現象解析のためのデータ／現象理解のデータ解析法／文・美・古代を計る／他

6 データの科学とデータマイニング
大隅 昇・吉村 宰著
〔続 刊〕

上記価格（税別）は2004年5月現在